自由活塞内燃发电系统关键问题研究

贾博儒　张志远　冯慧华　著

Research on Key Issues of Free Piston Engine Generator System

北京理工大学出版社
BEIJING INSTITUTE OF TECHNOLOGY PRESS

图书在版编目（CIP）数据

自由活塞内燃发电系统关键问题研究／贾博儒，张志远，冯慧华著. －－ 北京：北京理工大学出版社，2023.10

ISBN 978－7－5763－2995－7

Ⅰ.①自… Ⅱ.①贾… ②张… ③冯… Ⅲ.①内燃发电机－研究 Ⅳ.①TM314

中国国家版本馆 CIP 数据核字（2023）第 202045 号

责任编辑：刘　派	**文案编辑**：李丁一		
责任校对：周瑞红	**责任印制**：李志强		

出版发行 / 北京理工大学出版社有限责任公司

社　　址 / 北京市丰台区四合庄路 6 号

邮　　编 / 100070

电　　话 / （010）68944439（学术售后服务热线）

网　　址 / http://www.bitpress.com.cn

版 印 次 / 2023 年 10 月第 1 版第 1 次印刷

印　　刷 / 三河市华骏印务包装有限公司

开　　本 / 710 mm×1000 mm　1/16

印　　张 / 21.5

彩　　插 / 10

字　　数 / 382 千字

定　　价 / 98.00 元

前　言

自由活塞内燃发电系统（FPEG）是自由活塞发动机与直线电机直接耦合而成的新型高效、高功率密度能量转换系统，自由活塞内燃机推动运动组件作往复直线运动，通过直线电机直接将燃料的化学能转换为电能。相比传统内燃机，FPEG精简了传统内燃机所具有的曲柄连杆机构，结构更为简单紧凑，且运动件摩擦功损小、潜在能量转化效率高。通过运动组件的往复直线运动，FPEG直接将燃料的化学能转换为电能，实现了原动机到电力负载的近零传递和直驱发电。FPEG由于不受曲柄连杆机械机构约束而具备压缩比可调、运行轨迹可控的特点，因此可适用汽油、柴油、重油等多种传统化石燃料，同时可满足氢气、乙醇、氨气等低碳清洁燃料的高效燃烧应用。进一步集成化设计的FPEG还可模块化应用，以适应不同平台对动力系统输出功率等指标的不同要求。未来，FPEG有望成为灵活布置、分布驱动动力系统的重要发展方向。本书围绕FPEG系统多物理场耦合机理分析和稳定控制难题，归纳提炼了系统样机设计开发过程中涉及的若干关键问题，详细论述了相关研究方法与解决方案。全书共7章，主要包括系统冷起动特性研究、多模块协同运行控制、惯性载荷主动平衡、系统运行稳定性与动态失稳特性、FPEG振动噪声特性及减振方法、分层混合控制系统设计与性能分析、燃烧系统工作特性分析等内容。

本书内容融合理论与实践应用，既可供动力工程及工程热物理、机械工程等学科和相关专业的本科生和研究生学习，也可供内燃机、混合动力、复杂机电系统设计等领域的相关技术和管理人员参考借鉴。

作者团队的诸多研究生前期在 FPEG 系统设计理论与方法、物理样机集成与测试等领域开展了富有成效的研究,部分研究成果也在本书一些章节中有所体现。在此对田春来博士、郭陈栋博士、田静宜博士、闫晓东博士以及王梦秋硕士、刘琳硕士、苗宇溪硕士等表示感谢。吴礼民博士,在读博士研究生王嘉宇、在读硕士研究生魏铄鉴、靳秉睿承担了部分图表绘制、部分文字整理和全书初稿的校核工作,在此一并表示感谢。在本书即将出版之际,感谢北京理工大学出版社对本书出版的大力支持以及李丁一编辑为本书付出的辛勤努力。

本书所涉及到的内容题材创新性强、涉及学科领域广且技术发展迅速,限于时间和作者水平,书中难免存在不足和疏漏之处,恳请广大读者包涵、指正。

贾博儒

于北京理工大学

目　　录

第 **1** 章
系统冷起动特性研究

对于自由活塞式发动机，由于摒除了曲轴、飞轮等曲柄连杆机构，所以起动了电机带动飞轮及曲轴旋转，实现了发动机的冷起动。本样机通过将直线电机工作于电机模式，带动活塞往复运动，克服气缸内的压缩力，从而实现发动机的冷起动。点燃式自由活塞内燃发电机（Free Piston Engine Generator，FPEG）的发动机冷起动是利用机械系统的共振原理，通过活塞往复振荡的方式积累气缸内混合气的压缩能量，通过直线电机输出大小恒定，方向与活塞速度保持同向的推力，发动机压缩比和缸压峰值不断增长，直到达到发动机点火所需条件。本章通过理论结合实验的方法，验证发动机冷起动方法的实际可行性，并在此基础上对自由活塞式发动机冷起动过程中的运行机理做进一步的分析。

1.1 FPEG 的发动机冷起动过程数值模型

1.1.1 动力学模型

本数值仿真模型基于所设计的 FPEG 实验样机，采用动力学、热力学方程来描述活塞动子组件的运动规律及发动机的工作性能。以实验样机的结构参数如发动机缸径、行程、活塞动子组件质量、直线电机推力系数等作为模型的输入变量，通过相关算法联立动力学方程、热力学方程求解出活塞位移、速度等动力学特性，以及发动机气缸内的压力等工作特性。首先以 FPEG 的活塞动子组件为研究对象，由于该结构不受曲柄连杆机构的限制，其运动规律仅受作用于活塞及动子上的合力影响，所以在发动机冷起动的过程中，活塞动子组件将受到来自左、右两侧气缸的气体压力、摩擦力、直线电机的推力作用。其动力学方程为

$$F_1 + F_r + F_m + F_f = m \frac{\mathrm{d}^2 x}{\mathrm{d} t^2} \tag{1-1}$$

式中：F_1 为来自左侧气缸的气体压力；F_r 为来自右侧气缸的气体压力；F_m 为电机输出的推力；F_f 为活塞及动子组件受到的摩擦力总和；m 为运动组件质量。

本书讲述的发动机的冷起动方式：将直线电机的工作模式选取为电机模式，且输出与活塞运动速度同向的恒定推力。发动机气缸内的可燃气体混合物将不断积蓄能量，其压缩比和缸压峰值不断增长，直到达到发动机点火所需条件，振荡起动过程完成。由第 2 章的分析可知，振荡起动控制策略可以通过两种方式实现，即开环控制策略与闭环控制策略。对于闭环控制策略，电机定子线圈中实际电流保持恒定；对于开环控制策略，线圈中的实际电流值与电机的实际输出推力将受到感应反电动势的影响。对于两种发动机起动过程控制策略，直线电机的实际输出推力大小为

$$F_m = \begin{cases} K_A \dfrac{I_{q1} R - K_v |v|}{R} & \text{（开环控制策略）} \\ K_A I_{q1} & \text{（闭环控制策略）} \end{cases} \tag{1-2}$$

对于自由活塞式发动机，系统的摩擦力主要来源于两侧自由活塞式发动机活塞环与气缸壁的摩擦及直线电机内的摩擦。由于摒除了曲柄连杆机构，所以自由活塞在往复直线运动中将不受侧向力的作用。同时，由于发动机冷起动过程中不发生燃烧放热，所以气缸内的气体压力较低，活塞环可以建立相对理想的润滑油膜。因此 FPEG 系统的摩擦力总和可用下式近似表示：

$$F_f = -C_f v \tag{1-3}$$

气缸内的气体压力 F_1 和 F_r 可由气缸内气体压强 p 及活塞有效面积 A 计算得出，活塞面积 A 可通过缸径 B 得到，即

$$A = \frac{\pi B^2}{4} \tag{1-4}$$

1.1.2　热力学模型

在 FPEG 的发动机冷起动的过程中，气缸内的热力学过程包括活塞由气缸工作容积的改变引起的压缩/膨胀过程；气缸内气体与气缸壁的传热过程、进排气过程、通过活塞环的漏气过程等（见图 1-1）。在对于气缸内热力学过程的分析中，采用零维模型，不考虑燃烧室形状、油滴蒸发、流体流动特性以及混合气成分在空间差异的影响，并假设气缸内的气体混合物为均匀混合气且遵循理想气体状态方程。在气缸内的气体受压缩及膨胀的过程中，左、右两侧气缸的热力学表征相同，以左侧气缸为例，其气缸内的热力学过程示意如图 1-1 所示。根据热力学第一定律、质量守恒方程和能量守恒方程得：

$$\frac{\mathrm{d}U}{\mathrm{d}t} = -p\frac{\mathrm{d}V}{\mathrm{d}t} - \frac{\mathrm{d}Q_{\mathrm{ht}}}{\mathrm{d}t} + \sum_i \dot{H}_i - \sum_e \dot{H}_e - \sum_l \dot{H}_l \qquad (1-5)$$

式中：U 为气缸内气体的内能；p 为实时的缸压；V 为气缸的工作容积；Q_{ht} 为气缸内气体与气缸壁的传热；H_i 为扫气口气体流动导致的焓值变化；H_e 为排气口气体流动导致的焓值变化；H_l 为气缸内气体由活塞环漏气过程导致的焓值变化。

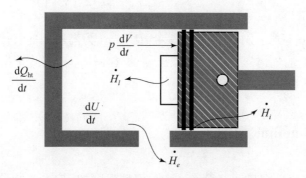

图 1-1　FPEG 气缸内的热力学过程示意

在气缸内气体压缩和膨胀的行程中，不考虑由扫气口和排气口气体流动所导致的焓值变化，则式（1-5）变为

$$\frac{\mathrm{d}U}{\mathrm{d}t} = -p\frac{\mathrm{d}V}{\mathrm{d}t} - \frac{\mathrm{d}Q_{\mathrm{ht}}}{\mathrm{d}t} - \sum_l \dot{H}_l \qquad (1-6)$$

通过理想气体状态方程进而得到

$$\frac{\mathrm{d}p}{\mathrm{d}t} = \frac{\gamma - 1}{V}\left(-\frac{\mathrm{d}Q_{\mathrm{ht}}}{\mathrm{d}t}\right) - \frac{p\gamma}{V}\frac{\mathrm{d}V}{\mathrm{d}t} - \frac{p\gamma}{m_{\mathrm{air}}}\frac{\mathrm{d}m_l}{\mathrm{d}t} - \frac{\gamma - 1}{V}\dot{m}_l H_l \qquad (1-7)$$

式中：γ 为绝热指数；p 为气缸内压力；m_{air} 为气缸内的气体质量；m_l 为通过活塞环泄漏的气体质量。

通过参考已有文献中对于 FPEG 的建模，选用 Hohenberg 经验公式计算 FPEG 实验样机缸内气体与气缸壁的传热：

$$\dot{Q}_{\mathrm{ht}} = 130V^{-0.06}\left(\frac{p(t)}{10^5}\right)^{0.8}T^{-0.4}(v_{\mathrm{p}} + 1.4)^{0.8}A_{\mathrm{cyl}}(T - T_{\mathrm{w}}) \qquad (1-8)$$

式中：v_{p} 为活塞平均运行速度；A_{cyl} 为发动机缸内气体与气缸的总接触面积；T 为气缸内的气体温度；T_{w} 为气缸壁的温度。

本书中所选用的商用发动机活塞配备有两个气环，两个活塞环呈一定的角度交错布置，以减小发动机气缸内气体的泄漏。然而在活塞环两侧气体压力差的作用下，发动机气缸内的气体会通过活塞环开口间隙，从高压一侧流向低压侧，造成一定的泄漏。气缸内的气体由活塞环泄漏的流量 $\dot{m}_l$ 的计算公式为

$$\dot{m}_l = \begin{cases} \dfrac{C_{\mathrm{d}}A_{\mathrm{d}}p_{\mathrm{u}}}{(RT_{\mathrm{u}})^{\frac{1}{2}}}\left(\dfrac{p_{\mathrm{d}}}{p_{\mathrm{u}}}\right)^{\frac{1}{\gamma}}\sqrt{\dfrac{2\gamma}{\gamma - 1}\left[1 - \left(\dfrac{p_{\mathrm{d}}}{p_{\mathrm{u}}}\right)^{\frac{\gamma - 1}{\gamma}}\right]}, p_{\mathrm{d}}/p_{\mathrm{u}} > \left[2/(\gamma + 1)\right]^{\gamma/(\gamma - 1)} \\[4mm] \dfrac{C_{\mathrm{d}}A_{\mathrm{d}}p_{\mathrm{u}}}{(RT_{\mathrm{u}})^{\frac{1}{2}}}\gamma^{\frac{1}{2}}\left(\dfrac{2}{\gamma + 1}\right)^{(\gamma+1)/2(\gamma-1)}, \quad p_{\mathrm{d}}/p_{\mathrm{u}} \leqslant \left[2/(\gamma + 1)\right]^{\gamma/(\gamma - 1)} \end{cases} \qquad (1-9)$$

式中：C_{d} 为流量系数；A_{d} 为流体的参考面积；p_{u} 为高压侧的气体压力，在此是指发动机气缸内的气体压力；p_{d} 为低压侧的气体压力，在此是指扫气箱内的压力；γ 为绝热指数。

1.1.3 Simulink 模型

FPEG 的发动机冷起动过程 Simulink 模型框图如图 1-2 所示。在仿真模型中，左、右两侧发动机气缸内的气体压力、系统摩擦力、直线电机的输出推力大小分别由四个子模块表示，四个子模块输出的作用力之和将决定活塞动子组件的加速度大小，进而可以得到活塞的速度和位移变化曲线。现在通过数值计算方法对仿真模型求解，仍需要提供系统的结构尺寸参数等相关初始参数作为仿真模型的输入变量。FPEG 发动机冷起动仿真模型主要输入变量如表 1-1 所示。

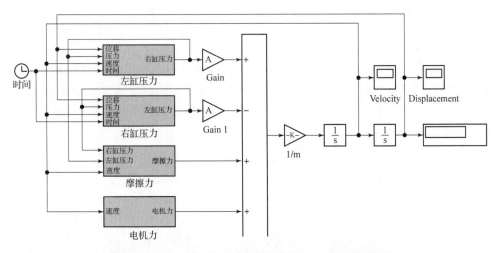

图 1 - 2   FPEG 的发动机冷起动过程 Simulink 模型框图

表 1 - 1   FPEG 发动机冷起动仿真模型主要输入变量

符号	参数	数值
B	缸径/mm	52.5
L	总行程/mm	70.0
L_e	有效压缩行程/mm	35.0
m	活塞动子组件质量/kg	5.0
p_0	进气压力/bar	1.0
T_0	进气温度/K	300.0
K_A	直线电机推力系数/$(N \cdot A^{-1})$	74.4

1.2   实验测试结果及模型校验

1.2.1   发动机冷起动过程的软硬件实现

FPEG 的发动机冷起动过程的控制需由相关的硬件和软件共同支撑。硬件系统是软件控制算法实现的载体，如只采用硬件控制系统，则可以实现一些简单的控制功能，然而复杂的、精确的逻辑控制需要结合由软件系统平台上开发的控制算法进行。在本小节中将分别介绍 FPEG 实验样机在发动机冷起动过程中所采用的硬件及软件控制系统。

FPEG 的发动机冷起动过程的硬件控制系统主要由直线电机、电机驱动器及电机控制器组成。本样机所选的直线电机为 XTA3808s；电机驱动器采用的是 Copley Controls 公司生产的 Xenus XTL 驱动器；电机控制器采用的是 Deltu 公司生产的 PMAC（Programmable Multi – Axis Controller，可编程多轴运动控制器）运动控制卡。其中，电机驱动器主要由整流滤波电路、智能功率模块、电流采样电路、编码器外围电路组成。其在自由活塞式发动机冷起动过程控制系统中的主要作用是接收 PMAC 卡的控制指令，在内部完成控制信号伺服放大工作，驱动电子开关为直线电机的三相绕组供电。PMAC 作为一个高性能伺服运动控制器，通过数字信号处理器以及灵活的高级语言，最多可控制八轴同时运动。其在起动过程控制系统中的主要作用是对控制量的目标值和反馈值进行比较，通过 PID（比例、积分、微分）补偿运算自动调节电机的控制参数，将控制指令输出到驱动器。

PMAC 运动控制卡内部包含可编程逻辑控制器（Programmable Logic Controller, PLC），它既可以执行运动程序，也可以执行 PLC 程序。PLC 的一个扫描周期必经输入采样、程序执行和输出刷新三个阶段。在 PLC 运行时，中文处理器（CPU）首先根据用户按控制要求编制好并存于存储器中的程序，按指令步序号（或地址号）做周期性循环扫描，如无跳转指令，则从第一条指令开始逐条顺序执行用户程序，直至程序结束；然后重新返回第一条指令，开始下一轮新的扫描。在 FPEG 的发动机冷起动过程中，将提前基于起动过程的逻辑控制流程和 PLC 程序语言的编程标准在 PMAC 软件中输入并保存好起动过程的控制程序，编译器将 PLC 语言编译成二进制代码并下载到 PMAC 上执行。

FPEG 的发动机冷起动过程的软/硬件控制系统结构框图如图 1 – 3 所示。直线电机内置的位移传感器将实时监测电机动子的位移，通过信号处理得到速度信号和加速度信号，并将这些信号反馈至 PMAC 运动控制卡。PMAC 将根据指令位移和反馈位移形成控制偏差信号，其运动控制卡将偏差 PID 的线性组合构成控制变量，即可进行 PID 控制的调节。此外，PMAC 采集电流反馈值闭合电流环，并根据电机定子线圈中的实际电流信号调节并发出控制指令到驱动器的三相逆变模块，在驱动器内部完成控制信号的伺服放大工程，为直线电机定子线圈中的三相绕组供电。通过缸压传感器在冷起动过程中采集发动机左、右两侧的缸压信号，并输入到数据采集卡，通过 LabVIEW 软件实时显示并保存数据。

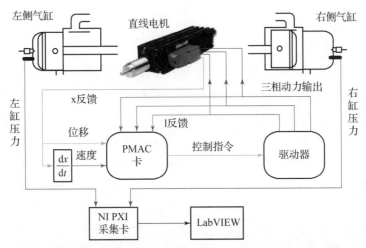

图 1-3　FPEG 的发动机冷起动过程的软/硬件控制系统结构框图

　　基于以上控制系统，可以实现直线电机电流、动子位移与速度的闭环反馈控制，从而实现闭环振荡起动控制策略。通过结合相应的控制程序，可使得直线电机输出的实际电流大小保持恒定，电流方向始终和电机动子的速度方向保持一致。通过驱动器检测到的直线电机定子线圈中的电流波形如图 1-4 所示，线圈的实际电流曲线与指令电流基本吻合。电机输出的推力和定子线圈中的电流成正比，方向相同。因此，通过所设计的发动机冷起动过程控制系统硬件和软件，最终可以实现电机的输出推力保持恒定，方向和动子速度同相，满足振荡起动控制策略对电机输出推力的要求。

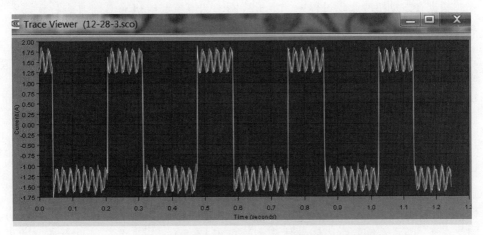

图 1-4　通过驱动器检测到的直线电机定子线圈中的电流波形

1.2.2 实验测试结果

为了验证振荡起动策略对于 FPEG 实验样机发动机冷起动的可行性，并采集发动机冷起动过程中的实验数据对数值模型进行校验，开展了 FPEG 的发动机冷起动过程实验测试。在发动机冷起动实验测试过程中，切断点火系统及燃油供给系统，并在发动机气缸缸壁涂抹润滑油以减少机械摩擦。在起动前，先将直线电机运行至中间行程位置，确保发动机冷起动开始时活塞位于整个行程的中点。基于 1.2.1 所述的冷起动过程编写 PLC 控制程序，在 PMAC 的配套软件中输入指令 I5 = 3，可实现 PLC 程序的使能，此时 PMAC 开始扫描该程序并控制直线电机定子线圈中的电流输出指定电流值，该电流的方向和大小均可以在 PLC 程序中调整。在电机运行一段时间后，可在 PMAC 的软件中输入指令 I5 = 0，可终止对 PLC 程序的扫描，直线电机停止运行。

对于点燃式发动机，发动机在压缩行程末期所达到的压缩比及气缸内的气体压力大小是影响发动机能否成功点火的两个重要因素。由于本样机所选型的发动机为商用发动机，其点火要求应和传统点燃式发动机的相同。结合该发动机作为传统往复活塞式发动机使用时的工作性能，为实现成功点火，自由活塞式发动机在冷起动过程末期需要达到的条件如下：

（1）发动机的压缩比达到 6 : 1 以上；

（2）气缸内的峰值气体压力达到 10 bar（1 bar = 0.1 MPa）以上。

根据在发动机冷起动过程中，定子线圈中的电流与电机输出推力的对应关系，通过逐渐改变 PLC 程序中对于定子线圈中电流值的设定，逐渐改变电机的输出推力。重复以上过程，得到 FPEG 实验样机在发动机冷起动过程中活塞动子组件的位移、速度以及左、右两侧气缸内的气体压力等数据。取直线电机推力为 110 N 时，实验测试得到的活塞动子组件运动位移曲线如图 1 - 5 所示。在 FPEG 实验样机发动机冷起动过程中，活塞动子组件的运动位移特性近似于正弦曲线，且位移峰值随时间的增加逐渐增长。位移峰值在 0.8 s 之内已接近满行程（70 mm），对应压缩比超过 6 : 1，满足自由活塞式发动机在冷起动过程中对压缩比的要求。

当直线电机的输出推力为 110 N 时，发动机气缸内的气体压力峰值逐渐增长，其中右侧气缸缸压曲线如图 1 - 6 所示。在直线电机拖动活塞动子组件左右振荡 0.8 s 内，右侧气缸内的气体压力峰值已超过 10 bar，满足了自由活塞式发动机在冷起动过程中对气缸内的气体压力峰值的要求。通过振荡起动控制策略，在 0.8 s 内，FPEG 原理样机的发动机压缩比及缸压峰值均可达到成功点火的条件。由此可以证明，通过该策略可以成功实现 FPEG 发动机的冷起动过程，振荡起动过程是 FPEG 两侧自由活塞式发动机气缸内气体逐渐积累压缩能量的过程，该能量来自直线电机的电能。当样机的点火及供油系统被使能后，可点燃发动机气缸内的可燃混合气。

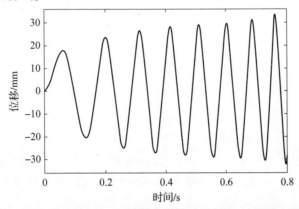

图 1-5　在 110 N 直线电机推力下活塞动子组件运动位移曲线

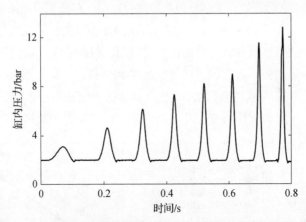

图 1-6　在 110 N 直线电机输出推力下发动机右侧气缸缸压曲线

1.2.3　冷起动过程数值模型校验

FPEG 的发动机冷起动过程中气缸内的气体压力峰值仿真结果与实验数据对比如图 1-7 所示。在该冷起动过程中，直线电机输出的恒定电磁推力为 110 N，且保持和活塞动子组件的运动速度同相。由图可见，仿真结果与实验数据呈相同的变化趋势，且误差可被控制在合理范围内（缸压误差小于 1.0 bar，低于

10%)。因此，本章介绍的 FPEG 的发动机冷起动数值模型可以准确地预测发动机在冷起动过程中的气缸内部压力变化特性。

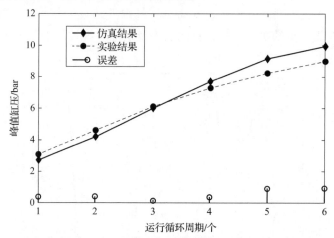

图 1-7 FPEG 的发动机冷起动过程中气缸内的气体压力峰值仿真结果与实验数据对比

FPEG 的发动机冷起动过程中发动机压缩比仿真结果与实验数据对比如图 1-8 所示。发动机冷起动实验开始 6 个运行循环周期后，左、右两侧自由活塞式发动机的压缩比均由 2∶1 增长至 6∶1，表明此时左、右两侧发动机的压缩比均已达到成功点火的要求。通过和数值模型计算结果比较，实验测试得到的左、右两侧发动机的压缩比和模拟结果变化趋势一致，误差均可控制在 10% 以内。结合图 1-7 及图 1-8 所示的结果，表明本章所述 FPEG 的发动机冷起动数值模型可以准确地预测发动机在冷起动过程中的气缸内部压力变化及发动机压缩比等动力学及热力学特性。

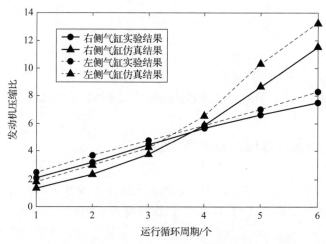

图 1-8 FPEG 的发动机冷起动过程中发动机压缩比仿真结果与实验数据对比

1.3　开环控制策略与闭环控制策略仿真结果及分析

1.3.1　开环控制策略仿真结果分析

对于采用开环控制策略实现 FPEG 发动机振荡起动，由于电机动子在运动过程中会产生感应反电动势，所以定子线圈中的实际电流值将低于初始设定的目标电流值，这将导致电机的实际输出推力将受到动子运动的影响而变小。通过开环控制策略，预期发动机的压缩比和缸压峰值将逐渐增长。当初始目标电流值相同时，预期采用开环控制策略得到的缸压峰值值及发动机压缩比将低于在闭环控制策略下的数值。然而通过仿真结果发现，采用开环控制策略时，通过不断调整初始目标电流值，发动机的压缩比及缸压峰值并没有呈逐渐增长的趋势。如图 1-9 所示，当初始电机力为 186 N 时，FPEG 活塞动子组件位移峰值并没有明显的增长，从第一个运行循环周期开始，即呈现出较为稳定的状态。稳定时，活塞所达到的峰值位移为 10.2 mm，对应的发动机压缩比为 1.4 : 1，远低于成功点火所需要的压缩比。

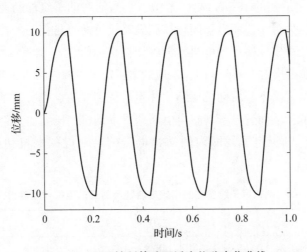

图 1-9　开环控制策略下活塞位移变化曲线

由以上仿真结果可知，感应反电动势对于振荡起动策略在 FPEG 的发动机冷起动过程中的影响显著，电机动子在运动过程中产生的感应反电动势不能忽略。为了更深入地分析感应反电动势对发动机冷起动的影响，本书通过仿真计算得出了电机的实际输出推力在发动机冷起动过程中的变化，仿真结果曲线如图 1-10 所示。

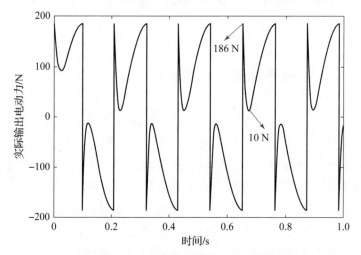

图 1-10　在开环控制策略下电机实际输出推力变化仿真结果曲线

在活塞组件左、右振荡的过程中，由于感应反电动势的存在使定子线圈中的实际电流值将低于初始设定的目标电流值，从而削弱电机的输出推力。从图 1-10 所示可以看出，在发动机冷起动过程中，电机的实际输出推力变化幅度显著，推力值由最初的 186 N 减小至 10 N，当活塞动子组件的速度最大时，电机的实际输出推力最小。而对于闭环控制策略，可通过与相关的控制器耦合，通过电流补偿，使得实际输出的电机推力维持在目标值。

电机初始输出推力为 186 N 时，对应的电机定子线圈内的初始电流值为 2.5 A，然而在开环控制策略下，发动机压缩比并不能达到成功点火所需条件。通过不断调整初始电流值，从而进一步观察自由活塞式发动机的压缩比是否会逐渐增长至点火所需要求。电机定子线圈内的初始电流值与对应的电机初始输出推力如表 1-2 所示。

表 1-2　电机定子线圈内的初始电流值与对应的电机初始输出推力

电流值/A	1.2	1.5	1.8	2.0	2.2	2.5	2.8	3.0	3.2
输出推力/N	89.3	111.6	133.9	148.8	163.7	186.0	208.3	223.2	238.0

由图 1-11 所示的仿真结果显示，采用不同的初始电流值时，活塞的位移峰值和发动机所达到的压缩比变化趋势均与初始电流值为 2.5 A 时相似，并没有随

时间的增加呈现出逐渐增长的趋势。FPEG 的发动机所达到的压缩比和电机定子线圈内的初始电流值近似线形相关。然而，即使采用该商用电机所能提供的峰值输入电流（3.2 A），发动机所达到的压缩比依然远远无法满足成功点火对发动机压缩比的要求。

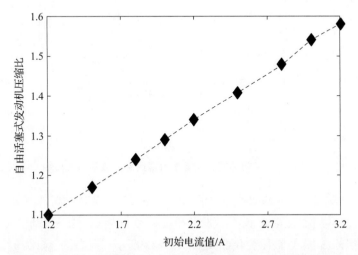

图 1 – 11　在开环控制策略下不同初始电流值对应达到的压缩比大小

1.3.2　闭环控制策略仿真结果分析

对于闭环控制策略，控制器将电机定子线圈中实际电流作为反馈变量，实时调整线圈中的电流值，将电机的输出推力保持在恒定目标值，这使得该输出推力不受动子运动的影响而改变。在 Simulink 模型中，通过一个电机子模块来模拟输出推力的大小和方向，在发动机冷起动的过程中，电机推力的大小恒定不变，方向始终保持和活塞速度同向。在发动机冷起动之前，活塞位于整个行程的中间位置，发动机的进排气口处于刚刚关闭状态，此时气缸内的气体压力和大气压力相等。当电机定子线圈中的电流值为 1.5 A 时，对应输出的电机力大小为 110 N，此时采用闭环控制策略得到的活塞速度—位移仿真曲线如图 1 – 12 所示。

通过仿真结果可以得出，在闭环控制策略下，当电机输出的推力足以克服活塞动子组件的静摩擦力，同时电机推力的方向始终保持和活塞速度同向时，活塞的峰值位移将随时间的增加而逐渐增长，呈现出与机械弹簧振荡系统相似的特性。对于本书中所设计的 FPEG 样机，采用 110 N 的电机推力即可以使得活塞左、右振荡的幅值达到 65 mm（总行程长度 70 mm），可以满足成功点火对于自由活塞式发

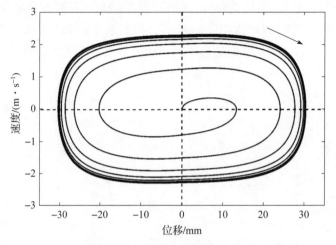

图 1 – 12　在闭环控制策略下活塞速度—位移仿真曲线

动机压缩比的要求。在活塞幅值增长的同时，左、右两侧发动机的气体压力的峰值也随着时间的增加而逐渐增长。在发动机冷起动开始后，缸压峰值在 0.5 s 内由 1 bar 约增长至 13 bar，缸压变化曲线如图 1 – 13 所示。以右侧气缸为例，当气缸内压强 p_r 增长至 13 bar 时，活塞受到来自右侧气缸内的气体压力为

$$F_r = p_r A \tag{1 – 10}$$

活塞面积的计算公式为

$$A = \frac{\pi B^2}{4} \tag{1 – 11}$$

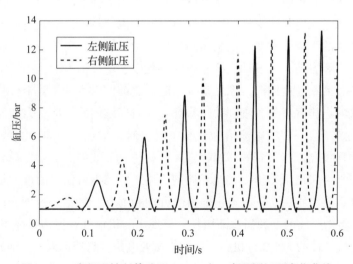

图 1 – 13　在闭环控制策略下 FPEG 左、右两侧缸压变化曲线

由式（1-11）可得，此时活塞动子组件受到的来自右侧气缸内的气体压力为 2 814 N，远远高于电机输出的推力值（110 N）。在自由活塞式发动机冷起动的过程中，活塞动子组件将受到来自左、右两侧气缸的气体压力、摩擦力、直线电机的推力的作用。从发动机冷起动第一个运行循环开始，当活塞运行至上止点时，所受到的气缸内的气体压力均远远高于摩擦力和直线电机的推力。这说明在自由活塞式发动机往复振荡起动的过程中，发动机气缸内的气体和活塞动子组件呈现出了近似非线性的机械弹簧特性。在自由活塞振荡起动的过程中，通过采用对直线电机输出电流/推力的闭环控制，发动机的压缩比和缸压峰值将不断增长。通过选取合理的电机推力值，自由活塞式发动机的压缩比和缸压峰值将达到发动机点火所需条件，当点火系统和供油系统被使能后，将成功点燃气缸内的可燃混合物，FPEG 系统将由冷起动过程过渡至燃烧发电过程。

1.3.3　不同起动策略的优缺点比较与分析

由以上仿真结果可知，感应反电动势对于振荡起动策略在 FPEG 的发动机冷起动过程中的影响显著，电机动子在运动过程中产生的感应反电动势不能忽略。对于开环控制策略，在活塞组件左、右振荡的过程中，由于感应反电动势的存在使得定子线圈中的实际电流值将低于初始设定的目标电流值，从而削弱电机的输出推力大小。

因此在开环控制策略下，自由活塞式发动机的压缩比并不能达到成功点火所需条件；而对于闭环控制策略，则可通过与相关的控制器耦合，通过电流补偿，使得实际输出的电机推力维持在目标值。对于本书所设计的 FPEG 样机，采用 110 N 的电机推力即可以使得活塞左、右振荡的幅值达到 65 mm（总行程长度为 70 mm），缸压峰值在 0.5 s 内由 1 bar 增加至 13 bar，满足自由活塞式发动机成功点火对发动机压缩比及缸压峰值的要求。因此，对于 FPEG 系统，应采用闭环控制策略，通过电流补偿使得实际输出的电机推力维持在目标值，从而实现发动机的冷起动。

如采用一次起动策略，需要发动机输出 800 N 以上的恒定推力，方可实现振荡起动策略耦合闭环控制系统在电机输出推力 110 N 下所达到的发动机压缩比及缸压峰值。同时，本样机所选的直线电机能输出的推力峰值约为 250 N，无法提供一次起动策略对直线电机输出推力的要求。一次起动策略适用于小型自由活塞式发动机，匹配输出电机力较大的直线电机，由直线电机拖动活塞动子组件运动，并在一个冲程内使得发动机压缩比及缸压峰值达到点火所需条件。

综上所述，FPEG 系统发动机冷起动不同起动策略的优缺点如表 1 – 3 所示。

表 1 – 3　FPEG 系统发动机冷起动不同起动策略的优缺点

策略	一次起动	振荡起动	
		开环控制策略	闭环控制策略
优点	操作简单，控制难度小，适用于小型 FPEG	—	所需电机推力较小，可成功完成较大功率的 FPEG 的发动机冷起动
缺点	所需电机推力较大	无法实现发动机冷起动	控制难度较高

1.4　FPEG 的发动机冷起动过程分析

为深入研究 FPEG 的发动机冷起动过程中的运行特性、运行时长、能量消耗以及对燃烧发电过程的影响，本节将根据所设计的 FPEG 原理样机的基本参数，对系统在振荡起动过程中活塞的动力学特性和发动机气缸内气体热力学特性进行分析。通过改变 FPEG 的发动机冷起动仿真模型中电机输出推力的取值，分析电机推力的选取对自由活塞式发动机冷起动过程的影响。在仿真过程中，运用振荡起动策略耦合闭环控制器实现 FPEG 的发动机冷起动，改变电机输出推力的取值大小以研究电机推力的选取对自由活塞式发动机冷起动的影响，其余参数均保持不变。

1.4.1　发动机冷起动过程运行特性分析

1. 缸压峰值变化研究

图 1 – 14 所示的是电机输出恒定推力取值在 70 N、90 N、110 N 和 130 N 时，FPEG 右侧发动机的缸压峰值随运行循环周期变化而变化的曲线。由仿真结果可以看出，通过控制直线电机输出恒定推力，并使推力方向始终保持与活塞运动速度同向，活塞将左、右往复振荡，发动机气缸内的可燃气体混合物将不断积蓄能量，其缸压峰值不断增长，并在 10 个运行循环左右之后趋于稳定。

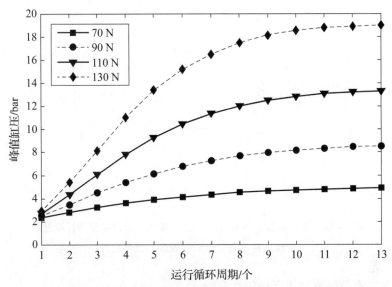

图 1 – 14　振荡起动过程中不同电机输出恒定推力下的缸压峰值变化曲线

通过提高电机的输出推力，缸压峰值的增长速率变快，同时稳定后缸压峰值值随之升高。自由活塞式发动机成功点火对发动机缸压峰值的要求为 10 bar 以上，电机输出推力值若为 130 N，则需要运行 4 个周期即可满足要求；推力若为110 N，则需要运行 6 个循环周期；若电机的输出推力值低于 90 N，则稳定后的缸压峰值不能达到目标值。

2. 位移及速度变化研究

在 FPEG 的发动机振荡起动过程中，活塞动子组件的峰值速度也将逐渐增加，并在若干个循环周期后达到稳定，活塞所达到的峰值位移及峰值速度将不再有明显的增长。不同的起动电机推力下的活塞动子组件在发动机冷起动过程达到稳定状态时的速度—位移曲线如图 1 – 15 所示。随着起动电机推力的增长，活塞动子组件所能达到的峰值速度越高。然而本样机所采用的商用直线电机动子所能达到的峰值速度为 3.1 m/s，当电机动子的实际运行速度接近该峰值速度时，将自动触发电机的制动控制系统，使得电机受到反向作用力从而降低动子运行速度。因此，电机输出推力大小的选择需考虑在振荡起动过程中活塞动子组件所能达到的峰值速度。该起动电机推力的大小应控制在合理的范围内，从而既可以满足成功点火对于发动机压缩比及缸压峰值的要求，又不会使电机动子的运行速度超过电机动子所能达到的峰值速度。

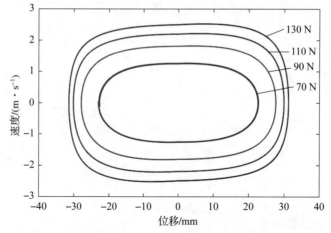

图 1 - 15 不同的起动电机推力下的活塞动子组件在发动机冷起动
过程达到稳定状态时的速度—位移曲线

3. 左、右两侧发动机运行特性分析

在 FPEG 发动机冷起动之前，活塞的初始位置位于整个行程的中间。在发动机冷起动后的第一个运行循环，电机输出推力的方向向右，拖动活塞动子组件向右运行。在经历先加速运动后减速运动之后，活塞速度变为零。随后电机输出大小不变、方向反向的电机推力，开始拖动活塞动子组件向左并经历先加速后减速的运动，直至活塞速度为零后电机输出推力再次反向。在往复振荡过程中，左、右两侧活塞的上止点离中间行程的距离变化曲线如图 1 - 16 所示。

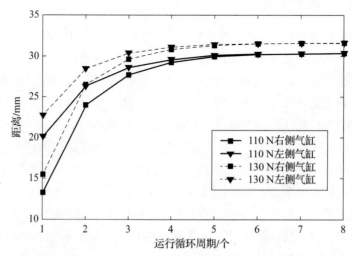

图 1 - 16 不同的起动电机推力下，左、右两侧活塞的上止点离中间行程的距离变化曲线

由图 1 – 16 所示的仿真结果显示，在发动机冷起动后的几个循环，左、右两侧自由活塞所达到的上止点均呈现出逐渐增长的趋势，然而左侧活塞的上止点稍高于右侧。主要原因：起动后，电机拖动活塞动力组件由中间行程向右运行，到达右侧活塞的上止点后，推力改变方向，拖动活塞左行至左上止点，由于运行位移变长，电机做功增加，活塞所达到的止点位置较高。随着往复振荡过程的进行，左、右两侧活塞上止点间的差值逐渐减小至零，此后两侧活塞的上止点不再有明显的增长。在电机拖动活塞动子组件左、右振荡至稳定状态后，左、右两侧活塞所达到的上止点一致。同时，采用较高的电机推力活塞所能达到的上止点或发动机的压缩比较大。

1.4.2　发动机冷起动过程运行时长分析

在 1.4.1 小节中对于 FPEG 的发动机冷起动过程的分析主要针对冷起动开始后活塞峰值振幅及缸压峰值逐渐增长至稳定状态的过程。而如何快速实现发动机的冷起动也很重要，即在保证满足成功点火对发动机压缩比及缸压要求的情况下，以较短的时间完成 FPEG 的发动机冷起动。在前面对 FPEG 的发动机冷起动过程的仿真研究中，点火系统及供油系统均处于关闭状态，即不考虑燃烧对系统运行的影响。然而在 FPEG 实验样机实际运行过程中，点火系统及供油系统处于使能状态，当自由活塞式发动机的运行状态达到成功点火所需的条件时，将触发点火系统产生电火花从而点燃气缸内的可燃混合气。

由于没有曲柄连杆机构，无法用传统的曲轴转角作为表征活塞运动位置的反馈信号，所以选择采用活塞动子组件的实时位移作为点火及喷油系统的反馈控制信号。同时，当发动机的压缩比满足点火条件时，气缸内的缸压峰值已满足成功点火对气缸内气体压力的要求。因此，在本小节主要以发动机的压缩比作为主要要求，即当发动机冷起动过程中某一侧发动机压缩比达到 6 : 1 时，就认为冷起动过程完成。起动过程开始前，活塞位于中间行程位置，左、右两侧发动机的排气门处于刚好关闭的状态。通过设置不同的电机输出推力大小，发动机冷起动过程持续的时间是不同的。图 1 – 17 所示的是电机输出大小恒定的推力由 100 N 增长至 200 N 时，完成起动过程所需的时间及运动过程中活塞的峰值速度大小。

从图 1 – 17 所示可以看出，随着电机输出推力的增大，发动机冷起动过程所需的时间从 0.45 s 逐渐缩短至 0.1 s。当电机推力大于 130 N 后，所需时间变化

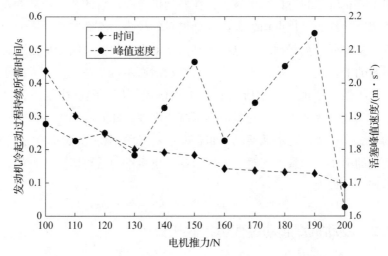

图 1 - 17 不同的电机推力大小对发动机冷起动时间的影响

速率减小。随着电机输出推力的增大，所需运行循环周期呈逐渐减小的趋势。不同电机推力下完成起动过程所需运行的循环周期及点火气缸如表 1 - 4 所示。当电机推力为 100 N 时，直线电机需要拖动活塞动子组件往复运动 5 个循环，在第 5 个循环过程中，右侧发动机的压缩比达到了成功点火所需要的条件，发动机冷起动过程结束。当电机推力大于 120 N 时，可在 3 个运行循环内实现自由活塞式发动机的冷起动。由此可见，本节所采用的振荡起动方式可以简单快速地实现 FPEG 的发动机冷起动。然而随着电机推力的增大，起动过程中活塞的峰值速度并未随之增大，而是呈波动状态。

表 1 - 4 不同电机推力下完成起动过程所需运行的循环周期及点火气缸

电机推力/N	100	110	120	130	140	150	160	170	180	190	200
循环周期/个	5	4	3	3	3	3	2	2	2	2	2
点火气缸	右	左	右	左	左	左	右	右	右	右	左

在发动机冷起动过程中，选取推力大小为 110 N、130 N、150 N 及 170 N 仿真活塞动子组件的位移曲线如图 1 - 18 所示。当电机推力增大时，活塞动子组件的运行频率随之增长，每个循环活塞所达到的幅值均随之增长。当左、右两侧发动机任意一侧的压缩比达到点火所需条件时，该侧发动机气缸内的可燃混合气被点燃，冷起动过程结束。若要求 FPEG 实验样机以较快的速度完成起动，

则应尽量提高直线电机输出推力的大小。对于 FPEG，在发动机冷起动之前，气缸及扫气箱内没有可燃混合气。而起动过程开始后的前几个循环，活塞振幅较小，扫气箱内形成的真空度较低，不利于油气混合物进入气缸。因此，在实际实验操作中应结合发动机实际运行情况，最终优化确定电机的输出推力大小。

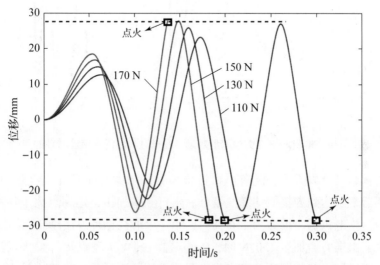

图 1-18　FPEG 发动机冷起动过程中活塞动子组件位移曲线

1.4.3　发动机冷起动过程对燃烧发电过程的影响

在 FPEG 的发动机冷起动过程中，直线电机将工作在电动机模式，拖动活塞左、右往复振荡至点火所需要的压缩比。点火成功后，直线电机将转换为发电机模式，FPEG 进入燃烧发电模式。没有曲轴转角信号，FPEG 样机选择动子组件的实时位移信号作为点火及喷油系统的触发信号，位移作为点火及喷油系统的反馈控制信号。为了更加深入地研究发动机冷起动过程中电机输出推力的取值对燃烧发电过程中活塞运动特性的影响，本小节通过仿真研究了采用不同的电机输出推力下，活塞动子组件从发动机冷起动过程到燃烧发电过程中的运动特性，仿真结果如图 1-19 所示。在仿真过程中，只改变了发动机冷起动过程中电机输出推力的大小，其余参数均保持不变。

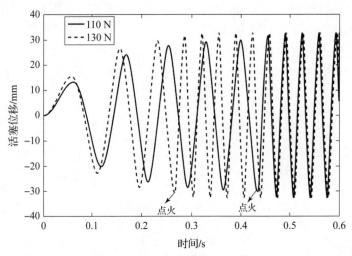

图 1-19 电机输出推力的取值对燃烧发电过程中活塞运动特性的影响

从仿真结果可以看出，随着电机输出推力的增大，在发动机冷起动过程中，每个循环活塞所达到的幅值均随之增长，运行频率加快，达到点火条件所需要的时间越短。当电机输出推力为 110 N 时，第一个燃烧循环发生于 0.45 s 左右，然而当电机输出推力增加至 130 N 时，0.3 s 左右即可实现点火。点火成功后，活塞振幅有所增加，并逐渐达到稳定值。尽管采用了不同的电机输出推力，当燃烧发电过程进入稳定运行状态后，活塞运行幅值和发动机频率相同。由此可见，对于 FPEG，在发动机冷起动过程中，电机输出推力的取值不会影响后续稳定燃烧发电过程中系统的运行特性。

参 考 文 献

[1] JIA B, ZUO Z, TIAN G, et al. Development and validation of a free - piston engine generator numerical model [J]. Energy Conversion and Management, 2015, 91: 333 - 341.

[2] JIA B, TIAN G, FENG H, et al. An experimental investigation into the starting process of free - piston engine generator [J]. Applied Energy, 2015, 157: 798 - 804.

［3］ JIA B, ZUO Z, FENG H, et al. Investigation of the starting process of free - piston engine generator by mechanical resonance ［J］. Energy Procedia, 2014, 61: 572 - 577.

［4］ 贾博儒. 点燃式自由活塞内燃发电机起动与工作过程研究 ［D］. 北京: 北京理工大学, 2017.

［5］ FENG H, ZHANG Z, JIA B, et al. Investigation of the optimum operating condition of a dual piston type free piston engine generator during engine cold start - up process ［J］. Applied Thermal Engineering, 2021, 182: 116 - 124.

［6］ 张志远. 自由活塞内燃发电机运行稳定性理论与实验研究 ［D］. 北京: 北京理工大学, 2022.

第 **2** 章
多模块协同运行控制

　　自由活塞式直线发电机为内燃机和直线电机集成耦合的新型动力装置。自由活塞直线发电机主要分为单缸单活塞型、双缸双活塞型和单缸双活塞型三种类型。将这三种不同形式的 FPEG 放在一起进行比较，其主要是由动力气缸及回弹气缸的数目进行区分。单缸单活塞型 FPEG 是由一个动力气缸和一个回弹气缸组成；单缸双活塞型 FPEG 是由一个动力缸和两个对置放置的回弹气缸组成；而双缸双活塞型 FPEG 是由两个对置的动力气缸组成。根据其工作原理，可以将单缸双活塞型 FPEG 作为两个对置单缸单活塞型组合成整体的形式，而把单缸双活塞型 FPEG 两侧对置的回弹气缸更换为动力气缸后，可看作是两个对置的双缸双活塞型 FPEG 的组合。所以，FPEG 可以采用多模块的方式将不同形式的 FPEG 组合到一起作为单一的动力源使用，又可以将多个 FPEG 整体串并联在一起作为多动力源共同输出能量，从而灵活地调节输出功率。

2.1　FPEG 多模块协同运行的动力学特性以及不平衡力矩的抑制技术研究

　　FPEG 多模块应用相互协同工作时的动力学特性以及不平衡力矩，往往需要对单一动力源的 FPEG 进行分析研究。由于单缸双活塞型 FPEG 可以作为其余两种类型的 FPEG 的模块组合，所以本节以单缸双活塞型 FPEG 作为研究对象进行动力学特性分析研究。

2.1.1　系统结构方案

本章的研究对象是单缸对置活塞式自由活塞内燃发电系统，主要由一个内燃机、两台直线电机和两个回弹装置组成。FPEG 总体结构如图 2-1 所示。内燃机采用单缸对置活塞、水平放置的总体结构，是一台自主设计的火花点燃式缸内直喷、二冲程直流扫气的汽油机型。内燃机安装在总体结构的中心对称位置，两个动力活塞顶面对置安装在气缸内，活塞顶面和气缸壁形成气体的工作容积；火花塞和喷油器布置在中心对称截面上，安装位置沿周向分布，指向燃烧室的中心点；扫气口分布在气缸左侧，排气口分布在右侧，随着活塞运动开合气口，完成气缸内的换气过程。

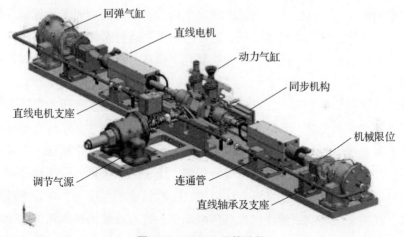

图 2-1　FPEG 总体结构

以内燃机为中心，两侧向外依次等距安装两台直线电机和两个回弹装置，燃烧室的活塞连杆与同侧的直线电机动子、回弹装置连接件通过螺纹或销件刚性连接组成一个运动组件，建立了单侧燃烧室、直线电机和回弹装置三个部件的动力学关联；另一侧也采用了同样的布局方式。因此，系统具有两个独立的、无刚性连接的活塞动子组件。这样系统总体布局形式构成了中心对称的结构，从中心对称截面将总体结构一分为二，任意一侧都可以看作是单缸回复式自由活塞发电系统。在理想的运行情况下，两个活塞动子组件的运行特性曲线关于中心对称截面呈现镜像分布，即二者在同一时刻运动到互相对称的位置点，本章中将这种镜像对称运动简称为同步运行。在系统全过程仿真分析中可以充分利用其中心对称的结构和镜像对称运行的特性，简化建模过程，提高仿真效率。

2.1.2 系统运行原理

尽管单缸对置活塞结构在总体结构形式上不同于其他两种结构，但在其运行原理上大致相同，可以分为起动过程和稳定运行过程。相比于采用外部高压气源的起动方式，前期研究使用的振荡起动方式也适用于当前的单缸对置活塞结构，将直线电机作为动力源，通过直线电机拖动活塞往复运动完成起动过程，在不增加体积的情况下，系统起动顺利实现。

系统工作全过程：起动过程开始，此时直线电机工作在电机模式，拖动动力活塞往外止点运动，回弹装置将活塞动能转化成气体压缩势能，此时扫气口打开，新鲜充量进入气缸内开始扫气过程。当活塞运行到外止点，电机推力反向，拖动活塞向内止点运动，压缩气缸内混合气体，在此过程中回弹装置释放出上一冲程的压缩势能，辅助电机进行压缩过程。当活塞运行至内止点，电机推力再次反向，拖动活塞往外止点运动，如此往复几个循环，直到气缸内混合气体达到点火条件。

随着活塞循环往复运动，行程增大、气缸内混合气温度和压力升高，当活塞运行到火花塞点火位置，火花塞开始连续点火；点火成功后，系统会根据内燃机运行状态把直线电机切换至发电机工作模式，进入到稳定工作状态。在稳定工作状态下，气缸内完成一个完整的扫气、压缩、燃烧膨胀、排气的循环过程，将燃料的化学能转换成活塞的动能；直线电机动子在活塞的拖动下，在定子线圈中往复运动，线圈绕组切割磁感线产生感应电动势，通过负载消耗或储能系统实现电能输出。回弹装置在系统运行全过程完成了压缩势能和动能的相互转换，维持活塞的往复运行。

由系统工作原理可知，回弹装置作为系统内部的能量转换装置，吸收上一冲程活塞动子组件的动能，在下一个冲程中全部释放出来并用于推动活塞运动。在不考虑装置本身耗散的情况下，该回弹装置可以看作是理想弹簧，通过压缩势能和动能的转换，实现运动质量的简谐运动。针对系统总体功率和体积功率需求，回弹装置应该具备体积小、推力大、能量转换效率高等性能。在当前的研究报告中，回弹装置主要包括机械弹簧、液压泵、气体弹簧和直线电机。

前文已经分析了单缸对置活塞的总体结构方案及其运行原理，它具有中心对称的特性。在系统进行设计匹配阶段，可以不考虑双活塞运动同步误差带来的影响。因此，在对系统进行工作过程建模与分析的时候，可以利用其中心对称的特点，把系统简化成两个完全相同的单缸回复式结构，在保证系统仿真过程的特征参数不变的情况下，简化仿真模型。

2.1.3　系统动力学模型

自由活塞式内燃机的活塞动子组件在全工作过程中没有刚性机械约束，不考虑运行过程中活塞偏转惯量的影响，认为活塞动子只在水平方向做直线往复运动，其运动特性依据牛顿第二定律。以左侧活塞动子组件为研究对象，以理论外止点位置为原点，由外止点往内止点运动的方向为 x 轴的正方向，建立坐标系。在稳定工作过程中，活塞动子组件受到的合力由左、右两侧气缸的气体压力、动子上的电磁力和摩擦力四部分组成，根据牛顿第二定律，其动力学方程为

$$F_d + F_b + F_f + F_e = ma \tag{2-1}$$

式中：F_d 为动力活塞顶面所受气体压力；F_b 为回弹活塞顶面所受气体压力；F_f 为活塞动子组件所受摩擦力；F_e 为动子上所受电磁力；m 为活塞动子组件运动质量；a 为活塞动子组件的加速度。

摩擦力 F_f 由静摩擦力和动摩擦力两部分组成。动力活塞和回弹活塞上都有密封用的活塞环，且活塞动子组件的动子磁棒采用直线轴承、橡胶密封圈进行支撑和密封，这就使得系统静摩擦力的数值比较大。动摩擦力等效成摩擦阻尼模型，是活塞动子组件的速度和摩擦系数的乘积。摩擦系数与台架的同轴度、活塞运动速度、活塞的润滑条件有关，且随着活塞运动速度的变化而变化。因为系统总体结构是由 5 个独立的部件沿着中心轴安装而成，所以台架安装的同轴度对摩擦力有着直接影响。由于实验过程中难以精确测量其变化值，一般可以通过测量取平均值，得到摩擦力等效模型表达式：

$$F_f = F_{\text{stiction}} + C_f v \tag{2-2}$$

式中：F_{stiction} 为静摩擦力；C_f 为动摩擦力系数；v 为活塞动子组件运动速度。

在稳定工作过程中，活塞拖动动子往复运行，永磁体产生的磁场也随之往复运动；在此过程中，认为永磁体产生的基础磁场分布不变，而是磁场的位置随着动子在变化，导致定子线圈所在位置的磁场为交变磁场。交变磁场在线圈中感应出感应电动势，在负载接通的情况下，产生交变的环路电流；交变电流又感生出

定子交变磁场。根据焦耳—楞次定律，定子磁场与动子永磁体的磁场相互作用，阻碍动子永磁体磁场变化，在动子上体现为电磁阻力，位置变化越快，阻碍的作用力越大。因此，在很多研究文献中，将直线电机动子在发电机模式下所受到的力进行简化处理，得到直线电机电磁阻尼模型。将直线电机系统视作线性阻尼器，即电磁推力与动子的位置变化，与运动速度成正比；而等效的阻尼系数由电机的推力系数和反电势系数推导得到。电磁推力的表达式为

$$F_e = C_e v \qquad (2-3)$$

式中：C_e 为直线电机的电磁阻尼系数。其数学表达式为

$$C_e = -\frac{k_f k_e}{R_s + R_L} \qquad (2-4)$$

式中：k_f 为直线电机推力系数；k_e 为直线电机反电势系数；R_s 为定子线圈的内阻（Ω）；R_L 为负载电阻的阻值（Ω）。

以上电磁阻尼模型在很多文献中已经得到验证并广泛使用，用于分析系统的匹配运行特性，给直线电机选型提供选型依据。

2.1.4　不平衡力矩抑制

单缸对置结构具有两个独立运动的自由活塞组件，尽管在系统结构设计和安装布局上具备了良好的对称性，但是在实际系统运行中由于电机本身特性、左右两侧活塞动子所受摩擦力和回弹气缸的进气补气装置等各类因素，会不可避免地引起左、右两侧活塞动子组件的受力不一致，从而发生不同步的现象。

设计了一副同步机构连接两个活塞动子组件，通过机械连接的方式协助双活塞的同步运行，且不限制活塞的行程。同步机构由一组摆杆、圆柱销和支撑件组成，安装在动力气缸的顶面，安装平面与底板平行；当两个活塞动子组件保持同步运行时，同步机构对其没有作用力，摆杆以支撑件为中心来回摆动；当活塞运行不同步时，两个活塞上的不平衡力通过同步机构进行传递、相互抵消，恢复到同步状态。同时，两个回弹气缸通过一根内径为 14 mm 的硬质高压管连通，保证两个回弹气缸的气体连通，压力一致，提高系统自身的内平衡特性。回弹气缸缸盖上安装了单向阀和气体压力传感器，单向阀进气方向由气缸外侧向内侧打开，开启压力约为 10 kPa；起动开始阶段缸内气体体积增大、压力降低，在压差作用下，外部空气进入气缸内，维持回弹气缸初始压力为 1 atm[①]；单向阀也可以作为

---

① 1 atm 是指 1 个标准大气压。1 atm = 101 325 Pa≈0.1 MPa。

外源供气的接入口，调节气缸内的气体压力，以适应不同运行工况对回弹气体作用力的需求。

2.2　FPEG 多模块运行下的模块间相位匹配与协同控制技术研究

在起动过程中，直线电机作为动力源，是系统的主要激励力。为此需要制定双直线电机的同步控制策略，通过调节直线电机的电磁推力，调整左、右两侧活塞动子组件的受力状况，实现同步运行。

2.2.1　同步控制策略原理分析

直线电机根据控制目标不同，可以分为位置控制和电流控制。其中，位置控制是以位移—时间曲线为控制目标，实现位移精确跟踪；电流控制以线圈输出电流为控制目标，实现精确推力输出。下面根据不同的控制目标，分析一些常用的同步控制策略的原理，在仿真模型中对上述的同步控制策略结果进行比较分析，为起动试验提供指导方案。

1. 位移控制策略

位移控制一般采用位移环、速度环和电流环三环控制原理。其中，位移环比较位置指令和编码器采集的位置反馈信号，位移差值经过 PID 运算输出速度指令；速度环比较速度指令和速度反馈值，经过微分运算输出为电流指令值；电流环采集计算三相霍尔信号与电流指令的差值，进行 PID 调节、空间矢量运算产生 PWM 控制信号，控制电机推力实现位置的跟踪。在位置控制模式下，系统进行了三个控制环节的运算，运算量大，动态响应速度较慢。

直线电机在系统中进行高频的往复运动，要求控制系统具有较高的动态响应速度，因此将位移环和速度环解耦，直接输出电流指令，并添加一些前馈参数校准直线电机的受力环境，提高系统的位置跟踪精度。仿真模型中采用的位移控制程序如图 2-2 所示。位移环节的位置差值经过比例运算直接输出为电流指令；速度环节经过微分运算输出为电流指令。这两个环节并联运算，可提高响应速度。前馈参数中包括加速度前馈、静摩擦力前馈、摩擦阻尼前馈和推力常量前馈，将动子在台架环境中的受力环境通过前馈参数运算得到电流指令，产生电磁推力抵消以上的干扰因素，提高位移跟踪的精度。将以上的电流指令值相加得到电流环的目标电流指令。位移控制中的比例、微分和前馈参数的计算方法如表2-1所示。

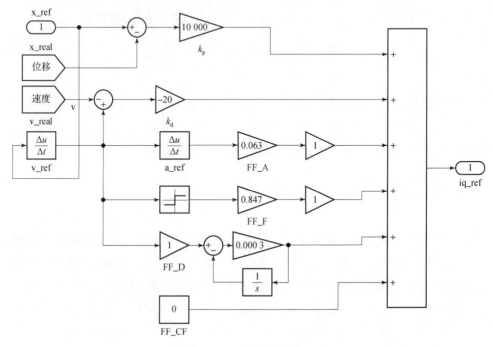

图2-2　位移控制程序

表2-1　位移控制中的比例、微分和前馈参数的计算方法

控制参数	数值/计算方法
位移比例系数 k_p/(A·mm^{-1})	5~30
速度微分系数 k_d/[A·(m/s)$^{-1}$]	10~60
加速度前馈系数 FF_A/[kg·(N/A)$^{-1}$]	运动质量/推力系数
静摩擦前馈系数 FF_F/[N·(N/A)$^{-1}$]	静摩擦力/推力系数
摩擦阻尼前馈系数 FF_D/[N·(m/s)$^{-1}$·(N/A)$^{-1}$]	动摩擦力/推力系数
恒常力前馈系数 FF_CF/[N·(N/A)$^{-1}$]	恒常力/推力系数

双直线电机的同步控制方法一般采用主从控制和交叉耦合控制来协调两台电机的运行状态。在主从控制模式下，选择一台直线电机作为主电机，另一台为从

电机。主电机的位置反馈信号作为从电机的参考位置指令，使从电机跟随主电机的位移轨迹。

主从模式的思路简单，易于实现；但是在控制原理上就存在着通信延时，从电机的指令执行滞后于主电机，位置跟踪效果差等缺点。图 2-3 所示为交叉耦合控制结构。该结构将两台电机的位移反馈信号作差得到同步跟踪误差，经过比例运算后与位置反馈信号、位置指令运算输出电流指令值。通过交叉耦合的方法，同时对两台直线电机进行位移偏差消除，不存在电机之间通信延时的问题，位置跟踪精度提高；不足之处是控制框架复杂，运算量增大。

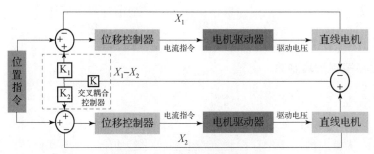

图 2-3　交叉耦合控制结构

2. 电流控制策略

电流控制模型结构如图 2-4 所示。该结构采用 $i_d = 0$ 的控制策略，目标电流 i_q 经过 Park 反变换得到三相电流指令值。电流指令与电流采集信号比较，若二者差值超过电流误差带宽，则通过改变逆变器的开关状态使之减小，这样实际电流围绕指令电流波形做锯齿状变化，偏差值限制在电流误差带宽内。电流滞环控制方法的动态性能好，控制方法简单，且不依赖于电机参数。其缺点在于电流波形变化与滞环带宽有关——带宽小，控制精度高，但开关频率的提高会带来较大的电流噪声；而减小带宽就会降低控制精度。相比于位移控制通过位移和速度偏

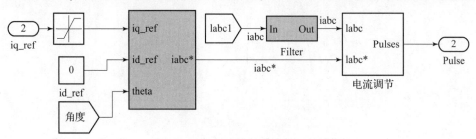

图 2-4　电流控制模型结构

差运算得到电流指令，且位移控制中必须使用电流环来实现对位移控制的方式，电流环才是控制的根本，且电流控制的运算量小，动态响应更快。

但是，电流控制策略中不考虑直线电机的位移信号，不能直接对位移量进行控制，因此在模型中提出了基于电流控制的主、从模式。其中，主电机采用电流控制；从电机采用位置控制，并跟随主电机位置变化。

2.2.2 仿真结果比较分析

基于以上的控制策略原理和思路，在起动模型中建立了同步控制模型，分析不同控制策略下两个活塞动子组件的运行状态，为起动实验提供指导意见。

1. 位移控制仿真结果

采用位移控制策略系统的起动需要给定活塞运行的位移—时间曲线，直线电机的控制驱动器调节电磁推力达到跟踪参考位移的目的。图 2 – 5、图 2 – 6 所示为采用主、从模式的同步位移控制策略下系统的起动位移—时间曲线。参考位移为正弦变化曲线，行程幅值为 56 mm，运行频率为 14 Hz。假设参考位移在第一个循环周期即达到最大行程，需要电磁推力达到 2 125 N，超过直线电机的峰值推力，且系统的初始加速度太大也会导致直线电机在前几个循环周期跟踪不上参考位移，因此设定参考位移的行程经过四个周期逐渐增长到稳定幅值，降低起动初期对电磁推力的需求。

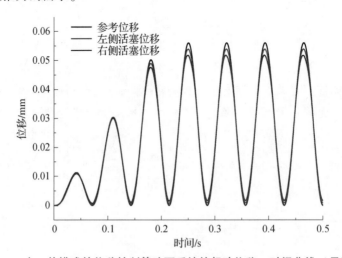

图 2 – 5　主、从模式的位移控制策略下系统的起动位移—时间曲线（见彩插）

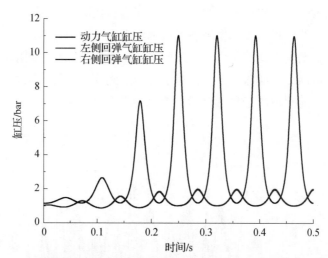

图 2 - 6　主从模式的位移控制策略系统的起动缸压—时间曲线（见彩插）

在位移主、从控制模式下，右侧直线电机为主电机，左侧为从电机，从图 2 - 5 所示的起动位移—时间曲线可以看出，从电机的行程比主电机大 2 mm，误差约为 4%。该误差主要是主从控制在原理上存在着通信延时，在内止点处从电机控制滞后于主电机，使得左侧活塞的位移峰值和峰值出现的时间都略大于右侧活塞。同时可以看到主从电机的位移峰值都小于参考位移，其原因主要与位移控制算法的 PID 调节有关：当 P 值调大时，可以减小位移误差；但是若 P 值过大，则会导致起动初期线圈电流过大，触发限流保护，所以在模型中使用了较小的 P 值，控制系统的刚度降低，导致位移峰值存在误差。

随着活塞位移的增大，动力气缸和回弹气缸的气体压力也逐渐增长，动力气缸的峰值压力达到 11.2 bar，能够达到预期的气缸内混合气着火条件；回弹气缸压力在前两个循环周期小于 1 bar，随着缸外补气的进行，气缸内压力逐渐稳定，维持最小回弹气压为 1 bar。

在交叉耦合控制策略下，系统起动运行的特性与主、从模式基本相似，活塞在位移控制算法调整直线电机的电磁推力达到控制活塞速度和位移的目的；该算法在没有外力干扰的情况下，两个活塞组件保持良好的同步运行特性，动力气缸的气体压力超过 12 bar，略高于主、从模式。

为了更深入地了解在位移控制中电磁推力对活塞动力学运行状态的影响，通过仿真分析得到起动过程中直线电机线圈电流和速度随时间的变化规律，仿真结果如图 2 - 7 所示。在位移控制的策略下，活塞自外止点向内止点方向的行程中点附近的速度最大，此时电磁推力开始做负功，使活塞动子组件减速，以便活塞能够在内止点附近继续跟踪参考位移曲线。同理，在活塞自内止点向外止点运行的中点位置，直线电机也会根据控制算法调整电磁推力，让活塞在循环运动的周期内都能够跟踪上参考位移曲线。由此看来，位移控制策略在起动过程中更关注能否按照预定的活塞位移曲线运行，对于能否达到气缸内气体压力和发动机压缩比等起动性能则完全取决于参考位移是否设置得合理。

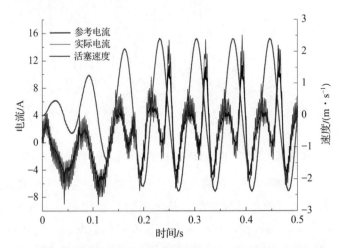

图 2 - 7　位移控制策略下电机起动电流—时间曲线（见彩插）

在位移控制策略下，当活塞的行程保持不变，循环间的动力气缸缸压峰值和压缩比也不发生变化；随着电磁推力的增大，仅起动运行频率加快，活塞的动能增加，但电磁推力对动力气缸的气体所做的功不变。不同起动频率下直线电机对起动峰值电流和起动峰值推力的需求如表 2 - 2 所示。采用位移控制策略的起动方式，系统需求的直线电机输出推力可达其峰值推力的 80%，而起动频率提高，对电磁推力的需求先降低后增长。随着起动频率的提高，活塞正运行在内外止点附近，气缸内气体压力变化率增大，活塞动能和气体压缩势能之间的转换更快、更高效，有利于提高活塞动子的运行频率，减小对直线电机推力的需求。当起动频率高于 17 Hz 以后，直线电机无法满足起动初始阶段对高电磁推力的要求，系统不能顺利起动。

表 2 - 2　不同起动频率下直线电机对起动峰值电流和起动峰值推力的需求

起动频率/Hz	起动峰值电流/A	起动峰值推力/N
10	24. 5	1 323
11	22. 7	1 226

起动频率/Hz	起动峰值电流/A	起动峰值推力/N
12	21.5	1 161
13	20	1 080
14	17	918
15	14	756
16	10.5	567
17	20	1 080

2. 电流控制仿真结果

电流控制策略通过控制直线电机线圈电流，直接控制电磁推力输出的幅值和方向，是实施前述振荡起动方法的控制基础，而主、从模式则在起动过程中保证双活塞动子组件的同步性能。电流控制策略下的活塞运行曲线和缸内气体压力的变化与振荡起动的运行特性基本一致，其主、从电机的起动电流—时间变化曲线如图 2-8 所示。主电机的电流幅值在 4.7 A 附近波动，方向与活塞速度方向相同，通过电磁推力正向激励活塞，使活塞行程和气缸内气体压力逐渐增长。从电机通过控制电流变化调整电机输出推力达到跟随主电机位移的目的可以看出，从电机在一个循环周期内的大部分时间都在做正功，以推动活塞动子往复运动。

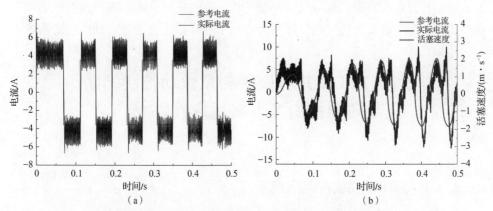

图 2-8　电流控制策略下的主、从电机的起动电流—时间变化曲线（见彩插）

（a）主电机电流—时间曲线；（b）从电机电流—时间曲线

3. 同步控制策略比较和分析

为了深入了解以上同步控制策略的性能，设计了一组控制变量的仿真研究，让系统在起动频率为 14 Hz 下运行，在接近内止点处施加一个干扰力，观察并分析不同控制策略的调整能力，仿真结果如表 2 - 3 所示。当干扰力为 300 N 时，交叉耦合控制方法下双活塞动子组件的同步误差值最小，且能够在两个循环周期内快速调节，恢复同步运行状态。位移主、从模式对外部干扰的动态响应效果最差，且在无干扰下主、从电机之间仍存在 ±2 mm 左右的峰值位移误差。电流主、从模式具有最快的动态响应速度，调整恢复时间略大于一个周期。

表 2 - 3　同步控制策略的性能比较

控制模式		缸压/bar	频率/Hz	电流/A	推力峰值/N	调整周期/s	误差幅值/mm
位移控制	主、从模式	10.85	14	15.5	894	0.39	23
	交叉耦合	12.15	14	17.8	1 056	0.27	8.5
电流控制	主、从模式	12.13	14	13.6	735	0.14	15
	双电流指令	12.91	14	4.7	260	—	—

由仿真结果可知，两种控制方法都能够满足系统起动过程对气缸内气体压力的要求。在位移控制策略下，系统起动所需的电磁推力较大，且电磁推力在循环周期内有较长时间是在做负功，对气体所做的功较小。电流控制策略更好地结合系统的结构特点和回弹气缸的气体弹簧特性，通过控制直线电机持续对活塞做正功，用较小的电磁推力使缸内气体压力达到 12 bar 以上，满足起动的性能需求。

2.3　FPEG 并行模块相位被动控制辅助同步机构多方案适应性研究

2.3.1　FPEG 模块控制系统

FPEG 多模块控制系统主要以单缸双活塞型 FPEG 作为研究，由于其结构的独特性，故主要对起动工作过程进行探究。在起动工作过程中，起动控制系统通过控制直线电机电磁推力的大小和方向拖动活塞往复运动，压缩气缸内气体达到混合气体着火状态；同时需要实时监测双活塞的运行状态，保证其同步运行性能。这个过程需要控制系统围绕起动实验平台顺利完成回零、起动、停机、限位保护、同步控制等复杂功能。

起动控制系统主要由直线电机、驱动器和控制器三部分组成。其中，直线电机作为控制对象，具备良好的动态响应特性、电磁推力特性和负载特性。驱动器采用三相四线 380 V 动力电源和 24 V 逻辑控制电源，同时具有高速采集和通信能力，负责采集并输出动子位移、线圈电流和电压、线圈温度等参数。控制器主体为多轴运动控制卡 PMAC，通过模/数（A/D）转换端口、通信接口与驱动器连接通信，完成接收采集数据并下发控制指令的功能。起动控制系统实现在运动控制卡执行外环控制程序，在驱动器上执行电流环、内部保护等核心性能控制程序。其控制结构如图 2 – 9 所示。

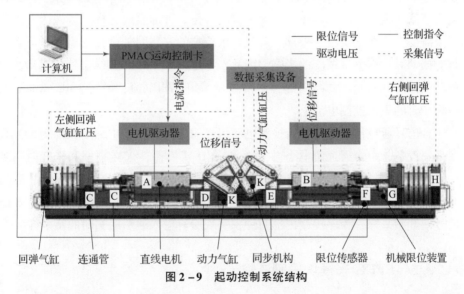

图 2 – 9 起动控制系统结构

起动控制系统的工作流程：用户在控制器中编写控制程序代码，通过模拟量输出端口将控制指令发送到驱动器；驱动器接收到控制指令，通过内部电流环运算产生脉冲宽度调制（PWM）信号，控制逆变器的绝缘栅双极型晶体管（IGBT）的开关状态并将直线母线电压逆变成三相对称电源，驱动直线电机动子开始运动；驱动器采集动子位移、线圈电流、电压、温度等信号通过通信协议输出给控制器；控制器根据反馈信号实时调整控制指令，至此控制系统完成了一个控制周期的工作循环。

2.3.2 实验采集系统

为了分析系统运行的性能,需要采集起动工作过程的运行状态参数。起动试验台架主要测量参数包括动力气缸气体压力、回弹气缸气体压力、活塞运动状态和直线电机驱动电流。其中,动力气缸气体压力选用奇石乐压电式压力传感器,型号为6052C;回弹气缸气体压力选用高频压电式压力变送器,变送器的型号为HM90。气体压力采集信号通过电流传输到电荷放大器,再转换成电压信号输入到示波器中,避免电压信号在长距离传输中产生压降。

活塞位移信号测量采用直线电机内部霍尔传感器,可以避免由起动平台振动引起的测量误差。位移霍尔传感器的测量精度达到 10 μm,采样时间间隔为 0.25 μs,可以通过驱动器 X13 端口输出位移信号,用于外部运动控制和数据采集、经计算转换成活塞速度、气缸内气体容积等关键物理量。外部直线光栅尺或磁滞伸缩传感器等需要安装在电机定子外部,不仅要求较高的安装同轴度,还需要考虑系统运行的振动对位移测试精度的影响。因此,不建议采用外部直线位移传感器。电机驱动电流信号采用驱动器内部霍尔传感器采集三相电流,经过 Park – Clark 变换得到实时的驱动控制电流 i_q。

所有信号通过传感器内部转换为电压信号输入到示波器中,示波器为泰克高精度采集设备,每个通道都具备放大器和 A/D 转换器,采样频率和采样时间可调。采样触发信号以活塞的速度为基准,当活塞运行速度大于 0.025 m/s,就通过驱动器的输入/输出(I/O)口发出一个触发电平信号;示波器检测到触发电平信号便开始采样,程序控制内部时钟,实现所有输入通道的实时同步采样。

2.3.3 FPEG 多模块控制试验

1. 控制策略

起动实验借鉴了"振荡起动"的起动方法,利用往复积累能量的方式来起动自由活塞内燃机,同时采用同步机构和同步控制方法提高双活塞的同步性。根据振荡起动方法可知,实现顺利起动的关键是保证直线电机的电磁推力一直与活塞的运动速度同相位,使电磁推力一直正向激励活塞运动。

为了确保两个运动组件的同步性,提供了两种同步控制方法:双电流指令控制方法和主、从控制方法。双电流指令控制同时给两台直线电机下发相同的电流和方向指令，只要检测到任意一侧活塞动子组件的速度减小至零，双电机就同时进行换向。主、从控制方法将两台直线电机设置为主、从跟随运行模式，主电机执行振荡起动的运动程序，从电机根据主电机的位移反馈进行 PID 运算，将同步误差运算的结果转化为期望电流偏差，输出期望的电流指令，实现从电机的跟随运行。起动控制策略的核心是振荡起动程序，为较小的电机推力拖动活塞动子往复运动积蓄能量。同步控制方法减小了活塞动子组件在运动过程中的同步误差。

2. 控制软/硬件实现

在实际测试时，应预先编写完成起动控制程序，并下载到电机控制器。该起动控制程序以活塞速度为输入反馈参数，以大小恒定驱动电流 i_q 为输出量，通过判断活塞速度换向时刻来改变驱动电流 i_q 的正负。可编程多轴控制器（PMAC）运动控制卡采集活塞位移信号，经过微分运算得到活塞速度；通过逻辑运算判断速度出现换向点，发出电流换向指令。驱动器通过模拟量端口接收电流指令，经过驱动器的电流滞环运算产生控制逆变器 IGBT 通断的 PWM 信号。PMAC 运动控制卡发出的控制指令为 ±10 V 的模拟量，驱动器 X20 端口将接收到的模拟量信号换算成电流指令。其中，10 V 模拟量输入对应了幅值 28 A 的驱动电流。

试验过程的操作：电机回零，执行起动程序，直线电机驱动活塞动子组件从外止点向内止点运行，此时回弹气缸的单向阀在压差的作用下打开，往回弹气缸补气，直至气缸内气体压力为 1 atm，即停止补气。同时，动力活塞关闭气口，开始压缩气缸内气体。随着动力气缸内气体压力的增大，活塞运动组件的速度减小至零，直线电机的推力换向，拖动直线电机动子向外止点运行。回弹气缸内气体被压缩，将运动部件的动能转化为气体压缩势能。当活塞运动速度减小至零，电机推力再次换向，拖动活塞向内止点运行，同时回弹气缸的压缩气体也推动活塞向内止点运动，释放压缩势能，如此循环。在此过程采集气体压力、活塞位移、驱动电流等关键参数，用于起动控制反馈和分析起动系统的运行状态。

在试验过程中的关键点为找到电机的零点，以此建立电机的坐标系。电机的零点应尽量使起动系统的左右两侧的回弹气缸气体压力随位置变化的 p—V 图像一致，且同步结构处于松弛状态，没有张紧力。这样起动样机，平台自身具备良好的自平衡特性，有利于减小运行过程中的同步性误差。在试验过程中，电机零点设置在动力气缸排气口外侧的外止点位置，确保行程可达到 56 mm，且回弹气缸的基准压缩比可达到 2，保证能够提供足够的气体回弹力。

2.3.4 FPEG 多模块控制试验结果分析

1. 同步误差分析

单缸对置活塞自由活塞式内燃发电机起动试验过程的重要关注点为如何保证双活塞在运动过程中的同步性，同时减小同步误差。本书研究的起动实验平台采用回弹气缸的气室管道连通以及双活塞通过同步机构机械连接两种方式，提高了系统本身的平衡性能，且通过不同的同步控制策略对起动运行过程进行控制，以满足系统的同步精度要求。图 2 - 10 所示为不同控制策略下的同步误差在多次试验中的分布，在有同步结构的作用下，双电流指令控制的同步误差小于 2 mm，大部分循环误差小于 1.5 mm；主、从控制模式的同步误差分布在 ±2 mm 之间。在无同步机构的作用下，主、从控制的同步误差为 ±3.5 mm。由此可以看出，在无同步机构的机械约束下，双活塞的同步误差明显大于有同步机构的同步误差；同步机构的使用提高了系统起动的可靠性，降低外部扰动对双活塞运行过程中的同步性能的影响。相比于主、从控制方式，在双电流指令控制策略下，两台电机之间不存在通信延时和控制协调，控制特性基本一致，且在同步机构和系统本身的平衡特性良好的情况下能够进一步提高双活塞的同步性能。

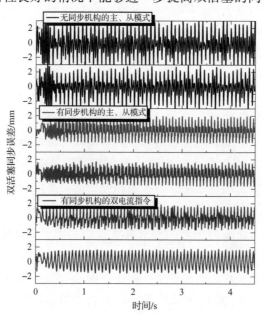

图 2 - 10   不同控制策略下的同步误差分布

图 2 - 11 所示为双电流指令控制策略下的活塞同步误差在运行周期内的分布状况。一个运行周期内，双活塞同步误差呈三角波形态，正、负交替变化，左侧电机始终超前于右侧电机。活塞在内止点和外止点的同步误差接近于零，同步误差的大小与运行速度有关，速度越大，电机的反电动势越大，线圈内部电流变化增大，电机推力波动越大，最后引起双活塞同步误差增大。而且随着速度的增大，回弹气缸的单向阀响应状态差异的影响增大，连通管道内的气体波动性增大也会影响双活塞的同步性能。内、外止点的位置速度为零，且此时气缸内的气体压力最大，电磁推力变小，通过气体压力的缓冲，可有效地减小双活塞的同步误差。

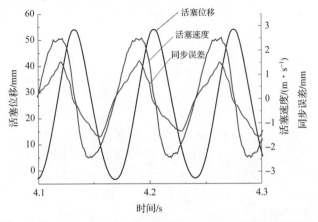

图 2 - 11　双电流指令控制策略下的活塞同步误差在运行周期内的分布状况

2. 循环波动分析

图 2 - 12 所示为不同控制策略下的动力气缸内气体压力的循环波动。在主、

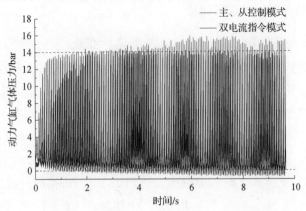

图 2 - 12　不同控制策略下的动力气缸内气体压力的循环波动（见彩插）

从控制方式下，双活塞在内止点处同步误差的波动较大，导致气缸内的气体压力在起动过程中存在较大循环波动情况。因为在主、从控制方式下，从电机跟随主电机的位移，以主电机的位移作为控制目标，必然就存在着控制时间滞后的现象。

从电机的目标电流是通过位置指令计算得到，需要实时调整，其电流—时间曲线如图2－13所示。由图可见，从电机的电流波动非常大，且不同循环存在的位移波动又会加剧从电机电流的波动，最终导致了主、从控制方式下的循环波动。而双电流指令控制方式同时给两台电机相同的控制指令，不存在两台电机之间的协调通信滞后现象，也避免了双直线电机控制指令之间的相互干扰，结合起动台架的同步机构，有效地保证了双活塞运行的稳定性，减小循环波动。

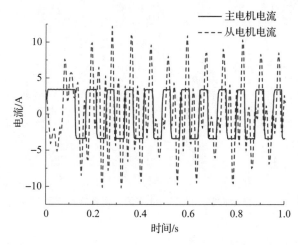

图2－13 在主、从控制策略下主、从电机的电流—时间曲线

3. 不同控制策略试验结果比较

不同控制策略下系统的起动状态和同步误差如表2－4所示，在有同步机构对双活塞进行机械同步约束的前提下，采用主、从控制方式或双电流指令控制都能满足系统起动阶段的性能需求。在主、从控制策略下，主电机的电流幅值较小，活塞的行程和频率都略高于双电流指令控制，但双活塞的同步误差也较大。在双电流指令控制下，若电流指令值小，导致电磁推力太小，则不足以将动力活塞推至内止点位置，气缸内气体压力不能满足起动性能要求。当电流指令为O12，即电流幅值为4.5 A时，电磁推力达到280 N，活塞的行程达到54.7 mm、运行频率为14.51 Hz，动力气缸内的压力为14.4 bar，回弹气缸内的压力为1.93 bar，双活塞同步误差±1.5 mm，满足系统起动性能要求。

表 2 – 4　不同控制策略下系统的起动状态和同步误差

运行模式	电流指令	行程/mm	频率/Hz	动力气缸缸压/bar	回弹气缸缸压/bar	同步误差/mm
同步机构主、从模式	O7	47.5	12.58	4.21	1.48	±1
	O8	54.4	14.3	13.41	1.91	±1.5
	O9	55.45	14.68	15.92	1.97	±2
	O9	55.73	14.89	17.55	1.92	±2
同步机构双指令模式	O8	48.93	12.61	4.712	1.47	−0.5 ~ 1
	O9	48.73	12.55	4.513	1.53	−0.5 ~ 1.2
	O10	52.53	13.35	8.845	1.69	±1.5
	O11	54.18	14	11.85	1.82	±1.5
	O12	54.7	14.51	14.4	1.93	±1.5
无同步机构主、从模式	O8	37.5	12	4.077	1.51	−2.5 ~ 1.5
无同步机构双指令模式	O8	30 ~ 40	12	2.995	1.46	0 ~ 20

在无同步机构的辅助下，采用双电流指令和主、从控制策略皆不能满足系统起动的性能需求，因为两个动子之间没有机械约束，只存在气体的相互作用力；当起动过程中发生一个微小的扰动，就会导致左、右两个活塞的运行特性变化，气缸内气体压力波动，最终双活塞的同步性能无法得到保证，起动状态难以预料。

2.4　并行模块 FPEG 相位被动控制辅助同步机构的物理样机实现与技术参数验证

实验平台如图 2 – 14 所示，其主体结构部件包括一个单缸对置二冲程自由活塞式发动机缸体、两个回弹气缸和两台直线电机。主体物理样机呈镜像对称安装。其中，发动机缸体安装在平台底板的中心位置；直线电机和回弹气缸以发动机为中心，镜像分布在两侧。发动机采用二冲程直流扫气，排气口和进气口周向均布在缸套两侧，由活塞运动位置决定气口开启或关闭。气缸中心位置安装了气体压力传感器，用于测量动力气缸内气体压力的变化状态。两个回弹气缸对称布置在平台的两侧，回弹活塞的直径大于动力活塞直径，提供足够的回弹力以维持起动过程的连续运行。动力活塞、回弹活塞与直线电机的动子通过连杆固定连接，作为一个运动组件；回弹活塞的连杆上设计了两个防撞件，与回弹气缸固定支架上的碟簧挡圈组成了机械限位装置，以防止活塞动子组件直接撞到气缸顶面。在气体作用力、摩擦力和电磁推力的共同作用下，两个活塞动子组件做水平对置运动。在理想状态下，运动轨迹呈镜像对称分布，达到完全同步的状态。

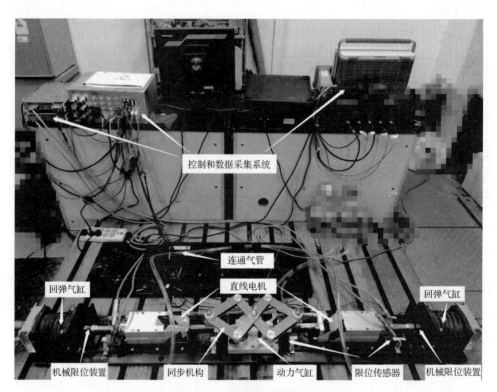

图 2-14　系统起动实验平台

本平台设计了一副同步机构连接两个活塞动子组件，通过机械连接的方式协助双活塞的同步运行，且不限制活塞的行程。同步机构由一组摆杆、圆柱销和支撑件组成，安装在动力气缸的顶面，安装平面与底板平行；当两个活塞动子组件保持同步运行时，同步机构对其没有作用力，摆杆以支撑件为中心来回摆动；当活塞运行不同步时，两个活塞上的不平衡力通过同步机构进行传递、相互抵消，恢复到同步状态。

两个回弹气缸通过一根内径为 14 mm 的硬质高压管连通，以保证两个回弹气缸的气体连通，压力一致，提高系统自身的内平衡特性。回弹气缸缸盖上安装了单向阀和气体压力传感器，单向阀进气方向由气缸外侧向内侧打开，开启压力约为 10 kPa。在起动开始阶段，气缸内气体体积增大、压力降低，在压差作用下外部空气进入到气缸内，维持回弹气缸初始压力为一个大气压力；单向阀也可以作为外源供气的接入口，调节缸内的气体压力，适应不同运行工况对回弹气体作用力的需求。经过反复设计和调整，主体物理样机的参数如表 2 – 5 所示。

表 2 – 5　主体物理样机的参数

参　数	数　值
动力气缸缸径/mm	56
回弹气缸缸径/mm	115
最大行程/mm	65
活塞连杆组件质量/kg	4.5
压缩比	8 : 1 ~ 13 : 1
双活塞顶部之间的最小距离/mm	10
回弹气缸与外止点最小距离/mm	23

1. 同步机构试验验证分析

试验的目的是验证同步结构的可行性，仅进行起动阶段气体压缩膨胀试验，不考虑起动完成后的着火燃烧特性。在双电流指令控制方法下，双直线电机起动过程的参数可以满足系统起动性能需求，试验结果如图 2 – 15 和图 2 – 16 所示。在振荡起动的控制策略下，电磁推力拖动活塞往复运动，行程和缸内气体压力逐渐增大，经过 5 个循环周期后，起动过程的位移—时间、缸压—时间曲线都趋于稳定。此时，活塞的行程为 54 mm，运行频率接近 14 Hz；动力气缸气体压缩比为 12，气缸内气体压力为 11.85 bar；回弹气缸的气体压力为 1.84 bar，压缩比为1.7。起动过程系统性能参数如表 2 – 6 所示。

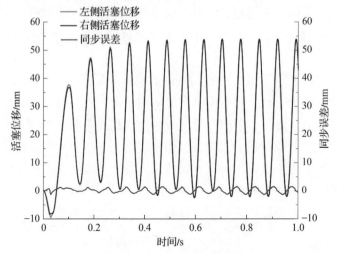

图 2 – 15　起动过程活塞位移—时间曲线和同步误差（见彩插）

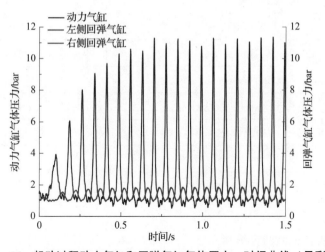

图 2 – 16　起动过程动力气缸和回弹气缸气体压力—时间曲线（见彩插）

表 2 – 6　起动过程系统性能参数

起动参数	数　值
最大位移/mm	54.5
最小位移/mm	−2
频率/Hz	14
动力气缸压力/bar	11.85
动力气缸压缩比	12

起动参数	数　值
回弹气缸压力/bar	1.84
回弹气缸等效压缩比	1.7
起动循环次数/次	5
电机线圈电流/A	±4.92
电磁推力/N	292

如图 2-15 所示，两个活塞动子组件的行程曲线高度重合，其同步误差随着行程和频率的增大而增加。起动稳定后，同步误差在 ±1.5 mm 范围内波动。行程中点位置速度最大，此时双活塞的同步误差最大，约为 1.5 mm，而内、外止点位置的同步误差几乎为零。考虑到内、外止点对气体压力影响最大，双活塞在内、外止点的位置一致，有利于提高系统的平衡对称性能，保证系统的同步性，为之后的着火燃烧阶段提供稳定的气缸内气体状态。

如图 2-16 所示，起动运行稳定后，回弹气缸在内止点位置的气体压力为 1 bar，接近 1 atm，即回弹气缸的最小气体压力为 1 bar，回弹气缸在整个起动过程不需要采用复杂的增压设备就能够保证足够的回弹压力，维持系统的连续运行。在运行过程中，由于回弹气缸会产生热耗散和漏气现象，因此需要通过一个低压差开启的单向阀，在回弹气缸气体压力低于大气压时，向气缸内补充少量气体，维持回弹气缸的最小压力为 1 bar。活塞的止点位置在起动开始后 10 个循环周期才达到稳定，而内止点位置在 5 个循环周期后就保持不变了。其原因在于，回弹气缸内的气体压力随着活塞运动产生循环变化，单向阀内、外两侧的气体压差也随之波动，引起单向阀频繁开启关闭，气缸内压力受到进排气质量变化的影响而产生峰值压力波动，最终引起了在起动过程中活塞的外止点位置波动。

2.5　考虑模块间相互耦合效应下的多模块 FPEG 系统性能整机优化控制技术研究

目前，通过对 FPEG 的研究结果可以发现，FPEG 具有较高效的能量转换效率、较高的功率密度、低排放和多模块灵活并行工作等优势。所以，将 FPEG 作为一种节能环保型动力源，特别作为新型混合动力汽车或辅助电站的动力源，其所具有的潜在市场前景不可估量；并且，在单模块 FPEG 输出功率可能达不到所需功率需求的情况下，利用 FPEG 特有的多模块并行工作特性，可以采用多模块灵活并行工作模式来满足任意功率需求的情况，因此对多模块 FPEG 的产品化实际应用展开研究具有很高的前瞻性意义。

本章以多模块 FPEG 应用于实车为例对多模块 FPEG 实际应用展开研究。研究思路：利用现有实车仿真软件，以传统发动机—发电机组的多模块 FPEG 匹配蓄电池作为实车动力源，建立多模块 FPEG 系统应用实车的动力学模型，设计动力系统参数匹配方案及能量管理控制策略，在模拟工况下对多模块 FPEG 应用实车时运行特性展开研究，以便为后续 FPEG 实车商业化应用提供理论依据。

2.5.1 多模块 FPEG 系统设计

动力系统是所有汽车的核心部分，也是区分各种类型汽车的重要标志。并且，即使同一类型汽车的动力驱动形式也有不同，以混合动力为例，有串联式动力驱动、并联式动力驱动和混联式动力驱动等多种动力驱动形式。依此类推，针对多模块 FPEG（Multi – FPEG）应用实车作为动力也存在多种动力驱动形式：①多模块 FPEG 作为单一动力源驱动形式（Multi – FPEG）；②多模块 FPEG 加蓄电池的混合驱动形式（Multi – FPEG + Battery，Multi – FPEG + B）；③多模块 FPEG 加超级电容的混合驱动形式（Multi – FPEG + Ultracapacitor，Multi – FPEG + UC）；④多模块 FPEG 加蓄电池加超级电容的混合驱动形式（Multi – FPEG + Battery + Ultracapacitor，Multi – FPEG + B + UC）。下面将对这四种驱动形式进行对比分析，以确定最佳动力系统结构形式。

多模块 FPEG 作为单一动力源驱动形式应用实车是多模块 FPEG 作为单一动力源提供汽车在运行过程中各种工况下的功率需求。其动力系统结构布置如图 2 – 17 所示。由于仅仅将多模块 FPEG 作为动力源驱动汽车，因此多模块 FPEG 的性能直接决定汽车的各项性能。具体如下所述。

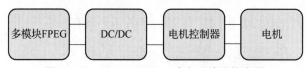

图 2 – 17　Multi – FPEG 动力系统结构布置

（1）多模块 FPEG 作为单一动力源，一般要求其输出功率大于汽车所需功率，这就导致汽车体积和质量增加，增加了汽车成本。

（2）多模块 FPEG 作为单一动力源是单相输出能量，因此汽车在制动过程中不能实现制动能量回收，造成能量的浪费。

（3）多模块 FPEG 作为单一动力源，其输出特性疲软易导致动态响应能量较差，无法实时满足汽车所需功率，造成汽车动力性较差。

（4）多模块 FPEG 作为单一动力源，当汽车所需功率不是模块数的整数倍时，必然有模块无法在最佳工况运行，导致功率匹配不是最优，无法体现多模块 FPEG 作为动力源的优势。

根据前面所述，由于将多模块 FPEG 作为单一动力源驱动形式应用实车时存在诸多缺陷。因此，为了解决多模块 FPEG 作为单一动力源的缺陷，我们考虑采用混合动力驱动模式，即 Multi – FPEG + B 的混合动力源提供汽车在行驶过程中各种工况下的功率需求。其动力系统结构布置如图 2 – 18 所示。

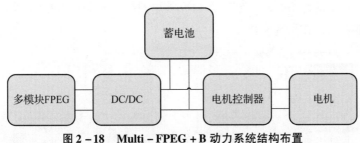

图 2 – 18　Multi – FPEG + B 动力系统结构布置

相对于将多模块 FPEG 作为单一动力源，Multi – FPEG + B 可以避免性能缺陷，也可保证功率匹配最优，实现制动能量回收等提供能量利用效率的功能，同时还极大地提高了汽车的经济性。

当汽车采用 Multi – FPEG + B 的混合驱动形式时，发现蓄电池在充放电的过程中对电池本身会造成很大的损伤，进而影响电池的使用寿命。所以，为了解决蓄电池这个固有缺陷，可以用超级电容来替代蓄电池以解决蓄电池循环使用寿命短、不能在较短时间内实现大电流的充放电等缺陷。因此，多模块 FPEG 适用于实车的过程中，也可以用 Multi – FPEG + UC 作为动力源提供汽车在行驶过程中各种工况下的功率需求。其动力系统结构布置如图 2 – 19 所示。

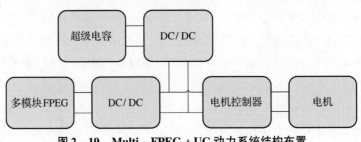

图 2 – 19　Multi – FPEG + UC 动力系统结构布置

但是，由于超级电容自身组成结构等各方面存在其比能量低和充放电过程中电压浮动较大等固有缺陷。解决超级电容这些固有缺陷时就必须增加相应的阻抗软件，致使其控制难度加大，且结构复杂，在实际应用过程中增加困难。

当汽车采用 Multi - FPEG + B 或者采用 Multi - FPEG + UC 的混合驱动形式时，由于蓄电池和超级电容本身均存在各自缺陷，不能实现性能的最优化。因此，可以设计一套多模块 FPEG 加蓄电池和超级电容组合装置，如图 2 - 20 所示。这样既能解决蓄电池和超级电容本身的缺陷，也可克服多模块 FPEG 输出响应差等不足，并且能够在特殊工况下降低峰值电流和电压的波动，致使蓄电池的循环寿命得到延长。

但是，采用这种组合动力装置，对充放电过程中超级电容的电压、电流的大小等问题目前正处在研究阶段。

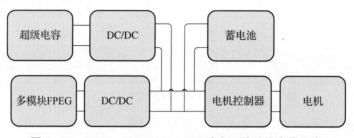

图 2 - 20　Multi - FPEG + B + UC 动力系统结构布置示意

综上所述，针对上述四种动力系统结构形式对比发现，汽车采用 Multi - FPEG + B 的混合驱动形式目前较易实现，并且能根据各种行驶工况提供汽车所需功率需求，具有制动能量回收工况，提高了能量利用效率，实现多模块 FPEG 性能最优。基于上述原因，针对多模块 FPEG 应用于实车展开研究时采用 Multi - FPEG + B 的混合驱动形式。以下的混合驱动形式均表示 Multi - FPEG + B 的混合驱动形式。

1. 动力系统部件选型

多模块 FPEG 的核心是 FPEG，它是一个复杂的能量转换装置，即两侧发动机交替爆发燃烧缸内混合气，产生高温高压气体推动活塞及其动子往复运动切割磁力线产生电能。按照前面的研究可以发现，FPEG 当前研究集中在汽油机 FPEG 和柴油机 FPEG。尽管汽油机 FPEG 和柴油机 FPEG 均有各自的优缺点，但是由于柴油 FPEG 工作粗暴和排放等问题，并结合课题组目前对汽油机 FPEG 的研究较成熟的基础上，本章在以多模块汽油机 FPEG 作为动力源向汽车提供所学动力。

根据前面分析，这里在展开多模块 FPEG 应用于实车研究时采用 Multi -

FPEG + B 的混合驱动形式，因此蓄电池也是汽车动力源的核心部件之一。蓄电池是一种可以将化学能转换成电能的能量转换装置，具有安全可靠和稳定电压输出等优点，所以其广泛应用于各种类型的电动汽车上。目前，车载蓄电池主要有铅酸蓄电池、镍镉蓄电池、镍氢蓄电池、锌镍蓄电池锂离子电池等，它们的具体参数和性能特点如表 2 - 7 所示。

表 2 - 7　常用车载蓄电池的具体参数和性能特点

类型	比功率 /(W · kg⁻¹)	比能量 /(W · h · kg⁻¹)	循环寿命	优点	缺点	成本
铅酸蓄电池	200 ~ 400	35 ~ 40	350 ~ 600	廉价、可靠、功力密度大，目前技术较成熟	比能量低	低
镍镉蓄电池	180 ~ 200	50 ~ 60	500 ~ 1 000	性价比高、寿命长、耐过充、过放性能好	价格较昂贵、充电效率低、污染严重	适中
镍氢蓄电池	250 ~ 480	60 ~ 80	1 000 ~ 1 500	比能量高、比功率大、寿命长	成本高、充电效率低、温度特性差	高
锌镍蓄电池	70	180	200 ~ 300	比能量高、寿命长	价格较昂贵、充电效率低	较高
锂离子电池	400 ~ 800	100 ~ 130	500 ~ 1 000	高电压、高能量密度	价格较昂贵、安全问题较突出	高

综合对比目前车载的 5 种类型的电池以及考虑实际应用情况，这里采用成本较低、功率密度大、可靠性高并且目前技术较为成熟的铅酸蓄电池匹配多模块 FPEG 作为汽车动力源。

Multi - FPEG + B 作为混合汽车的动力源时，由于 Multi - FPEG + B 输出的均为电能，为了把电能转换为汽车所需的动能，驱动电机的作用显得尤其重要。驱动电机在满足汽车各种工况下的转速和转矩性能的同时，还必须具有可靠性和耐久性。通过对比文献资料发现，永磁无刷直流电机具有技术成熟，结构简单和价格便宜等优势，因此选用永磁无刷直流电机作为多模块 FPEG 应用于实车的驱动电机。

2. 动力系统参数匹配

根据前面所述，在确定好多模块 FPEG 实车的各个动力系统部件类型之后，各个动力系统部件参数的匹配极其重要。下面将依托于某型号汽车（整车参数如表 2 - 8 所示，性能指标参数如表 2 - 9 所示），在已确定类型的各个动力系统部件的基础上，通过相关计算，首先确定各个动力系统部件的各项技术参数；然后合理匹配出 FPEG 和蓄电池的输出功率，以满足汽车在各种行驶工况下的性能需求。

表 2 - 8 汽车结构参数

参数	数值	参数	数值
整车质量/kg	1 410	迎风面积/m²	2.2
空气阻力系数	0.335	整车尺寸/mm	4 329 × 1 975 × 1 550
滚动阻力系数/kg	0.015	轴距/m	2.6
轮胎半径/m	0.3	汽车旋转质量换算系数	1.04

表 2 - 9 汽车性能参数

参数	数值
爬坡能力	≥30%（满载状态，车速 30 km/h）
百公里加速度时间/s	≤16
最高车速/(km·h)	≥130
纯电动续航里程/km	≥40

（1）驱动电机参数。驱动电机是将多模块 FPEG 和蓄电池输出的电能转化成汽车行驶所需动能的唯一部件，因此在计算各个动力系统部件时，首先应该计算驱动电机的各项参数，如额定功率和峰值功率、额定转速和峰值转速、额定电压等。

根据电机设计规定，考虑电机的工作性能和使用寿命等因素，驱动电机的峰值功率不应该超过额定功率的 2 ~ 3 倍，并且驱动电机在峰值功率下运行时间不应该超过 60 s。因此，驱动电机额定功率与峰值功率的关系为

$$p_{m-max} = \lambda_m p_{m-rated} \qquad (2-5)$$

式中：p_{m-max} 为驱动电机峰值功率；λ_m 为驱动电机过载系数；$p_{m-rated}$ 为驱动电机额定功率。

因此，在确定驱动电机额定功率时，首先要计算出驱动电机的峰值功率。一般汽车在最高车速行驶、爬坡和加速行驶等工况下才有可能需要驱动电机运行在峰值功率下。因此，为了确定驱动电机的峰值功率，我们选取汽车在行驶过程中需求功率的最大值作为驱动电机的峰值功率。

汽车在行驶过程中，根据图 2-21 中所示受力分析，可以得到汽车行驶过程中的动力学方程：

$$F_t = F_f + F_w + F_i + F_j \tag{2-6}$$

式中：F_t 为牵引力；F_f 为滚动阻力；F_w 为空气阻力；F_i 为坡道阻力；F_j 为加速阻力。

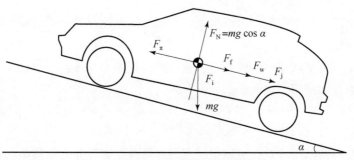

图 2-21　汽车受力分析图

汽车滚动阻力 F_f 是由于汽车在行驶过程中车轮变形而产生行驶过程中的滚动阻力。其计算公式为

$$F_f = f m_{ve} g \cos \alpha \tag{2-7}$$

式中：f 为滚动阻力系数；m_{ve} 为汽车质量；α 为坡度。

汽车空气阻力 F_w 是由于汽车在行驶过程中受到空气作用力在行驶方向上的分力。其计算公式为

$$F_w = \frac{C_D A_{ve}}{21.15} u_a \tag{2-8}$$

式中：C_D 为空气阻力系数；A_{ve} 为汽车迎风面积；u_a 为汽车行驶速度。

汽车坡度阻力 F_i 是由于汽车重力沿坡道方向的分力，其计算公式为

$$F_i = mg \sin \alpha \tag{2-9}$$

汽车加速阻力 F_j 是由于汽车在行驶过程中需要克服其质量加速运行时的惯性力，其计算公式为

$$F_{\mathrm{w}} = \delta m \frac{\mathrm{d}u_{\mathrm{a}}}{\mathrm{d}t} \qquad (2-10)$$

式中：δ 为汽车旋转质量换算系数。

根据上述分析，汽车在行驶过程中的功率平衡方程表达式为

$$P_{\mathrm{e}} = \frac{1}{\eta_{\mathrm{t}}} \left(\frac{Gf}{3\,600} u_{\mathrm{a}} + \frac{Gi}{3\,600} u_{\mathrm{a}} + \frac{C_D A_{\mathrm{ve}}}{76\,140} u_{\mathrm{a}}^3 + \frac{\delta m u_{\mathrm{a}}}{3\,600} \frac{\mathrm{d}u}{\mathrm{d}t} \right) \qquad (2-11)$$

式中：P_{e} 为驱动电机峰值功率；η_{t} 为汽车传动机械效率。

当汽车以最高车速行驶时，驱动电机输出的额定功率应该不小于最高车速行驶时各阻力功率之和，即

$$P_{\mathrm{m}} \geqslant \frac{1}{\eta_{\mathrm{t}}} \left(\frac{Gf}{3\,600} u_{\max} + \frac{C_D A}{76\,140} u_{\max}^3 \right) \qquad (2-12)$$

式中：P_{m} 为汽车行驶过程中的需求功率。

根据上述的汽车参数，可以得到汽车在最高车速行驶时所需驱动电机功率至少为33.1 kW。

当汽车百公里加速时，驱动电机输出的额定功率应该不小于汽车行驶时各阻力功率和最大加速阻力之和，即

$$P_{\mathrm{m}} \geqslant \frac{1}{\eta_{\mathrm{t}}} \left(\frac{Gf}{3\,600} u_{\max} + \frac{C_D A}{76\,140} u_{\max}^3 \right) \qquad (2-13)$$

根据前面的汽车参数，可以得到汽车在最高车速行驶时所需驱动电机功率至少为82.9 kW。

当汽车行驶在最大爬坡度时，驱动电机输出的额定功率应该不小于汽车行驶时各阻力功率和最大爬坡阻力功率之和，即

$$P_{\mathrm{m}} \geqslant \frac{1}{\eta_t} \left(\frac{Gf\cos\alpha_{\max}}{3\,600} u_{\mathrm{a}} + \frac{G\sin\alpha_{\max}}{3\,600} u_{\mathrm{a}} + \frac{C_D A}{76\,140} u_{\mathrm{a}}^3 \right) \qquad (2-14)$$

根据前面的汽车参数，可以得到汽车行驶在最大坡度时所需驱动电机功率至少为35.8 kW。

（2）多模块 FPEG 参数。本章是针对多模块 FPEG 应用于实车的研究，顾名思义，多模块 FPEG 作为汽车主动力源，因此其输出功率的大小对汽车的动力系统至关重要。如果所选择多模块 FPEG 输出功率偏小，则汽车会在某些大功率需求时出现动力不足的现象；而如果所选择多模块 FPEG 输出功率偏大，则会导致成本增加和资源浪费。所以，在汽车行驶过程中，汽车驱动电机的所需功率应该等于多模块 FPEG 输出功率和蓄电池输出功率之和，即

$$P_{\mathrm{m}} = P_{\mathrm{multi\text{-}FPEG}} + P_{\mathrm{B}} \qquad (2-15)$$

式中：$P_{\text{multi-FPEG}}$ 为多模块 FPEG 输出功率；P_{B} 为蓄电池输出功率。

根据上述分析，由汽车行驶时的最高车速来确定驱动电机峰值功率，可以实现汽车后备功率增大，使汽车具有较好的加速性能和爬坡性能。因此，本章节在研究多模块 FPEG 应用于实车时，汽车行驶在最高车速时所需功率全部由多模块 FPEG 承担，即

$$P_{\text{multi-FPEG}} = \frac{1}{\eta_{\text{t}}} \left(\frac{Gf}{3\ 600} u_{\text{max}} + \frac{C_{\text{D}}A}{76\ 140} u_{\text{max}}^3 \right) \qquad (2-16)$$

根据前面的汽车参数，可以得到汽车行驶在最高车速时多模块 FPEG 输出功率为 40 kW。

由于在展开多模块 FPEG 实车应用的研究是建立在实验室现有实验样机的基础上的，且目前实验样机的输出功率仅为 4 kW，所以不能承担汽车行驶过程中所需功率需求。但是，由于 FPEG 具有多模块并行工作特性，即多模块灵活并行工作模式来满足任意功率需求的情况，即

$$P_{\text{multi-FPEG}} = n_{\text{FPEG}} P_{\text{single-FPEG}} \qquad (2-17)$$

式中：n_{FPEG} 为 FPEG 模块的个数；$P_{\text{single-FPEG}}$ 为单一 FPEG 模块恒定输出功率。

所以，针对目前的计算结果可知，汽车行驶在最高车速时，多模块 FPEG 输出功率为 40 kW，可以采用 10 个 4 kW 的 FPEG 并行工作以满足汽车所需功率需求。

（3）蓄电池参数。

根据前面分析，在展开多模块 FPEG 应用实车研究时采用的是 Multi-FPEG + B 的混合驱动形式，因此蓄电池也是汽车动力源的核心部件之一。其不仅要满足汽车对于峰值功率的需求，而且要保证汽车续航里程的需求。为了满足汽车的各种需求，蓄电池容量应尽可能大，但是容量太大的蓄电池必然会导致汽车自身重量的增加，不仅影响汽车的动力性，而且还会增加成本，因此确定蓄电池各项参数时需要权衡选择。

Multi-FPEG + B 作为混合汽车的动力源，在汽车行驶过程中，多模块 FPEG 和蓄电池共同承担汽车所需的最大功率。所以，蓄电池的最大输出功率应该不小于驱动电机所需最大功率与多模块 FPEG 输出最大功率的差值，即

$$P_{\text{B-max}} \geqslant P_{\text{m-max}} - P_{\text{multi-FPEG}} \qquad (2-18)$$

式中：$P_{\text{B-max}}$ 为汽车蓄电池最大输出功率。

经过前面的计算可知，电机的最大输出功率为 90 kW，多模块 FPEG 最大输出功率为 40 kW，由式（2-18）可以计算出蓄电池的最大功率应该为 50 kW。

蓄电池组的容量不仅仅要满足汽车行驶过程中的功率需求，而且还要满足汽车的续航里程需求。按照汽车性能要求，汽车巡航车速为 60 km/h 时的满载情况

下，纯电动行驶里程不少于 60 km。汽车巡航车速为 60 km/h 是汽车所需功率，即

$$P_{\text{dis}} = \frac{1}{\eta_t}\left(\frac{Gf}{3\ 600}u_{\max} + \frac{C_D A}{76\ 140}u_{\max}^3\right) \tag{2-19}$$

式中：P_{dis} 为满载汽车在纯电动模式下以 60 km/h 巡航车速行驶时的所需功率。

续航里程所需能量为

$$W_{\text{dis}} = \frac{P_{\text{dis}}S}{60} \tag{2-20}$$

式中：S 为纯电动模式下的行驶距离；W_{dis} 为汽车在巡航车速为 60 km/h 下行驶 40 km 所需的能量。

蓄电池的放电量为

$$W_B = 1\ 000 U_B C \eta_{\text{DOD}} \tag{2-21}$$

式中：W_B 为蓄电池释放的能量；U_B 为蓄电池的发电电压；C 为蓄电池容量；η_{DOD} 为蓄电池放电深度，一般取 80%。

由式（2-21）可得蓄电池容量为 20 A·h。

2.5.2 动力系统能量管理控制策略

1. 模糊逻辑简介及 T-S 模糊逻辑控制器介绍

目前，对于多模块 FPEG 应用于实车的研究尚处于探索阶段，针对多模块 FPEG 加蓄电池的混合动力系统的能量管理策略的研究未见报道。参考目前较为流行的混合动力系统（如传统发动机—发电机组匹配蓄电池类型或者燃料电池匹配蓄电池类型）能量管理策略，目前普遍采用的控制策略主要有开关控制策略和功率跟随控制策略两种。开关控制策略的主要思路是汽车控制单元（ECU）实时监测蓄电池的荷电状态值（State of Charge，SOC），根据蓄电池的 SOC 值来开启或关闭传统发动机或燃料电池，并且传统发动机或燃料电池必须运行在某一固定点。当汽车所需功率不足时由蓄电池进行补充，当传统发动机或燃料电池提供的功率大于汽车所需功率时，多余的功率输向蓄电池，即传统发动机或燃料电池输出恒定功率，蓄电池作为"削峰填谷"的功能，补充或吸收传统发动机或燃料电池的输出功率。开关控制策略较简单且易实现，但对蓄电池影响较大。开关控制策略虽然实现了传统发动机或燃料电池性能最优，但是当汽车的输出功率与燃料电池所提供的恒定功率差距较大时，会对蓄电池进行深层次的充、放电，严重影响蓄电池的使用寿命。功率跟随控制策略的主要思路：首先设定 SOC 的充电

上、下线，当 ECU 监测到蓄电池 SOC 属于充电下线时，传统发动机或燃料电池的输出功率不仅满足汽车所需功率，而且还可以为蓄电池充电，以使蓄电池 SOC 值维持在最佳范围内。功率跟随控制策略是控制传统发动机或燃料电池的输出功率，在满足汽车所需功率的前提下确保蓄电池在最佳状态下进行浅度充、放电。功率跟随控制策略虽然提高了蓄电池的性能，但是不能实现传统发动机或燃料电池性能最优。因此，在研究设计多模块 FPEG 匹配蓄电池的混合动力系统的能量管理策略时，所设计的控制策略必须确保蓄电池性能最佳，且实现 FPEG 运行在最优工况。通过分析发现，FPEG 具有其特有的多模块并行工作特性，可以采用多模块灵活并行工作模式来满足任意功率需求的情况。相比于传统发动机—发电机匹配蓄电池，所设计的控制策略下的多模块 FPEG 匹配蓄电池不仅具有传统发动机现有的较为成熟的控制技术，而且又能避开传统发动机所采用的较为先进的"闭缸"技术，使各个气缸必须降低性能，不能实现性能的最优。多模块 FPEG 匹配蓄电池在利用"闭缸"技术的同时，各个气缸相互解耦，仅仅一个模块不处于最佳工况，而确保其他模块运行在最佳工况。相比于燃料电池匹配蓄电池中燃料电池输出功率有限的缺陷，该控制策略下的多模块 FPEG 匹配蓄电池，利用多模块叠加原理使得模块 FPEG 匹配蓄电池输出功率不受单个模块输出功率的束缚。因此，在设计多模块 FPEG 匹配蓄电池的混合动力系统的能量管理策略时，可以同时借鉴开关控制策略和功率跟随控制策略各自的优势，实现 FPEG 在最优工况下运行，同时又确保蓄电池 SOC 值维持在最佳范围内，以确保其性能最优。其控制思路是：首先，确保每个 FPEG 在最佳工况点下运行，一次维持恒定功率输出；其次，当单模块 FPEG 输出功率不能满足汽车所需功率时，可适当添加 FPEG 模块，实现多模块并行输出电能满足汽车所需功率。当汽车所需功率不是多模块输出功率的整数倍时，对汽车所需功率取整，若功率不足，则应对蓄电池进行补充。其控制策略原理表达式为

$$P_m = n_{FPEG} P_{single-FPEG} + \lambda_p P_{single-FPEG} + P_{battery} \qquad (2-22)$$

式中：$P_{single-FPEG}$ 为单模块 FPEG 输出恒定功率；$P_{battery}$ 为蓄电池补充功率；λ_p 为系数。当多模块 FPEG 需求功率不是单模块 FPEG 输出功率的整数倍时，可通过调整某个单模块输出功率的大小来实现，在满足多模块功率需求的前提下使得其他单模块输出功率恒定最优，λ_p 大小在 0~1。

　　模糊控制（Fuzzy Control）是智能控制的一个重要分支，是建立在模糊集合上的一种基于语言规则和模糊推理的控制理论。相对于传统控制理论，模糊控制具有以下优点：

①采用模糊性的语言作为控制规则执行控制，无须精确的数学模型；

②控制方法易于接受，并且易于实现；

③稳健性好。

基于上述优势，目前模糊控制应用于各行各业，汽车控制领域也是其应用的一大领域。

模糊控制系统的组成如图 2 – 22 所示。从图中可知，其主要由输入/输出接口、模糊控制器、执行机构和被控对象等部分组成。其中，模糊逻辑控制器是模糊控制系统的核心，体现了模糊逻辑控制设计者的控制意图。模糊逻辑控制器主要包括测量信息的模糊化、模糊推理机制、输出模糊集的解模糊化等部分组成。模糊逻辑控制器的结构如图 2 – 23 所示。

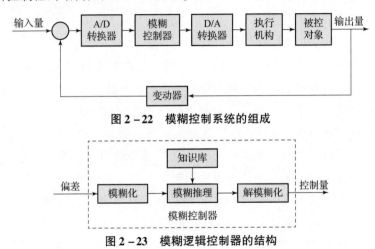

图 2 – 22　模糊控制系统的组成

图 2 – 23　模糊逻辑控制器的结构

模糊化是一种通过建立模糊子集来描述物理量的过程。在进行模糊化设计的步骤时，首先是确定模糊子集中模糊逻辑的个数；然后选择模糊子集的分布，最好确定每个模糊子集的隶属度函数。其中，隶属度函数有连续型和离散型之分，其表示形式如下：

$$\begin{cases} A = \int \dfrac{A(x)}{x} & \text{连续型隶属度函数} \\ A = \sum \dfrac{A(x_i)}{x_i} = \dfrac{A(x_1)}{x_1} + \dfrac{A(x_2)}{x_2} + \cdots + \dfrac{A(x_n)}{x_n} & \text{离散型隶属度函数} \end{cases} \quad (2-23)$$

进行隶属度函数的构造是模糊控制的核心环节。目前，常用的隶属度函数主要有吊钟形、三角形、梯形、钟形、Z 形、S 形和高斯型等形式。这些隶属度函数中如果对控制灵敏度要求较高时，可选取距离系统平衡点越近的比较陡峭的形式；如果对控制调节时长要求较短时，可选取较平缓的隶属度函数形式。因此，可根据不同的控制需求选取不同的隶属度函数形式。

知识库通常由数据库和规则库两部分构成。其中,数据库用来提供处理模糊数据的相关定义;规则库则是存放全部的模糊控制规则,并向模糊推理机制中提供控制规则。

模糊推理机制是一种决策逻辑,其作用是依据不同的模糊规则求解模糊关系方程,从而得到最后的模糊控制量。

精确化是指在实际模糊控制中,需要通过确定值才能控制执行机构,将模糊推理得到的控制量(模糊量)转化为实际用于控制的精确量的过程即精确化过程。目前,常用的方法有最大隶属度函数法和加权平均法(重心法)。

在模糊逻辑推理系统中,模糊规则是模糊控制的核心,按照模糊规则的不同,通常可将模糊逻辑控制模型分为三大类:纯模糊模型、Mamdani 型模糊模型和 Suggeno 型模糊模型。其中,Suggeno 型模糊模型一般又称为 Takagi – Sugeno 型模糊模型(简称为 T – S 模糊模型),T – S 模糊模型是最初由两位日本学者 Takagi 和 Sugeno 研究非线性系统的辨识问题时提出的。T – S 模糊模型相对于其他模糊模型一样,即模糊规则中前件部分均使用模糊化语言进行变量描述。但是,T – S 模糊模型的后件为输入变量的线性组合,而且每条模糊规则相对应的表达式的结构也是一致的,只是参数各有不同而已。因此,T – S 模糊控制在进行非线性系统建模和控制系统设计时更加便捷,并且具有相对简单和高超的模拟能力。

由于 T – S 模糊模型前件部分与其他模糊模型一样,在此暂不进行描述说明。所以,本节主要针对 T – S 模糊模型后件部分进行详细介绍。T – S 模糊模型蕴含的条件语句为 "if x is A,then y = f(x)",即在 T – S 模糊模型中,模糊规则的后件部分 $f(x)$ 是精确函数。针对一个复杂的多输入非线性系统,在 T – S 模糊模型表达式中,模糊规则通常表示如下:

R^i: if $z_1(t)$ is M_{i1} and $z_2(t)$ is M_{i2},$\cdots$;and $z_{p(t)}$ is M_{ip}

Then $sx(t) = A_i x(t) + B_i u(t)$, $i = 1,2,\cdots,r$, $j = 1,2,\cdots,p$

其中:M_{ij} 为模糊集合;$x(t)$ 为状态量;$u(t)$ 为控制输入量;r 为模糊推理规则数;$z_1(t)$,$z_2(t)$,$\cdots$,$z_{p(t)}$ 分别为模糊逻辑的前件变量。

经过相关模糊化处理可得模糊逻辑模型表达式为

$$sx(t) = \sum \lambda_i [z(t)][A_i x(t) + B_i u(t)] \qquad (2-24)$$

其中,

$$\lambda_i [z(t)] \frac{\omega_i(z(t))}{\sum_{j=1}^r \omega_j(z(t))}, z(t) = [z_1(t),z_2(t),\cdots,z_p(t)],$$

$$\sum_{i=1}^{r} \lambda_i(z(t)) = 1, \sum_{j=1}^{r} \omega_j(z(t)) = \prod_{j=1}^{r} M_{ij}(z_j), sx(t) = \begin{cases} \dot{x}(t) \\ x(t+1) \end{cases}$$

式中：M_{ij} 为 $z(t)$ 关于模糊逻辑集合的隶属函数；$\omega_j(z(t))$ 为第 j 条规则的隶属度，并且 $\sum_{j=1}^{r} \omega_j(z(t)) > 0, (\omega_j(z(t)) \geqslant 0, i = 1, 2, \cdots, r)$。

2. 多模块 FPEG 动力源控制策略研究

（1）输入/输出变量的选取。

针对多模块 FPEG 动力源，采用 T－S 模糊推理模型时，拟建立一个二输入一输出的 T－S 模糊逻辑控制器。根据前面对于多模块 FPEG 汽车能量管理策略的分析可知，以驱动电机需求功率和蓄电池 SOC 作为两个输入变量，选取系数 K 作为输出变量。其中，K 表示多模块 FPEG 输出功率占驱动电机需求功率的比值。根据前面对驱动电机的选型和参数匹配可知，其最大输出功率为 90 kW，根据驱动电机需求功率确定多模块 FPEG 输出功率和蓄电池输出功率的分配，可得输入变量 1－P_{mcr}（驱动电机需求功率）的论域为（0，90 kW），输入变量 2－蓄电池的 SOC 为（0，1），根据汽车实际运行状况和参考相关文献及系统大量的输入/输出测试数据，输入变量 K 为（0，1.6）。

（2）输入/输出变量的选取。

通过前面建立的模糊逻辑控制策略决定多模块 FPEG 输出功率和蓄电池输出功率的分配比例，由于多模块 FPEG 输出功率和蓄电池输出功率均不会小于零。因此，对于输入变量 1－驱动电机需求功率的模糊分布可表示为 {"零"，"正很小"，"正小"，"正稍小"，"正中"，"正较大"，"正大"}，其对应的 T－S 模糊逻辑中的英语表示分别为 {"ZO"，"SS"，"PS"，"S"，"PM"，"B"，"PB"}，输入变量 2－蓄电池的 SOC 的模糊分布可表示为 {"低"，"正中"，"高"}，其对应的 T－S 模糊逻辑中的英语表示分别为 {"L"，"M"，"H"}，输出变量 K 值分别为 {0，0.3，0.4，0.5，0.6，0.7，0.8，1.0，1.1，1.2，1.3，1.4，1.5，1.6}。这些值是根据有关文献及系统的大量输入/输出测试数据和实践累积的数据通过辨识方法得到的。为提高模糊控制的灵敏度，采用非均匀分布隶属度函数，通过 MATLAB 模糊工具箱构造其输入变量的模糊分布。

（3）模糊逻辑控制规则。

通过前面对多模块 FPEG 作为动力源的能量管理策略进行研究分析，在设计的 T－S 模糊逻辑控制策略时必须满足如下目标：

①多模块 FPEG 输出功率以及蓄电池输出功率应满足汽车在整个行驶过程中

各阶段的功率需求；

②通过调节多模块 FPEG 输出功率与蓄电池输出功率，使得蓄电池的 SOC 值能够在汽车整个行驶过程中维持在期望值附近并保持浅度的充、放电；

③优化多模块 FPEG 的工作区域，确保其工作在最佳点工况，在提高其工作效率的同时提高整车的经济性。

根据上述要求，多模块 FPEG 动力源的模糊逻辑控制器中的输入变量 1 – 驱动电机需求功率和输入变量 2 – 蓄电池的 SOC 划分的模糊子集制定的模糊推理规则建立模糊规则库，如表 2 – 10 所示。

表 2 – 10　模糊控制规则库

K		P_{mrc}						
		ZO	SS	PS	S	PM	B	PB
SOC	L	1.6	1.5	1.4	1.3	1.2	1.1	1.0
	M	0	0	0.3	0.4	0.5	0.6	0.8
	H	0	0	0	0.3	0.4	0.6	0.7

2.5.3　多模块 FPEG 应用于实车建模仿真

根据前面的分析研究，在确定好多模块 FPEG 应用于实车的各个动力系统部件类型、参数和控制策略之后，下面依托于某型号汽车对整车及其各个动力系统部件进行建模分析。目前，应用于汽车仿真的软件种类繁多，如 SIMPLEV、MARVEL、CARSIMU、ADVISOR 等。其中，ADVISOR（Advanced Vehicle Simulator）是由美国的国家可再生能源实验室（National Renewable Energy Laboratory）在 MATLAB/Simulink 环境下开发的车辆仿真软件。通过该软件可实现快速的分析传统汽车、纯电动汽车和混合动力汽车等类型汽车的特有性能，如燃油经济性、尾气排放、能量管理策略和能量损失，并且 ADVISOR 软件具有通用性强、代码开发、各汽车部件均模块化等优点，所以在汽车仿真研究方面，仿真软件 ADVISOR 被许多企业、研究机构以及高校所选用。

1. 多模块 FPEG 模型

多模块 FPEG 作为一种新型动力源，是通过燃料燃烧的化学能直接转换成电能的一种能量转化装置。由于 ADVISOR 软件中没有 FPEG 模型，所以在研究多模块 FPEG 动力源应用于实车的过程中，需要自行设计多模块 FPEG 模型。参考 ADVISOR 软件中其他动力源的模型，依此类比。多模块 FPEG 主要将系统对多模块 FPEG 的需求功率作为输入量，以多模块 FPEG 实际输出功率和排放等作为输出量。

根据以电阻作为负载系统的多模块 FPEG 发现过程进行仿真分析，从结果可以看出，FPEG 输出的电能为非工频电，不能直接作为动力电源。因此，在研究 FPEG 电能的应用之前需要对其电能进行整流处理。针对本节研究多模块 FPEG 动力源驱动汽车时，多模块 FPEG 输出的电能进行整流处理后存储于蓄电池或直接用于驱动电机。所以，在研究多模块 FPEG 之前，首先对其输出电能进行整流处理。如前所述，整流电路和电机驱动电路一样，均是交/直流电之间的转换，唯一不同的是，不同的转换过程采用不同的控制策略，使电路中能量转换的方向不同。结合前面对电机驱动电路的研究，并配合三相桥整流电路的电压环—电流环控制策略（图 2 - 24），即可实现对 FPEG 输出电能的整流处理。

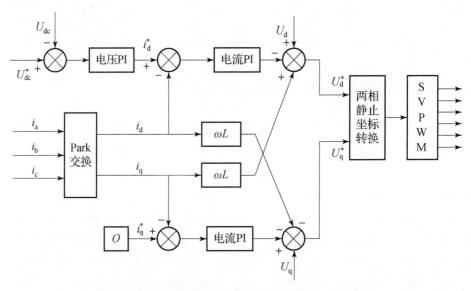

图 2 - 24　三相桥整流电路的电压环—电流环控制策略

单模块 FPEG 输出电能经过整流处理之后可应用于直接驱动汽车电机。但是，当单模块 FPEG 输出功率不足以驱动汽车行驶时，可采用多模块 FPEG 并行工作特性，以满足汽车行驶过程中的功率需求。

根据上述控制策略，以多模块 FPEG 与蓄电池匹配作为动力源的 T - S 模糊控制策略模型如图 2 - 25 所示。

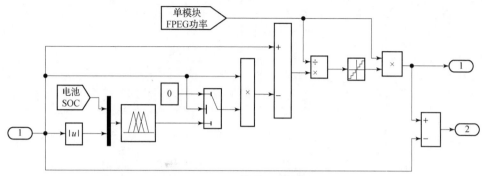

图 2 – 25 T – S 模糊控制策略模型

2. 驱动电机模型

汽车的驱动电机模型主要是在考虑温度影响的前提下，首先根据需求的转速和转矩计算得到蓄电池的需求功率；然后再计算电机的实际转速和转矩。因此，该模型主要由电机需求功率计算子模块、电机实际输出转矩和转速计算子模块、电机温度影响计算子模块三部分组成。其中，电机需求功率计算子模块的内容是根据转子输入的需求转速，首先在考虑其限制条件的前提下计算出电机估计转速；然后计算其转子惯性转矩，根据电机预估转速估算输出转矩；最后采用查询电机功率 MAP 图的方法得到电机输入需求功率。电机实际输出转矩和转速计算子模块在计算实际转速过程中必须考虑电机最大转速的限制，即当需求转速小于最大转速时，实际转速就是参考转速；当需求转速大于最大转速时，实际转速即为最大转速。在计算电机实际转矩时，首先应该考虑到电机功率可能存在与需求值不同的情况，所以在计算电机实际转矩之前应该先计算实际功率与其输出功率的比值；然后根据比值和实际输出功率计算其转子实际输出的转矩。

3. 蓄电池模型

针对混合动力汽车而言，蓄电池在实际工作过程中存在频繁充、放电现象，而蓄电池实际的充、放电过程是一个非线性函数，并且与每个实时变化的参数息息相关。目前，在 ADVISOR 软件中，蓄电池主要采用 R_{int} 模型对其进行建模分析。因此，在对蓄电池进行建模仿真分析的过程中忽略其他非关键因素，把蓄电池简化为一个由理想电压源 E 和内阻 R 串联而成的等效电路，形成"开路电压—内阻"的蓄电池模型，如图 2 – 26 所示。

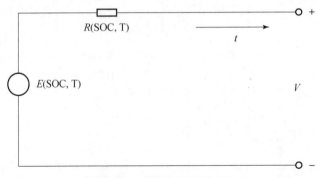

图 2-26 蓄电池建模模型图

在蓄电池工作过程中，随着负载大小的变化，蓄电池的容量变化为

$$Q = I^{n_B} t_B \qquad (2-25)$$

式中：Q 为蓄电池放电容量；I 为蓄电池放电电流；n_B 为常数；t_B 为蓄电池放电时间。

根据上面所建立的蓄电池模型，其开路电压为

$$U_B = E_B - I_B r_B \qquad (2-26)$$

式中：U_B 为蓄电池开路电压；E_B 为蓄电池电动势；I_B 为蓄电池开路电路电流，若 I_B 为正，则表示蓄电池处于放电过程；若 I_B 为负，则表示蓄电池处于充电过程；r_B 为蓄电池的内阻。

蓄电池在充、放电的过程中，电池容量的变化为

$$\mathrm{SOC} = \frac{Q_0 - \int_{t_1}^{t_2} I \mathrm{d}t}{Q_{\max}} \qquad (2-27)$$

式中：$Q_{\max}$ 为蓄电池最大容量；Q_0 为蓄电池的荷电状态初始值。

根据上述分析，ADVISOR 软件中针对简化的蓄电池所建立的仿真模块如图 2-27 所示。

在该蓄电池仿真模型中包括 5 个部分，分别是蓄电池开路电压和内阻计算模块（用于计算蓄电池开路电压和内阻，如图 2-27 中 A 部分所示）、功率限制模块（用于限制蓄电池所能提供的最大功率在一个合理的范围内，如图 2-27 中 B 部分所示）、电流计算模块（用于计算等效电路中的电流，如图 2-27 中 C 部分所示）、SOC 估算模块（用于更新蓄电池的 SOC 状态，如图 2-27 中 D 部分所示）、蓄电池热模型模块（用于反馈蓄电池的性能参数，如图 2-27 中 E 部分所示）。

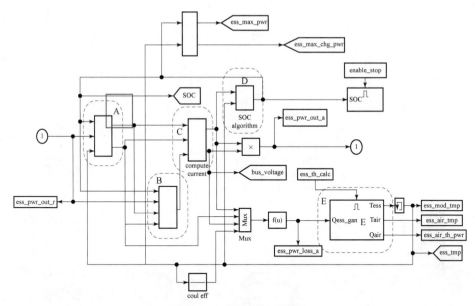

图 2 – 27　蓄电池仿真模块

4. 整车模型

根据前面的分析和汽车行驶过程受力分析可以得到，汽车在行驶过程中主要受到了牵引力、滚动阻力、空气阻力、坡道阻力和加速阻力的作用。各力的分析和数学模型如前所述，ADVISOR 软件中汽车行驶过程中的各个力所建立的动力学模块如图 2 – 28 所示，图 2 – 28 中 A 部分所示为滚动阻力模型，B 部分所示为坡道阻力模型，C 部分所示为空气阻力模型，D 部分所示为加速阻力模型。

2.5.4　仿真结果与分析

ADVISOR 软件提供整车参数输入界面。同时，ADVISOR 软件提供了多种国外标准道路循环仿真工况用于仿真汽车行驶过程中的各方面性能。其中包括加速性能、爬坡性能等。加速性能测试主要包括测试汽车在不同初速度下加速到指定速度时所需最短时间、固定时间段内汽车所能行驶的最大距离、固定行驶距离所需最短时间、汽车所能达到的最大加速度和最大速度等。爬坡性能测试主要测试在给定速度和持续时间等参数下所能达到的最大爬坡度，目前 ADVISOR 软件中提供的汽车行驶工况主要有市区行驶工况、城郊与高速行驶工况两种。但是，其提供的行驶工况均为欧美等国家标准下的行驶工况，不一定适用于中国

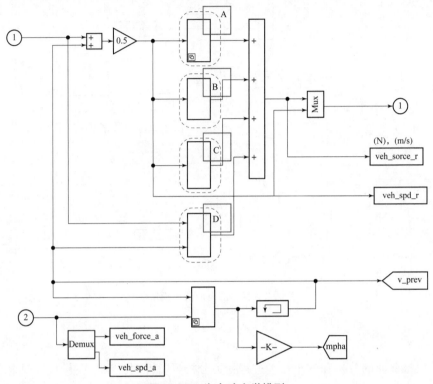

图 2 - 28   汽车动力学模型

行驶工况。因此，为了更好地研究多模块 FPEG 匹配蓄电池作为动力源应用于汽车在中国道路工况下行驶时的性能，利用 ADVISOR 软件二次开发功能来设计符合中国道路行驶的典型工况。参考汽车性能参数，设计的循环工况结合市区行驶工况和城郊与高速行驶工况如图 2 - 29 所示。

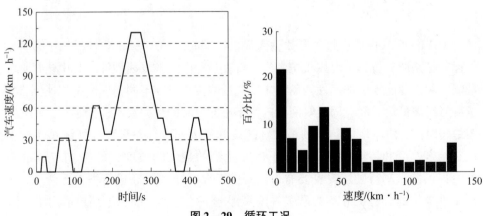

图 2 - 29   循环工况

图 2−30 所示为自行设计的循环工况下运行时的汽车需求速度与达到速度的关系曲线（汽车行驶 5 个循环工况）。从图中可以看出，汽车需要达到的速度和能够达到的速度完全一致，这说明所设计的多模块 FPEG 匹配蓄电池作为汽车动力源，能够完全达到循环工况所要求的动力性。同时，从图中还可以看出，汽车所设计的最高车速能满足设计要求。

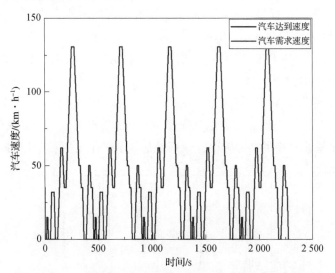

图 2−30　汽车需求速度与达到速度的关系曲线（见彩插）

图 2−31 所示为自行设计的循环工况下运行时的汽车需求功率与达到实际功率曲线（汽车行驶 5 个循环工况）。从图中可以看出，汽车需求功率和实际功率

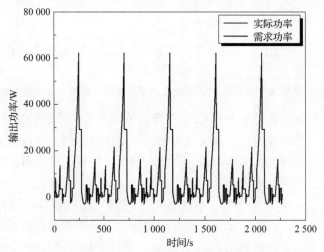

图 2−31　汽车需求功率与动力源实际功率的关系曲线（见彩插）

完全一致，从功率角度证明本书所设计的多模块 FPEG 匹配蓄电池作为汽车动力源能够完全达到循环工况所要求的动力性。

图 2−32 所示为汽车实际功率、多模块 FPEG 输出功率和蓄电池输出功率的关系曲线。从图中可以看出，由多模块 FPEG 匹配蓄电池的动力源能够很好地达到汽车行驶过程中的功率需求。同时，从图中可以看出，多模块 FPEG 匹配蓄电池作为动力源为汽车提供功率时，在汽车行驶的起始阶段，当汽车输出功率较小时，由蓄电池单独提供需求功率，当蓄电池 SOC 低于预设值时，起动多模块 FPEG。此时，多模块 FPEG 不仅仅提供汽车所需功率，并向蓄电池充电。图 2−32 所示中，当蓄电池输出功率为负值时，表示蓄电池处于充电状态。同时，图中的功率变化也可以说明，在汽车行驶过程中，多模块 FPEG 的输出功率大部分时间作为主要动力源。同时，在确保蓄电池浅度充、放电的前提下，在补充汽车需求功率与多模块 FPEG 输出功率的功率差值，很好地起到了"削峰填谷"作用。

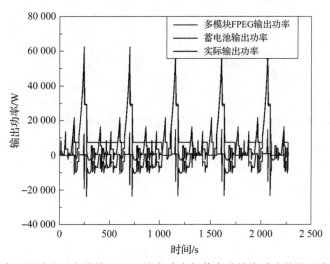

图 2−32　汽车实际功率、多模块 FPEG 输出功率与蓄电池输出功率的关系曲线（见彩插）

图 2−33 所示为蓄电池 SOC 变化曲线。从图中可以看出，蓄电池 SOC 满足预设的浅度充、放电要求，并且确保蓄电池荷电状态不超过预设的上限值和不低于下限值。在汽车行驶的起始阶段，当汽车输出功率较小时，由蓄电池单独提供需求功率，所以此时蓄电池的 SOC 值下降。当起动多模块 FPEG 并向蓄电池充电后，蓄电池的 SOC 值逐渐上升。后续蓄电池起到"削峰填谷"作用时，其 SOC 值变化也随之波动；并且，在汽车制动过程中，由于汽车具有再生制动能量回收功能，可将汽车的动能转换为电能向蓄电池充电，此时蓄电池的 SOC 值也随之增长。

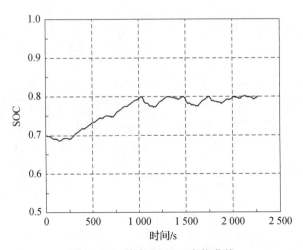

图 2 – 33　蓄电池 SOC 变化曲线

参 考 文 献

[1] 袁雷, 胡冰新, 魏克银, 等. 现代永磁同步电机控制原理及 MATLAB 仿真 [M]. 北京：北京航空航天大学出版社, 2016.

[2] 王成元, 夏加宽, 孙宜标. 现代电机控制技术 [M]. 北京：机械工业出版社, 2014.

[3] 孙柏刚, 杜巍. 车辆发动机原理 [M]. 北京：北京理工大学出版社, 2015.

[4] 郭陈栋. 自由活塞直线发电机运行策略及多模块应用研究 [D]. 北京：北京理工大学, 2017.

[5] 田静宜. 自由活塞内燃发电动力系统动力学特性与振动抑制技术研究 [D]. 北京：北京理工大学, 2021.

[6] JINGYI T, HUIHUA F, YIFAN C, et al. Research on coupling transfer characteristics of vibration energy of free piston linear generator [J]. Journal of Beijing Institute of Technology, 2020, 29 (4)：556 – 567.

第**3**章

惯性载荷主动平衡

振动的主动控制技术主要是通过控制单元来驱动执行机构输出一定的主动力，以平衡外部干扰力引起的振动，或者补偿被动悬置的阻尼力。作动器作为执行机构，将控制器输出的控制信号转变为可施加的控制力，从而降低被控对象的振动。振动主动控制系统的核心为主动控制器，依据控制器的结构特征，分为开环控制、反馈控制、前馈控制以及综合（前馈＋反馈）控制。主动控制方法是控制单元实现振动主动控制的关键，目前随着计算机技术的迅猛发展，国内外科研人员提出了多种主动控制方法。依据是否需要建立数学模型，主动控制方法主要分为两大类：第一类，需要建立数学模型，如稳健控制、最优控制等；第二类，不需要数学模型，如模糊控制、神经网络控制、自适应控制等。其中，自适应控制方法可以实时监测系统误差和被控对象，依据两者的变化情况自适应地调整控制器参数，保证控制系统的自适应主动控制性能。

3.1　FPEG 振动激励载荷特性

FPEG 新型动力形式特殊的结构特征导致内部活塞组件运行规律和往复惯性力载荷与传统发动机相比存在显著差异。针对这一特点，研究自由活塞运动特性对 FPEG 振动激励载荷的影响规律，并且明确其有别于传统发动机的惯性载荷影响因素。在此基础上，详细分析 FPEG 电磁系统、热力系统和机械系统激励载荷特性，可以为后续振动能量传递以及隔振方法的研究提供理论基础。

3.1.1　发动机激励载荷分析

发动机激励载荷特性与机体的结构和活塞运动规律相关，并且对整机振动传递、响应和隔振性能都具有较大的影响。通过对自由活塞运动规律的研究，探明了 FPEG 特殊结构形式下活塞非简谐、非对称的运动特征，特殊运动规律使振动激励载荷特性与传统曲轴式发动机存在较大差异。

传统曲轴式发动机的激励载荷包括气体压力、往复惯性力、旋转惯性力、倾覆力矩。其中，作用在活塞上的气体压力为发动机结构内部激励，主要影响机体结构振动。结构内部激振会影响发动机的可靠性，此外结构振动还会引起辐射噪声，影响车辆的声品质。除了气缸内的燃气爆发压力，对于传统曲轴式发动机的结构振动激励载荷还包括活塞侧向力、主轴承载荷、气门落座力等。然而往复惯性力、旋转惯性力和倾覆力矩会通过机体传递到外部，影响发动机的整机振动。对于单缸曲轴式发动机，激励载荷（不平衡惯性力和力矩）如图 3–1 所示。

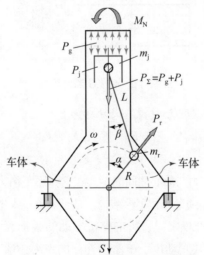

图 3–1　传统曲轴式发动机激励载荷

图 3–1 所示中：P_j 为往复惯性力；P_r 为旋转惯性力；M_N 为倾覆力矩。它们用公式分别表示如下：

$$\begin{cases} P_j = P_{jI} + P_{jII} \\ P_{jI} = -m_j R\omega^2 \cos\alpha \\ P_{jII} = -m_j R\omega^2 \lambda \cos 2\alpha \end{cases} \tag{3-1}$$

$$P_r = -m_r R\omega^2 \tag{3-2}$$

$$M_N = -P_\Sigma \tan\beta (L\cos\beta + R\cos\alpha) \tag{3-3}$$

式中：m_j 为往复运动质量；m_r 为旋转运动质量；P_{jI} 和 P_{jII} 分别为一阶、二阶往复惯性力；P_Σ 为活塞上的总作用力。

由式（3-1）可见，往复惯性力 P_j 受到惯性质量、曲柄半径、连杆比和曲轴角速度的影响。

自由活塞式发动机由于摒除了曲柄连杆机构，因此不存在旋转惯性力和倾覆力矩。但是，由于 FPEG 耦合了直线电机结构，并且活塞与电机动子直接固联，与传统曲轴式发动机相比，增加的激励载荷为电磁力。对于 FPEG 整机来看，气缸内的燃气爆发压力、电磁力和摩擦力均为系统的内部激励，主要影响发动机的结构振动。能够传递到机体外部影响整机振动的激励载荷如图 3-2 所示，包括水平往复惯性力 F_j 和惯性力矩 M_j。

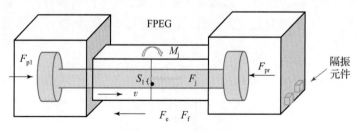

图 3-2 FPEG 激励载荷

水平往复惯性力和惯性力矩表达式分别为

$$F_j = F_{pl} - F_{pr} - F_e - F_f \tag{3-4}$$

$$M_j = F_j S_1 \tag{3-5}$$

式中：S_1 为水平往复惯性力与质心之间的距离，这些不平衡力及力矩引起的整机振动通过发动机悬置结构传递到车身和车内结构，是影响整车乘坐舒适性的主要因素。

由此可见，对于 FPEG 来说，影响整机振动的激励源主要为水平往复惯性力及惯性力矩。传统曲轴式发动机由于曲柄连杆的束缚，活塞往复惯性力与曲轴转速存在确定的函数关系。而 FPEG 自由活塞的水平往复惯性力是由活塞的瞬时合力决定的，与自由活塞的运动过程直接相关，因此其与传统曲轴式发动机存在较大的差异。

3.1.2　水平往复惯性力的特性

为了明确 FPEG 在非简谐、非对称运动规律下水平往复惯性力的特性，与传统曲轴式往复惯性力进行对比研究，时频对比曲线如图 3 – 3 所示。传统 TE 发动机竖直往复惯性力依据牛顿二项式定理，当 λ 取 0.3 时，第三阶以上的分量均很小，因此忽略较小的高阶项分量，可以表示成二阶惯性力的合力。TE 发动机活塞在正负方向的惯性力峰值是不同的，正向峰值为 3 kN，负向峰值为 6 kN。由于没有曲轴的束缚，FPEG 在气缸内燃气爆发压力的作用下迅速向对侧气缸运动，惯性力峰值远远大于传统 TE 发动机，并且正负方向峰值相同，接近 10 kN。FPEG 惯性力时域曲线显示出非对称特征，这是由自由活塞膨胀行程相对较快、压缩行程相对较慢的运动规律所导致的。从惯性力频域曲线可以看出，与传统 TE 发动机相比，FPEG 水平往复惯性力具有更多的阶次特征，不能像传统 TE 发动机那样只保留二阶惯性力，并且各阶次频率为基频的奇数倍。

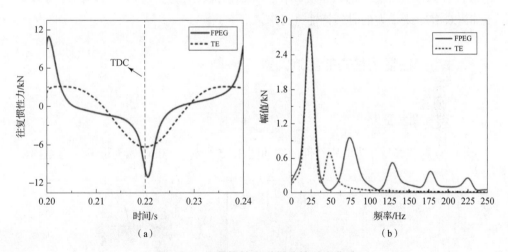

图 3 – 3　往复惯性力时频特性对比曲线

（a）时域；（b）频域

FPEG 在止点附近瞬时巨大的不平衡惯性力和惯性力矩对整机的振动和冲击造成很大影响，并且与传统 TE 发动机往复惯性力的影响因素不同，直接与活塞瞬时受到的激励力合力相关。FPEG 活塞的瞬时合力受到电磁系统、热力系统和机械系统耦合影响，与自由活塞所处的运动状态息息相关，其影响因素分析如图 3 – 4 所示。

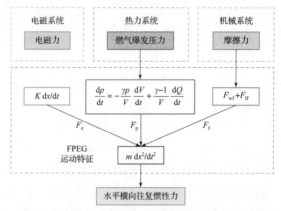

图 3-4　FPEG 水平横向往复惯性力的影响因素

由图 3-4 可见，电磁系统的电磁力、热力系统的燃气爆发压力、机械系统的摩擦力，均直接影响自由活塞的运动规律。以上任何一个激励力的变化都会引起活塞动子运动特性的改变，进而影响整机水平横向往复惯性力。该不平衡惯性力和惯性力矩会传递到动力系统以外，引起整机较大的振动和冲击。因此有必要对 FPEG 各个激励力的时频特性进行深入研究。

3.1.3　往复惯性力的影响因素

1. 燃气爆发压力

FPEG 燃气爆发压力时频特性曲线如图 3-5 所示。FPEG 燃气爆发压力是内部

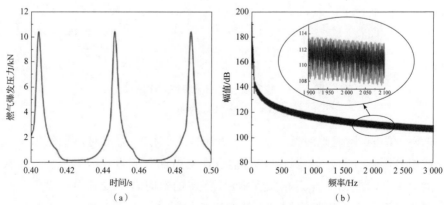

图 3-5　FPEG 燃气爆发压力时频特性曲线

（a）时域；（b）频域

激励力之一，会引起发动机的结构振动和辐射噪声，同时也是影响自由活塞水平往复惯性力的主要激励力，因此燃气爆发压力的变化对发动机的振声影响较大。

由图 3 - 5 可见，FPEG 燃气爆发压力的时域最大值为 10.55 kN，周期为 0.04 s。频域幅值随着频率的增加逐渐衰减，并且存在振荡现象。为了更好地观察燃气爆发压力的高频振荡情况，将 2 000 Hz 左右的中高频段进行局部放大，由图 3 - 5 可见，频域幅值在 107 ~ 114 dB 之间振荡，变动范围为 7 dB。

2. 电磁力

FPEG 电磁力受到发动机和直线电机耦合结构的影响，与发动机活塞的运动速度和直线电机的性能参数都有关系。电磁力同样是影响整机水平往复惯性力的激励力之一，在影响自由活塞式发动机和直线电机结构振动的同时也影响 FPEG 整机振动。FPEG 电磁力的时频特性曲线如图 3 - 6 所示，由图可见，与燃气爆发压力相比，电磁力的幅值较小，电磁力时域最大值为 2.38 kN。电磁力在频域上的变化特性与燃气爆发压力相似，在 2 000 Hz 左右的中高频段，电磁力频域幅值在 104 ~ 113 dB 之间振荡，变动范围为 9 dB。

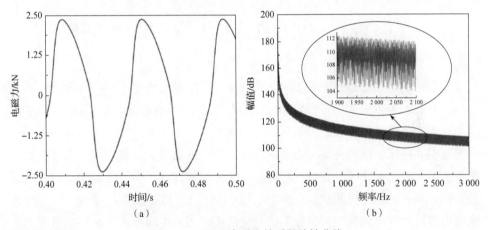

图 3 - 6　FPEG 电磁力的时频特性曲线

(a) 时域；(b) 频域

3. 摩擦力

摩擦力是影响 FPEG 结构振动和整机水平往复惯性力的另一个激励力，主要为活塞环和活塞裙部与气缸套之间的摩擦力。FPEG 摩擦力的时频特性如图 3 - 7 所示，由图可见，与其他几个激励力相比，摩擦力是对水平往复惯性力影响最小的一个，其最大值为 0.13 kN。但是，摩擦力的频域振荡范围较宽，在 2 000 Hz 左右的中高频段，频域幅值在 72 ~ 97 dB 振荡，变动范围为 25 dB。

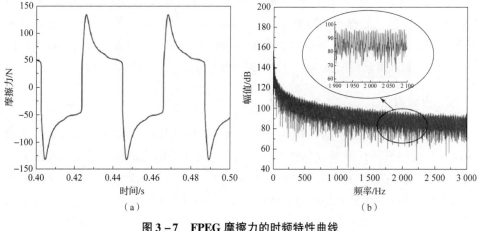

图 3 – 7　FPEG 摩擦力的时频特性曲线

(a) 时域；(b) 频域

3.2　FPEG 整机惯性载荷主动控制方法研究

　　FPEG 对置气缸之间耦合运动特征增加了系统的不稳定因素，与传统发动机相比具有起、停频繁的特征。FPEG 由起动工况运行至稳态工况过程中，系统振动激励频率范围较宽。被动隔振系统的隔振频带有限，当 FPEG 工作频率由隔振区运行至共振区，此时被动隔振系统失效、传递的振动能量将增大。为了拓宽隔振系统的有效隔振频带，并且提高隔振系统的隔振性能，引入主被动相结合的隔振方法。与传统发动机相比，FPEG 最大的特征是可将燃烧化学能直接转换成电能输出，传统发动机的减振装置不论是被动形式还是主动形式，减振的思路均为将振动能量转换成弹性元件势能或者阻尼元件热能耗散掉。如果能把振动能量回收存储用于主动减振能量来源，既可以减小振动能量的传递，又可以提高动力隔振系统的能量利用效率。基于上述考虑，提出一种自适应馈能型的主被动一体化隔振方法，将主动控制系统和被动隔振系统相结合，研究 FPEG 更加行之有效的整机振动抑制方法。首先研究主动控制的基本原理，设计一种前馈、闭环、自适应的主动控制系统。然后针对 FPEG 的运行特征，将三种典型的自适应主动控制算法进行对比研究，获得减振效果更好的控制算法。为了进一步提高控制算法的精确性、稳定性和收敛性，以最小均方根（LMS）控制算法为基础，提出一种考虑次级通道传递特性、变控制目标、变步长的改进算法（$V_t V_s N$ – FXLMS）。借助 FPEG 整机激励实验测试数据，通过仿真实验的方法验证改进算法的隔振性能。最后对提出的馈能型电磁执行系统进行详细分析，研究系统在不同工作模式下能量流动和振动能量回收的特性。

3.2.1　FPEG 主动控制系统

1. 振动控制原理

当系统激励频率增大时，频率比也随之增大。在这种情况下，被动隔振系统的传递率是可以满足隔振要求的，也就是系统激励频率的增大对被动隔振系统隔振性能是有利的。当系统由于不确定因素导致运行在非稳态工况下，尤其是激励频率与固有频率的比值下降到小于 $\sqrt{2}$ 时，被动隔振系统的隔振性能失效。因此，为了拓宽被动隔振系统的隔振频带、确保系统在频繁起、停下也能具有良好的减振效果，将主动控制方法引入到被动隔振系统，建立主、被动相结合的整机隔振系统，系统结构如图 3 – 8 所示。

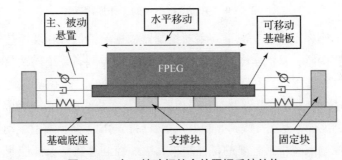

图 3 – 8　主、被动相结合的隔振系统结构

FPEG 整机与可移动基础板固联在一起，可以沿水平方向移动，隔振系统安装在可移动基础板与固定支撑块之间。当 FPEG 工作在稳定工况下，并且被动隔振系统的传递率满足要求时，主动控制单元不提供主动力。当系统出现不稳定因素，自由活塞的运行频率过高或者过低，导致被动隔振系统的传递率不满足要求，则主动控制单元开始驱动执行机构，提供一定的主动力来补偿阻尼力的不足。例如，当 FPEG 处于起动工况、加速工况，或者由于系统的不稳定因素导致激励频率小于固有频率的 $\sqrt{2}$ 倍，系统隔振效果会减弱。尤其当激励频率与隔振系

统的固有频率接近时，振动响应被激发最严重，此时主动控制单元提供的补偿阻尼力可以有效地控制振动响应。

2. 控制系统组成

这里在被动隔振系统的基础上建立了前馈自适应馈能型主动控制系统，主要包括控制单元、执行单元、反馈信号和前馈信号。主动控制系统的工作原理如图3 –9所示。

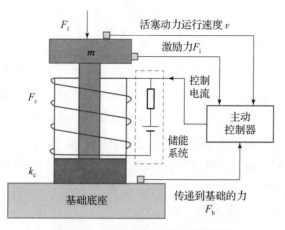

图3 – 9 主动控制系统的工作原理

当系统工作在不稳定工况下，主动控制器依据前馈信号和反馈信号对控制参数进行自适应调整，从而实现对输入信号的自适应控制。系统前馈信号为活塞动子运行过程中的惯性力，主要作用是为控制器提供前向通道的输入信号，当系统存在干扰信号时，控制系统能够及时获得相关信息。系统的反馈信号为隔振系统传递到基础的力。执行单元在接收到控制单元指令后，输出系统所需的主动控制力。

在主动控制系统中最主要的是控制单元，而控制算法是保证控制单元性能最核心的内容。自适应主动控制算法在输入信号由于系统的不稳定因素而出现扰动时，通过自适应的调整控制器参数驱动执行系统工作，输出系统所需的执行力，从而实现对振动响应的自适应主动控制。除了控制单元，执行单元对控制性能也十分重要。结合 FPEG 结构特征，选取电磁储能装置作为执行单元。当被动隔振系统满足隔振要求时，执行单元可作为储能单元对振动能量进行回收。当系统处于不稳定状态，或者被动隔振系统不能满足隔振要求时，主动控制器驱动执行单元输出机械能来实现主动隔振的目的。FPEG 前馈自适应主动控制系统的控制策略逻辑框图如图3 –10所示。

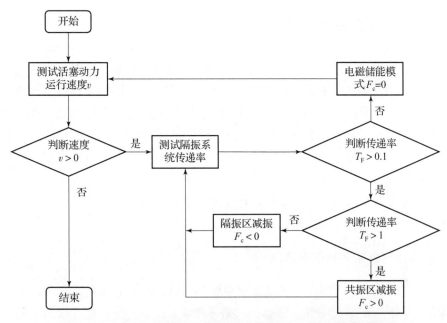

图 3 – 10　FPEG 前馈自适应主动控制系统的控制策略逻辑框图

当 FPEG 活塞动子开始运动时，控制系统就检测活塞动子的运行速度，如果运行速度为零，则控制流程结束；否则，继续检测前馈信号 F_i 和反馈信号 F_b。将系统的传递率作为控制目标，隔振要求为振动能量从主动边到被动边衰减 1/10 以上，即传递率小于 0.1。因此，当系统传递率 T_F 满足小于 0.1 时，执行单元不输出控制力，此时系统处于储能模式。如果传递率 T_F 大于 0.1，控制系统依据前馈信号的监测信息对执行单元发出控制指令，使系统输出一定的主动力来减弱振动的响应。当传递率 T_F 大于 0.1 但是小于 1 时，悬置系统处于隔振区，此时执行单元的主动控制力需要实现减小悬置系统阻尼力的作用。然而，当传递率 T_F 大于 1 时，悬置系统处于共振区，此时执行单元的主动控制力需要实现增大系统阻尼力的作用。可见，控制策略中最重要的是关于控制目标传递率的判断。

电磁储能型自适应主动控制系统能够在被动隔振系统的基础上进一步拓宽系统的隔振频带，尤其针对低频段的共振区，可以实现目标频段的自适应主动减振控制。此外，当被动隔振系统满足隔振要求时，执行单元不需要输出主动力，此时电磁储能系统可以将振动能量转换成电能进行存储，用于输出主动补偿力时的能量来源，实现悬置系统节能控制。

3.2.2　自适应控制方法

目前，常用的主动控制方法有最优控制、神经网络控制、模糊控制以及自适应控制。其中，最优控制需要获得能够反映系统准确关系的数学模型，而神经网络控制需要有大量而又精确的数据样本做支撑，因此主要考虑模糊控制和自适应控制算法。其中，模糊控制和 PID 控制相结合可以实现保证精度的自适应控制，在自适应控制算法中，根据参数优化准则的不同，主要有最小均方根（least – mean – square，LMS）和递归最小二乘（recursive least – square，RLS）两种基础算法。为了获得更加适合 FPEG 特殊运动规律下耦合振动的主动控制方法，对三种控制算法进行对比研究。

1. 自适应模糊 PID 控制方法

PID 控制是一种应用广泛的基础控制算法，但是传统 PID 算法在强耦合、非线性系统中有一定的局限性。模糊控制是一种智能控制方法，具有很强的稳定性和鲁棒性，适用于复杂控制系统。FPEG 是一种新型的复杂机电热耦合动力系统，因此有必要将模糊控制与 PID 控制相结合，建立自适应模糊 PID 的主动控制算法。其控制算法结构框图如图 3 – 11 所示。

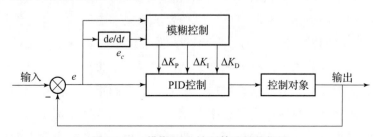

图 3 – 11　模糊 PID 控制算法结构框图

模糊 PID 控制算法中参数的表达式如下：

$$\begin{cases} K_P = K_{P0} + \Delta K_P \\ K_I = K_{I0} + \Delta K_I \\ K_D = K_{D0} + \Delta K_D \end{cases} \tag{3 – 6}$$

式中：K_P、K_I、K_D 为系统调节后的控制参数；K_{P0}、K_{I0}、K_{D0} 为 PID 控制器的初始参数；ΔK_P、ΔK_I、ΔK_D 为模糊控制器输出变量。

由于模糊控制器的控制规则依据大量实践经验而获得，因此将输入量与参考

量的偏差 e 和偏差的变化率 e_c 作为模糊控制的输入变量。振动控制中也选用这种二维模糊控制器，动力机械隔振系统的控制目标是降低传递到基座的力，因此主动控制变量包括传递到基础的力与理想的传递力误差（偏差）e 和误差变化率 e_c，输出 $u(t)$ 为控制电流。

2. 自适应 LMS 和 RLS 控制方法

自适应 LMS 算法是一种基于滤波技术的控制算法，不需要任何关于系统的先验知识，通过参考信号和误差信号实时特征，对系统进行自适应主动控制。自适应滤波系统除了最重要的自适应控制算法，还包含可调数字滤波器。目前，应用较为广泛的数字滤波器包括无限脉冲响应（IIR）滤波器和有限脉冲响应滤波器（FIR）。这里采用 FIR 横向结构滤波器，自适应 LMS 算法的原理框图如图 3 – 12 所示。

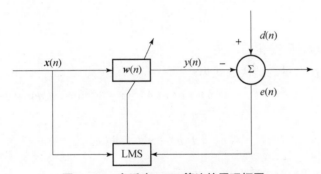

图 3 – 12　自适应 LMS 算法的原理框图

图中，$x(n)$ 为输入信号，是一个由 $N+1$ 个元素组成的矢量，即

$$x(n) = [x(n)\ x(n-1)\ \cdot\ \cdots\ \cdot\ x(n-N)]^{\mathrm{T}} \tag{3-7}$$

$w(n)$ 为滤波器权矢量，即

$$w(n) = [w_0(n)\ w_1(n)\ \cdot\ \cdots\ \cdot\ w_N(n)]^{\mathrm{T}} \tag{3-8}$$

式中：T 为矩阵的转置。$y(n)$ 为横向滤波器的输出响应，可表示为

$$y(n) = \sum_{i=0}^{N} w_i(n)x(n-i) = w^{\mathrm{T}}(n)x(n) = x^{\mathrm{T}}(n)w(n) \tag{3-9}$$

由上面的公式可见，横向滤波器的输出响应为输入信号和滤波器有限脉冲响应的卷积。系统误差信号 $e(n)$ 定义为参考信号 $d(n)$ 与输出信号 $y(n)$ 的差值，为

$$e(n) = d(n) - y(n) = d(n) - w^{\mathrm{T}}(n)x(n) \tag{3-10}$$

FPEG 自适应主动控制单元的参考信号为系统的激励力，误差信号为传递到基础的力。自适应滤波器中权重矢量的自动调整方法采用误差信号均方值最小的

原则。为搜索最佳权矢量，使均方误差达到最小值，可采取最速下降法进行计算。在实际应用中，最速下降法的互相关和自相关向量较难获取，Widrow 等提出用误差信号的瞬时平方值替代误差信号的均方值，即 LMS 算法。自适应滤波器权矢量的迭代公式为

$$w(n+1) = w(n) + 2\mu e(n)x(n) \tag{3-11}$$

在 LMS 自适应算法中，步长 μ 需要满足一定的条件才能保证系统收敛和稳定，即

$$0 < \mu < \frac{1}{\lambda_{\max}} \quad \text{或} \quad 0 < \mu < \frac{1}{\text{tr}R} \tag{3-12}$$

式中：$\text{tr}R$ 为矩阵 R 的迹；$\lambda_{\max}$ 为相关矩阵 R 的最大特征值。

自适应 RLS 算法与 LMS 算法的不同点在于，滤波参数优化准则采用最小平方误差准则，具有收敛速度快的特点。其代价函数为

$$J(n) = \sum_{i=1}^{n} \lambda^{n-1} e^2(i) \tag{3-13}$$

式中：$e(i)$ 为随时间变化的误差。

其滤波器权矢量的迭代公式为

$$w(n+1) = w(n) + \alpha(n)A^{-1}(n-1)x(n)e(n) \tag{3-14}$$

式中：

$$e(n) = d(n) - x^{\mathrm{T}}(n)w(n) \tag{3-15}$$

$$\alpha(n) = \frac{1}{\lambda + x^{\mathrm{T}}(n)A^{-1}(n-1)x(n)} \tag{3-16}$$

$$A^{-1}(n) = \lambda^{-1}A^{-1}(n-1) - \frac{\lambda^{-2}A^{-1}(n-1)x(n)x^{\mathrm{T}}(n)A^{-1}(n-1)}{1 + \lambda^{-1}x^{\mathrm{T}}(n)A^{-1}(n-1)x(n)} \tag{3-17}$$

由此可见，RLS 算法在每个采样时刻需要进行 $O(I^2)$ 次计算。其中，I 为滤波器阶数，而 LMS 算法需要 $O(I)$ 次计算。因此，RLS 算法的计算复杂度很高，不利于硬件的实现和实时处理。LMS 算法的收敛速度相对较慢，但算法相对简单、计算量小，因此便于硬件的实现。

3.2.3　自适应控制方法仿真实验研究

1. 联合仿真建模

主动控制系统的隔振特性与其选择的控制算法密切相关。本节将研究多种控

制算法（模糊 PID、LMS、RLS）下 FPEG 隔振系统的隔振效果，并与被动隔振系统的结果进行对比分析。不同的主动控制算法对系统减振性能影响较大，为了更好地对比振动控制效果，建立 ADAMS 和 MATLAB 联合仿真系统。主动控制单元输入为隔振系统工作过程中的激励力和传递到基础的力，输出为电磁执行器控制电流。ADAMS 和 MATLAB 软件的信息交换是通过状态变量进行的，因此在 ADAMS 隔振系统的模型中需要设置主动控制系统的输入变量和输出变量。由于隔振系统主要是降低 FPEG 水平方向传递到基础底座的力，因此将整机的激励力和悬置元件的阻尼力设置成输入变量，将整机的惯性力和四个隔振元件分别传递到基础底座的力作为输出变量。设置完状态变量，通过 ADAMS/Control 接口把 FPEG 隔振系统模型导入到 MATLAB 中，从而获得自适应主动控制隔振系统的联合仿真模型，如图 3 - 13 所示。

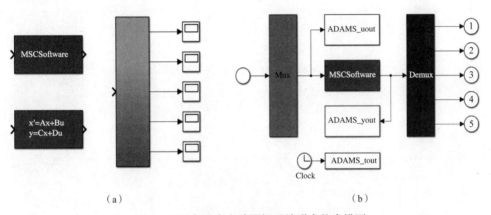

图 3 - 13　自适应主动隔振系统联合仿真模型

（a）控制模块流程图；（b）adams_sub 子模块流程图

仿真实验中，计算了活塞动子在不同运行频率下主、被动一体化隔振系统的控制效果。在共振区和隔振区分别选择三组活塞运行频率下的整机惯性力，作为隔振系统振动模型的输入激励力，对应的频率分别为 10 Hz、20 Hz 和 30 Hz，从而获得不同控制方法下隔振系统对传递力和振动速度的控制结果。

2. 不同运行工况下控制结果分析

当系统的激励力分别为运行频率 10 Hz、20 Hz 和 30 Hz 的系统惯性力时，将不同主动控制算法与被动隔振系统进行对比。其中隔振系统传递力和振动速度的结果如图 3 - 14 ~ 图 3 - 16 所示。

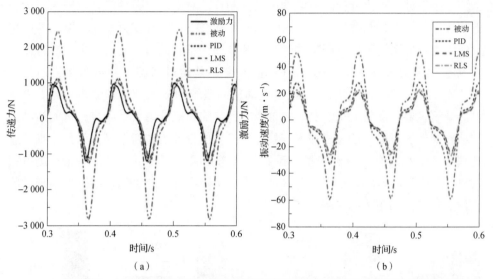

图 3 - 14　在运行频率为 10 Hz 时的不同主动控制算法结果对比

（a）传递力；（b）振动速度

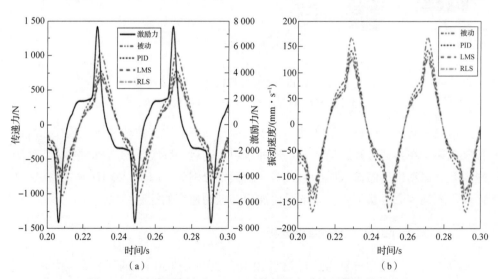

图 3 - 15　在运行频率为 20 Hz 时的不同主动控制算法结果对比

（a）传递力；（b）振动速度

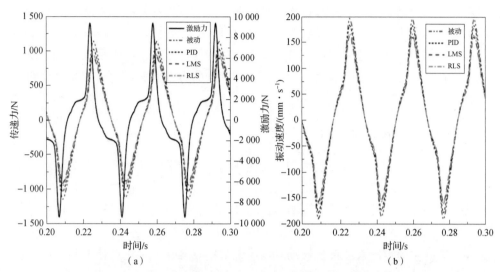

图 3 - 16　在运行频率为 30 Hz 时的不同主动控制算法结果对比

(a) 传递力；(b) 振动速度

当运行频率为 10 Hz 时，隔振系统处于共振区。由图 3 - 14 可见，输入系统的激励力峰值为 1.23 kN，经过被动隔振系统后传递到基础的力峰值达到 2.88 kN，可见共振较严重。此时，被动隔振系统的振动响应峰值为 51 mm/s。当采用模糊 PID、LMS 和 RLS 控制算法对隔振系统进行自适应主动控制后，系统的传递力明显下降，峰值分别降为 1.30 kN、1.15 kN 和 1.24 kN。与被动隔振系统相比，传递力峰值的降幅分别为 55%、60% 和 57%。主动控制算法对振动速度的控制效果也较明显，振动速度分别下降到 28 mm/s、21 mm/s 和 23 mm/s，降幅分别为 45%、58% 和 54%。由此可见，在共振区自适应主动控制算法对传递力和振动响应都可以实现有效的控制。对比以上结果可以看出，自适应主动控制算法在共振区对传递力的控制效果比振动速度更加明显。

当运行频率分别为 20 Hz 和 30 Hz 时，隔振系统处于隔振区，输入的激励力峰值分别为 7.68 kN 和 9.40 kN，经过被动隔振系统传递到基础的力分别为 1.05 kN 和 1.15 kN。可见，当 FPEG 运行在隔振区时，被动隔振系统能够起到隔振作用。但是，应用主动控制算法后，传递力峰值与被动隔振系统相比均有下降：应用模糊 PID 控制算法，传递力峰值与被动隔振系统相比分别降低 26% 和 10%，振动速度峰值分别降低 16% 和 7%；应用 LMS 控制算法，传递力峰值降幅分别为 32% 和 20%，振动速度峰值降幅分别为 26% 和 18%；而应用 RLS 控制算法，传递力峰值降幅分别为 35% 和 17%，振动速度峰值降幅分别为 24% 和 15%。由此可见，在隔振区主动控制算法也比被动隔振方法具有更好的隔振效果，并且激励频率为 20 Hz 的工况下，系统隔振效果比 30 Hz 工况更加显著。随着运行频率的增大，隔振系统的传递率降低，被动隔振效果变好。但是，由于系统输入的惯性力随运行频率的增大显著变大，导致传递到基础的力也显著增大，使得整机的振动进一步加剧。

3. 三种主动控制算法的结果对比

三种主动控制算法对传递力和振动速度的控制结果对比如图 3 – 17 所示，由图可见，三种主动控制算法对传递力的控制都比振动速度的控制效果要好。尤其是共振区传递力的控制效果最为明显，与被动隔振系统相比，三种主动控制算法的传递力结果分别降低 55%、60%、57%（PID、LMS、RLS）。无论是共振区还是隔振区，主动控制系统都比被动隔振系统减振效果好。对比三种控制方法，在隔振区活塞动子运行频率为 20 Hz 时，RLS 控制算法对传递力的抑制效果最好，与被动隔振系统的传递力相比，峰值降低了 35%。在其他运行频率下，无论是传递力还是振动速度，LMS 控制算法的减振效果都比其他两种好。

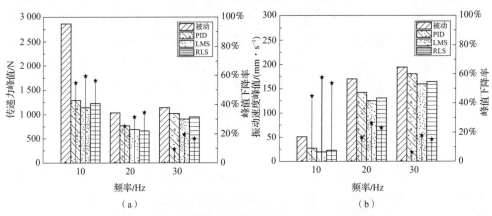

图 3 – 17 三种主动控制算法对传递力和振动速度的控制结果对比
(a) 传递力；(b) 振动速度

由以上分析可以看出，模糊自适应 PID 在共振区对传递力的隔离效果比振动速度更加明显。RLS 在隔振区对传递力的隔离效果比 LMS 好；而关于共振区对传递力的抑制来看，LMS 算法比 RLS 算法好。因此从整体来看，主动控制系统比被动隔振系统在共振区的减振效果更加明显。为了对比三种主动控制算法对振动抑制的频域特征，将不同工况下振动速度级和力的传递率进行对比，如图 3 – 18 所示。

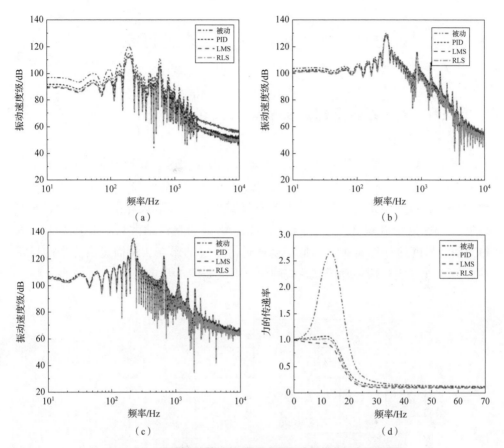

图 3 - 18　不同控制算法振动速度级和力的传递率对比结果

（a）运行频率 10 Hz；（b）运行频率 20 Hz；（c）运行频率 30 Hz；（d）力的传递率

从不同运行频率下振动速度级的结果来看，随着运行频率的增加，振动速度级的高频振荡现象加剧。这是因为，随着运行频率的增加，缸内燃烧激励力高频成分加剧。对比来看，当激励频率处于低频共振区时，主动控制算法减振效果最好，振动速度级在整个频段内幅值都比被动方法明显下降。当激励频率处于隔振区时，主动控制算法下的振动加速度级在低频段比被动方法明显下降，但是在中高频段降幅不明显。由不同控制算法下力的传递率结果可见，与被动控制方法相比，主动控制算法在共振区对传递力的抑制效果非常明显，在隔振区也同样可以降低力的传递率。综合来看，自适应 LMS 控制算法对 FPEG 的隔振效果是最好的。下面基于自适应 LMS 算法对主动控制方法开展进一步研究。

3.3　自适应控制方法改进研究

3.3.1　考虑控制通道辨识的归一化改进算法

从 3.2 节不同算法对比研究的结果来看，对于传递力和振动速度的抑制，自适应 LMS 算法比 PID 和 RLS 控制效果更好，因此 FPEG 自适应主动控制算法的研究基于 LMS 算法进行展开。在不断完善 LMS 自适应滤波算法的过程中，一些改进的 LMS 算法被提出。其中，Filter – X LMS 算法（简记为 FX – LMS 算法）通过对瞬时梯度估计作修正，降低控制通道对系统的影响，从而提高算法的稳定性。FX – LMS 自适应主动控制系统的原理框图如图 3 – 19 所示。

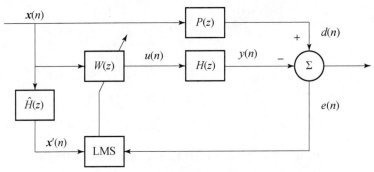

图 3 – 19　FX – LMS 自适应主动控制系统的原理框图

FX – LMS 控制算法在 LMS 算法的基础上添加了次级通道 $H(z)$ 的识别与估计，因此将控制器输出信号至误差信号的传递特性考虑进去，减小了执行机构和检测系统对信号误差的影响。当次级通道传递函数与次级通道的估计值一致时，即 $\hat{H}(z) = H(z)$，输入信号经过滤波后的参考信号为 $x'(n) = x(n)h(n)$，则

$$y(n) = w^{\mathrm{T}}(n)x'(n) \tag{3 – 18}$$

$$w(n+1) = w(n) + 2\mu e(n)x'(n) \tag{3 – 19}$$

关于次级通道的识别与估计，目前主要有两种方法，分别为离线识别和在线识别。其中，离线识别可以减小算法的复杂度和计算量，但对于复杂的非线性系统，离线识别难以满足控制系统的精度和鲁棒性，因此选择在线识别的方法。利用控制信号实现在线次级通道在线辨识原理框图如图 3 – 20 所示。

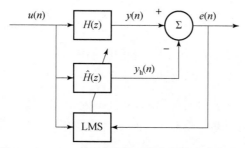

图 3 - 20　FX - LMS 次级通道在线辨识原理框图

对于次级通道辨识系统，$u(n)$ 为输入信号，经过未知系统 $H(z)$ 产生输出信号 $y(n)$，将该输出信号作为辨识系统的期望信号。输入信号 $u(n)$ 同样作为辨识系统滤波器的输入信号，通过自适应的调整权重，当误差信号 $e(n)$ 最小时，滤波器的输出 $y_h(n)$ 逼近未知次级通道输出信号 $y(n)$。因此，该自适应滤波器 $\hat{H}(z)$ 可以作为次级通道 $H(z)$ 的等价模型。

1. 算法的收敛速度

根据算法的收敛条件 [式 (3 - 12)]，将输入信号 $x(n)$ 自相关矩阵 R 的迹用对角线元素表示为

$$\mathrm{tr}(R) = \sum_{l=0}^{L-1} \lambda_l = L r_{xx}(0) = L P_x \tag{3 - 20}$$

$$P_x = r_{xx}(0) = E[x^2(n)] \tag{3 - 21}$$

式中：P_x 为输入信号的功率。

式 (3 - 20) 的收敛条件为

$$0 < \mu < \frac{2}{L P_x} \tag{3 - 22}$$

由式 (3 - 22) 可知，滤波器阶数越小，步长的上限值越大。当输入信号功率较大时，步长要选择较小值；相反，输入信号功率较小时，步长要选择较大值。

算法收敛速度可以通过学习曲线的衰减时间进行衡量，衰减时间越短，收敛速度越快。FX - LMS 算法均方误差的时间常数范围为

$$\tau_{\mathrm{mse}} \leqslant \frac{1}{\mu \lambda_{\min}} \tag{3 - 23}$$

式中：$\lambda_{\min}$ 为矩阵 R 的最小特征值。

由式 (3 - 23) 可见，算法的衰减时间与步长、最小特征值呈反比关系。

2. 算法的超量均方误差

基于 LMS 的自适应算法，在计算过程中使用一个误差样本的平方梯度 $\nabla \hat{\xi}(n)$ 作为误差梯度 $\nabla \xi(n)$ 的估计。当滤波器系数 $w(n)$ 接近维纳解 w_0 时，算法收敛，真实梯度 $\nabla \xi(n) \approx 0$，而梯度估计 $\nabla \hat{\xi}(n) \neq 0$。梯度的误差导致 $w(n)$ 在 w_0 附近波动，算法的最小均方误差 $\xi_{\min}$ 为 w_0 对应的最小均方值，超量均方误差表达式为

$$\xi_{\text{exc}} = E[\hat{\xi}(n)] - \xi_{\min} \approx \frac{\mu}{2} L P_x \xi_{\min} \tag{3-24}$$

由此可见，当算法的步长越长，滤波器阶数越高，输入信号功率越大，超量均方误差也越大。为了减小超量均方误差，应该减小步长，但是若步长过小，则会影响算法的收敛速度。因此，在改进算法的研究过程中应该考虑收敛速度和超量均方误差之间的平衡。

3. FX - LMS 归一化改进算法

通过前面有关算法收敛性能的分析，收敛速度受到输入信号功率和步长两方面影响，当输入信号变化范围较大时，算法收敛性能下降甚至可能造成发散。FPEG 在工作过程中由于对置气缸之间的耦合作用，容易出现不稳定现象，输入信号动态范围较大。为了克服这个问题，采用归一化的 FX - LMS 算法来改进收敛性能。

归一化滤波最小均方根算法（N - FXLMS）中，滤波器系数的更新方式为

$$w(n+1) = w(n) + \mu' e(n) x'(n) \tag{3-25}$$

式中：

$$\mu' = \frac{\alpha}{\sigma + (x'^{\text{T}}(n) x'(n))}, 0 < \alpha < 2 \tag{3-26}$$

式中：σ 为常数，目的是防止输入信号过小时导致系统发散；α 为归一化步长。

该算法考虑了输入信号功率变化范围对收敛速度的影响，通过对步长进行归一化处理，可以提高算法的收敛性能。

为了对比 LMS、FX - LMS、N - FXLMS 三种算法的收敛性能，选择 FPEG 的运行频率为 25 Hz 时的系统惯性力作为主动控制算法的参考信号。此时，隔振系统处于隔振区。不同控制算法下，主动隔振系统的输入/输出以及误差信号的结果对比如图 3 - 21 所示。

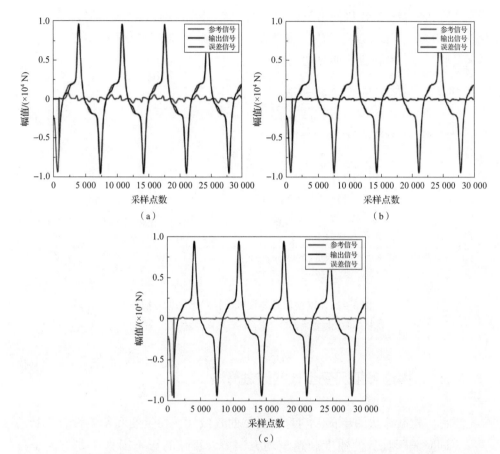

图 3 – 21　三种不同控制算法下，主动隔振系统的输入/输出以及误差信号的结果对比（见彩插）

（a）LMS 算法；（b）FX – LMS 算法；（c）N – FXLMS 算法

LMS、FX – LMS、N – FXLMS 三种控制算法的输出信号能够快速地自适应调整到与输入信号相对应，为了更好地对比三种控制算法的稳定性和收敛速度，将不同算法下主动控制单元的误差信号与控制步长信号进行对比，结果如图 3 – 22（b）所示。

考虑控制通道的 FX – LMS 算法和步长归一化 N – FXLMS 算法与基础 LMS 算法相比，误差信号峰值均有所降低。以采样点数为 12 600 时的误差信号峰值为例，降幅分别为 65% 和 75%。由此可见，改进的 FX – LMS 算法和 N – FXLMS 算法，由于考虑了控制通道传递特性和输入信号变化范围对算法的影响，可以有效提高算法的稳定性。从图 3 – 22（b）所示的步长对比曲线可以看出，与基础 LMS 算法相比，FX – LMS 算法在提高稳定性的同时降低了收敛的速度。这是因为，在算法中增加了次级通道辨识的过程，导致算法的收敛速度下降。步长归一化 N - FXLMS 算法可以有效改善收敛速度，与基础 LMS 算法相比，无论是稳定性还是收敛性，都得到了明显的改善。

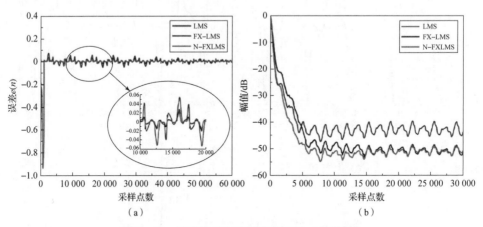

图 3 - 22　误差信号与控制步长对比（见彩插）

（a）不同控制算法误差对比；（b）不同控制算法步长对比

3.3.2　考虑多工况变步长的改进算法

自适应控制算法的步长影响着滤波器的收敛性、稳定性和精确性，步长的选择要同时兼顾收敛的速度和超量均方误差。步长的影响因素主要有两个方面：参考信号和误差信号。N - FXLMS 算法解决了参考信号波动对步长的影响，为了进一步解决误差信号对步长的影响，采取变步长（Variable Step Size，V_s）的改进算法。变步长归一化滤波最小均方根算法（V_sN - FXLMS）：当滤波器的系数 $w(n)$ 和最优解 w_0 距离较远时，采用较大的步长；当 $w(n)$ 和 w_0 距离较近时，采用较小的步长。这样在通过改变步长提高算法收敛速度的同时，可以确保算法的超量均方误差不会过大，实现两者的兼顾。该算法的步长表示为

$$\mu' = \frac{\mu_v(n)}{\sigma + (x'^T(n)x(n))} \qquad (3-27)$$

式中：$\mu_v(n)$ 为变步长，采用 Kwong 和 Johnston 提出的算法对步长进行更新，表示如下：

$$\mu'_v(n+1) = \alpha\mu_v(n) + \beta e'^2(n) \qquad (3-28)$$

$$\mu_{v}(n+1)=\begin{cases}\mu_{\max},\ \mu'_{v}(n+1)>\mu_{\max}\\ \mu'_{v}(n+1),\ 其他\\ \mu_{\min},\ \mu'_{v}(n+1)<\mu_{\min}\end{cases} \qquad (3-29)$$

式中：α 和 β 为常数，取值范围为 $0<\alpha<1$，$\beta>0$。

　　FPEG 馈能型自适应主动控制系统在不同工况下的振动控制目标是不同的。当 FPEG 运行在稳定工况下，悬置系统处于隔振区。在这种工况下，馈能型主动控制系统有两种工作模式：当隔振系统传递率满足隔振要求，主动控制系统处于发电模式；当传递率不满足隔振要求，主动控制系统处于电动模式，此时隔振系统需要减小阻尼使系统传递率满足要求。当 FPEG 运行在非稳定工况，如起动工况或者扰动工况，尤其是当悬置系统处于共振区时，此时主动控制系统处于电动模式，并且通过增加隔振系统的阻尼来降低传递率。由此可见，主动控制算法需要实现在不同工况下不同控制目标的主动减振。在这种情况下，如果采取固定的步长参数，随着工况的变化算法，收敛性可能下降，甚至导致算法发散。

　　因此，为了保证实现不同工况下自适应算法的收敛性能，本文提出一种变控制目标（Variable Control Target，V_t）、变步长的归一化滤波最小均方根算法（$V_tV_sN-FXLMS$）。其算法逻辑框图如图 3-23 所示，在变步长归一化滤波均方根算法的基础上，针对 FPEG 不同工况下节能减振的控制目标提出改进的控制算法，实现在给定目标传递率下的宽带振动控制。通过引入目标传递率控制滤波器 $S(z)$，可以实现不同工况下变控制目标的自适应主动控制。

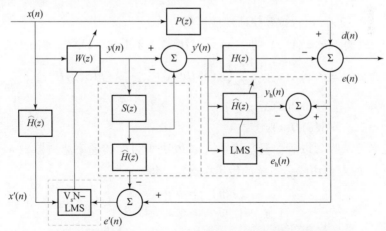

图 3-23　$V_tV_sN-FXLMS$ 自适应主动控制算法逻辑框图

　　$V_tV_sN-FXLMS$ 算法的误差信号可以由目标传递率滤波器 $S(z)$ 依据不同工况下的控制目标进行自适应的调整，控制原理的推导如下。

控制算法的伪误差信号为

$$e'(n) = e(n) - y(n) * s(n) * \hat{h}(n)$$
$$= d(n) - y'(n) * h(n) - y(n) * s(n) * \hat{h}(n)$$
$$= d(n) - [y(n) - y(n) * s(n)] * h(n) - y(n) * s(n) * \hat{h}(n)$$
$$= p(n) * x(n) - [y(n) - y(n) * s(n)] * h(n) - y(n) * s(n) * \hat{h}(n)$$

$$(3-30)$$

式中：$p(n)$ 为初级通道脉冲响应；"$*$" 为线性卷积运算。

将式 (3-30) 进行拉普拉斯变换，并且当 $H(z) \approx \hat{H}(z)$ 时，有

$$E'(z) = P(z)X(z) - [Y(z) - Y(z)S(z)]H(z) - Y(z)G(z)\hat{H}(z)$$
$$= P(z)X(z) - Y(z)H(z) \qquad (3-31)$$

当控制算法收敛后，$E'(z) = 0$，则

$$P(z)X(z) - Y(z)H(z) = P(z)X(z) - W(z)X(z)H(z) = 0 \qquad (3-32)$$

此时，对应的滤波器系数为

$$W_0(z) = \frac{P(z)}{H(z)} \qquad (3-33)$$

控制算法的误差信号为

$$e(n) = d(n) - y'(n) * h(n)$$
$$= p(n) * \boldsymbol{x}(n) - \boldsymbol{w}(n) * \boldsymbol{x}(n) * h(n) + \boldsymbol{w}(n) * \boldsymbol{x}(n) * s(n) * h(n)$$

$$(3-34)$$

将式 (3-24) 进行拉普拉斯变换可得

$$E(z) = P(z)X(z) - W_0(z)X(z)H(z) + W_0(z)X(z)S(z)H(z)$$
$$= P(z)X(z) - \frac{P(z)}{H(z)}X(z)H(z) + \frac{P(z)}{H(z)}X(z)S(z)H(z)$$
$$= S(z)P(z)X(z) \qquad (3-35)$$
$$= S(z)D(z)$$

当控制算法收敛以后，误差信号 $e(n)$ 取决于目标传递率滤波器 $s(n)$。不同工况下 $s(n)$ 的取值由隔振系统的传递率确定，即

$$s(n) = md(n) \qquad (3-36)$$

$$m \begin{cases} 1, T_F > 1 \\ 0.1, 0.1 < T_F \leqslant 1 \\ T_F, T_F \leqslant 0.1 \end{cases} \qquad T_F = \frac{e(n)}{d(n)} \qquad (3-37)$$

当隔振系统的传递率 $T_F > 1$，系统处于共振区，此时误差信号传递到基础的

力将大于参考信号 FPEG 的惯性力。当 FPEG 运行在共振区，系统的传递率 T_F 很难达到小于 1，也就是误差信号很难接近于 0。此时，主动控制算法如果没有添加目标传递率控制滤波器 $k(n)$，即采用 V_sN – FXLMS 算法，那么只有当误差信号 $e(n)$ 接近于 0 时算法才收敛。而采用变控制目标的 V_tV_sN – FXLMS 算法后，当伪误差信号接近于 0 时算法收敛，此时系统的传递率接近于 1，误差信号接近于参考信号，可见本书提出的变目标变步长控制算法更容易收敛。

当隔振系统的传递率 T_F 小于 1 并且大于 0.1 时，系统处于隔振区。此时隔振系统并不能满足传递率衰减 1/10 以上的隔振要求（$T_F < 0.1$），因此主动控制单元工作在电动模式，并提供一定的主动力来减小系统阻尼力。当提出的 V_tV_sN – FXLMS 控制算法收敛时，误差信号接近参考信号的 0.1 倍。

当隔振系统的传递率 $T_F < 0.1$ 时，系统处于隔振区，并且能够满足隔振要求。此时主动控制单元不再提供额外的主动力，因此可以工作在发电模式，对振动能量进行回收存储。在这种情况下，当提出的 V_tV_sN – FXLMS 控制算法收敛时，目标传递率滤波器 $k(n) = e(n)$，此时主动控制算法滤波器的系数不需要更新，因此不再输出主动控制力。

V_tV_sN – FXLMS 控制算法的计算流程如图 3 – 24 所示。

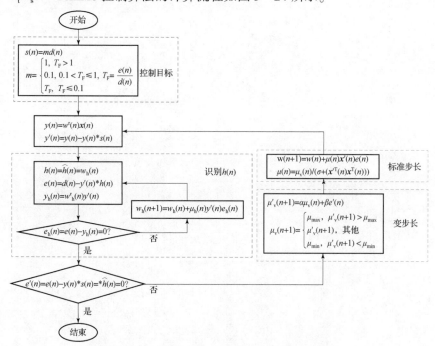

图 3 – 24　V_tV_sN – FXLMS 控制算法的计算流程

参 考 文 献

［1］吴兆汉. 内燃机设计［M］. 北京：北京理工大学出版社，1990.

［2］周龙保. 内燃机学［M］. 北京：机械工业出版社，2011.

［3］孙柏刚，杜巍. 车辆发动机原理［M］. 北京：北京理工大学出版社，2015.

［4］JINGYI T, HUIHUA F, YIFAN C, et al. Research on coupling transfer characteristics of vibration energy of free piston linear generator［J］. Journal of Beijing Institute of Technology，2020，29（4）：556－567.

［5］田静宜. 自由活塞内燃发电动力系统动力学特性与振动抑制技术研究［D］. 北京：北京理工大学，2021.

第4章

系统运行稳定性与动态失稳特性

4.1 基于强非线性理论的双缸型 FPEG 系统可控边界参数识别分析

本章建立了双缸型 FPEG 系统的非线性理想模型，采用强非线性振动系统的定性理论和定量分析方法，全面揭示了 FPEG 系统动力学特性，并采用理论分析及数值计算相结合的方法，识别系统可控边界参数，分析相关可控边界参数的影响规律，为双缸型 FPEG 系统运行优化和性能的提升提供理论基础。

4.1.1 双缸型 FPEG 系统理想非线性模型

FPEG 作为一个复杂的热—机—电—磁强耦合系统，在对其进行理论研究时，通常采用数值求解的方式，分析方法由于系统的强非线性及复杂性限制而较少采用。目前，在对双缸型 FPEG 动力学特性进行分析时，通常将系统刚度特性做等效化处理，忽略了系统的位置型非线性恢复力特征，简化后的双缸型 FPEG 系统具有单自由度自由振动特性，并且具备固有运行频率。实际上，双缸型 FPEG 系统作为强非线性系统，不存在所谓的固有频率，系统往复振动完全不同于简谐振动，其运行频率与外部负载特性、振动幅值和运动组件质量等多方面因素相关，因此在理论分析对 FPEG 系统时做出的简谐化处理并不能完全揭示系统的运行特性。

双缸型 FPEG 系统简化模型如图 4－1 所示，在运行过程中，运动组件所受到的力主要有燃烧爆发力 F_c、电磁力 F_e、摩擦力 F_f 以及由于气缸容积的变化导致的气缸内气体压力 F_p。

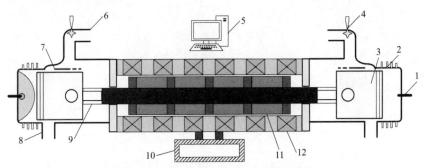

图 4－1 双缸型 FPEG 系统简化模型

1—火花塞；2—缸体；3—活塞；4—喷油器；5—ECU；6—进气管；

7—进气口；8—排气口；9—连杆；10—负载；11—电机动子；12—电机定子

在建立双缸型 FPEG 系统非线性模型时，需要对系统做出理想化的处理：假设左、右两个气缸内热力过程完全相同，做功工质为理想工质，并且忽略掉系统的进、排气过程，并将热力学变化过程视为理想的绝热过程，双缸型 FPEG 系统运行过程可视作单自由度质量块在密闭气缸内的振动过程，如图 4－2 所示。

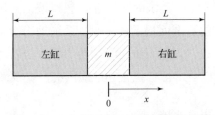

图 4－2 双缸型 FPEG 系统理想化模型

质量块处于中心平衡位置时，其到左、右两个气缸盖的距离均为 L，此时系统的设计行程为

$$S = 2L \tag{4-1}$$

因此，当双缸型 FPEG 系统稳定运行时，其运动微分方程为

$$m\ddot{x} = F_p + F_e + F_c + F_f \tag{4-2}$$

式中：m 为包括两侧活塞、连杆、电机动子以及相关连接部件组成的运动组件的

质量；F_p 为由于气缸容积变化导致的非线性恢复力；F_e 为电磁阻力；F_c 为气缸内气体燃烧爆发力；F_f 为系统所受摩擦力。

1. 非线性恢复力模型

根据图 4 - 2 所示的双缸型 FPEG 系统非线性理想模型，左、右两个气缸的缸内容积变化可以表示为

$$V_1 = A(L + x) \tag{4-3}$$

$$V_r = A(L - x) \tag{4-4}$$

式中：A 为气缸横截面面积。

气缸缸径为 D，则气缸的横截面面积为

$$A = \frac{\pi D^2}{4} \tag{4-5}$$

气缸内工质为理想气体，气体状态变化过程为绝热变化过程，则

$$p_0 V_0^{\gamma} = p V^{\gamma} \tag{4-6}$$

式中：p_0 为质量块处于中心位置时的气缸内气体压力，即压缩起始时刻气缸内压力；p 为气缸内气体压力；V 为气缸容积；γ 为绝热指数。

将式（4-3）和式（4-4）代入式（4-6），得到左、右两个气缸的气体压力随着活塞位移 x 的变化关系为

$$p_1 = p_0 L^{\gamma} (L + x)^{-\gamma} \tag{4-7}$$

$$p_r = p_0 L^{\gamma} (L - x)^{-\gamma} \tag{4-8}$$

因此，双缸型 FPEG 系统的非线性恢复力可以表示为

$$F_p = A(p_1 - p_r) = A p_0 L^{\gamma} \left[(L + x)^{-\gamma} - (L - x)^{-\gamma} \right] \tag{4-9}$$

2. FPEG 系统电磁阻力模型

在 FPEG 系统稳定发电运行时，电机动子做直线往复运动。在理想状况下，根据不同的控制策略及不同的负载形式，电机力可以是任意时间或位移函数的电磁阻力形式。在此，将电机简化为常阻尼系统，即电机力的变化仅与电机动子运动速度相关，因此双缸型 FPEG 系统电磁阻力可以表示为

$$F_e = -c \dot{x} \tag{4-10}$$

式中：c 为电磁力参数。

3. FPEG 系统燃烧爆发力模型

在双缸型 FPEG 系统稳定运行循环，气缸内可燃混合气在燃烧释放热量与仅

压缩不点火情况下的压力变化如图 4 - 3 所示，可燃混合气在燃烧放热时，气缸内气体爆发压力具有高峰值性和短时性的特征。考虑到点燃式内燃机气缸内的燃烧过程几乎每循环都会由于燃烧循环波动而发生改变，自由活塞式发动机的燃烧则更加复杂。所以，在建立 FPEG 系统燃烧爆发力模型时，只考虑燃烧放热后气体爆发压力完全做正功的情况，忽略由于点火位置设置所造成的活塞减速的情况，并根据燃烧爆发力的短时性和高爆发性特征构建数学模型。

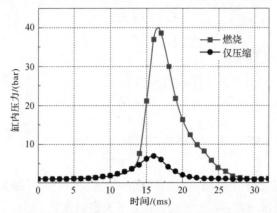

图 4 - 3　FPEG 系统气缸内可燃混合气燃烧与仅压缩不点火情况下的压力变化

图 4 - 4 所示为简化后的双缸型 FPEG 系统燃烧爆发力，经过简化，将燃烧爆发力近似等价为短距离内的渐变爆发力 F_b，上止点（TDC）为右缸压缩止点，下止点（BDC）为左缸压缩止点。在上止点处，右缸内爆发压力突变为最大值 $F_{b\,max}$，之后活塞运行 δ 距离后减小到 0；在下止点处，左缸内爆发压力突变为最大值 $F_{b\,max}$，之后活塞运行 δ 距离后减小到 0。

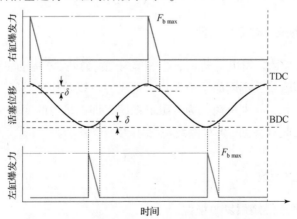

图 4 - 4　简化后的双缸型 FPEG 系统燃烧爆发力

因此，爆发力 F_b 可以表示为

$$F_c = f_c(x, \dot{x}) \tag{4-11}$$

并且根据能量守恒定律，燃烧爆发力 F_c 还需满足

$$E_{cyc} = \int_0^\delta F_c \mathrm{d}\delta \tag{4-12}$$

式中：E_{cyc} 为循环内所消耗的燃料放热为系统输入的能量。

4. 摩擦阻力模型

在稳态运行过程中，系统所受摩擦力可简化为与速度相反的库仑力，因此摩擦阻力 F_f 可以简化为

$$F_f = -F_{f0}\mathrm{sign}(\dot{x}) \tag{4-13}$$

式中：F_{f0} 为摩擦力，在此设为定值。

将式（4-9）~式（4-12）代入式（4-2），得到双缸型 FPEG 系统在稳定工作状态下的运动微分方程为

$$m\ddot{x} - Ap_0 L^\gamma \left[(L+x)^{-\gamma} - (L-x)^{-\gamma} \right] + c\dot{x} + f_c(x, \dot{x}) + F_{f0}\mathrm{sign}(\dot{x}) = 0 \tag{4-14}$$

4.1.2　双缸型 FPEG 系统运动组件往复振动定性分析

定性理论主要是通过理论分析非线性系统周期解的存在性和稳定性，通过相平面法研究系统奇点（平衡状态）的类型和稳定性，确定系统极限环（孤立的周期运动）的存在及稳定性。自由活塞内燃发电系统作为强非线性系统，其运行状态的稳定特性对于系统的运行和稳定控制十分重要，定性方法能够快速地把握系统的稳定运行特性，是对 FPEG 系统进行理论研究的基础。

1. 双缸型 FPEG 系统定性分析基础

根据式（4-14），双缸型 FPEG 系统运动组件振动方程可以表示为

$$m\ddot{x} + c_G(x, \dot{x})\dot{x} + K_G(x, \dot{x})x = 0 \tag{4-15}$$

式中：

$$c_G(x, \dot{x}) = \frac{c\dot{x} + f_c(x, \dot{x}) + F_{f0}\mathrm{sign}(\dot{x})}{\dot{x}} \tag{4-16}$$

$$K_G(x, \dot{x}) = \frac{-Ap_0 L^\gamma \left[(L+x)^{-\gamma} - (L-x)^{-\gamma} \right]}{x} \tag{4-17}$$

式中：$c_G(x,\dot{x})$ 为广义阻尼项；$K_G(x,\dot{x})$ 为广义刚度项。

因此，双缸型 FPEG 系统运动组件的振动是一种单自由度变阻尼、变刚度强非线性自治系统。系统所受非线性恢复力为位置型非线性力。在单自由度系统中，非线性恢复力是位置型非线性力中最重要的一类，广义刚度项 $K_G(x,\dot{x})$ 主要受到系统非线性恢复力的影响，在一定参数下，广义刚度项 $K_G(x,\dot{x})$ 随活塞位移的变化趋势如图 4-5 所示。可见从系统几何中心往止点压缩时，广义刚度项 $K_G(x,\dot{x})$ 逐渐增大，越靠近止点，广义刚度项变化越大。在系统正刚度情况下，恢复力始终指向平衡位置，并且越远离平衡位置，力的值越大。

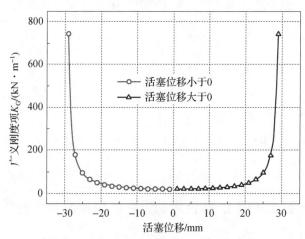

图 4-5 双缸型 FPEG 系统广义刚度项随活塞位移的变化趋势

广义阻尼项 $c_G(x,\dot{x})$ 决定了系统运行状态，由式（4-16）可知，系统的阻尼主要由三部分组成：第一部分为干摩擦阻尼，在系统运行过程中将动子组件的动能转化为热能；第二部分为电磁阻尼，在系统运行过程中，运动组件的动能被转化为电能；第三部分为燃料燃烧所导致的混合型非线性阻尼力，在系统循环运行中，将燃料内能转化为动子组件的动能。在 FPEG 系统稳定运行时，干摩擦阻尼与电磁阻尼都属于正阻尼，其使得系统能量不断散逸，而由燃料燃烧所导致的混合型非线性阻尼力属于负阻尼，在负阻尼作用下，FPEG 振动系统能量增加。

对于双缸型 FPEG 系统，广义阻尼项 $c_G(x,\dot{x})$ 在稳定工作循环的变化趋势如图 4-6 所示。在右缸压缩冲程止点，右缸燃料燃烧放热所产生的混合型非线性阻尼力开始起主要作用，运动组件的振动为负阻尼振动，运动组件吸收能量，右缸进入膨胀冲程，系统能量增加。当运动组件向左运行一段距离后，广义阻尼项 $c_G(x,\dot{x})$ 逐渐变为由干摩擦阻尼和电磁阻尼主导的正阻尼，运动组件振动系统能量逐渐耗散。到达左缸压缩冲程止点后，左缸燃料燃烧放热所产生的混合型非线性阻尼力开始起主要作用，运动组件的振动再次转化为负阻尼振动，并开始吸收能量，左缸进入膨胀冲程，系统能量增加。当运动组件向右运行一段距离后，广义阻尼项 $c_G(x, \dot{x})$ 逐渐变为由干摩擦阻尼和电磁阻尼主导的正阻尼，运动组件振动系统能量逐渐耗散。

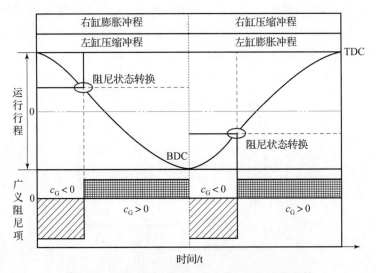

图 4-6　双缸型 FPEG 系统广义阻尼项变化趋势

综合以上分析，双缸型 FPEG 系统只有广义刚度项 $K_G(x, \dot{x})$ 储存了一定的能量才能起振，并且系统想要维持稳定运行。在循环运行周期内，系统能量的增加和损耗必须互相平衡，因此平衡三项广义阻尼项是维持系统稳定运行的基础。

2. 系统运动组件振动稳定性分析

由 FPEG 系统在稳定工作状态下的运动微分方程式（4-14）可知，系统为二阶强非线性自治系统，对于一般的二阶线性、非线性系统，经常使用相平面法来对系统进行定性分析。

利用相平面法对双缸型 FPEG 系统进行定性分析，系统状态变量为运动组件的位移以及系统运行速度，令

$$\begin{cases} x_1 = \dot{x} \\ x_2 = \dot{x}_1 \end{cases} \tag{4-18}$$

结合式（4-15）可以得到系统的相平面方程为

$$\begin{cases} x_1 = \dot{x} \\ x_2 = -\dfrac{c_G(x, \dot{x})\dot{x} + K_G(x, \dot{x})x}{m} \end{cases} \tag{4-19}$$

　　在特定的运行参数下，系统的两种相轨迹如图 4 - 7 所示。在两种典型的初始状态下，系统最终都趋于定常运动。对于图 4 - 7（a），在系统初始状态下，工作循环内系统增加的能量小于系统耗散能量，运动组件运行相轨迹收缩，直至系统增加的能量与减少的能量相互平衡，系统运动最终趋于定常振动；对于图 4 - 7（b），在初始状态下，系统工作循环内增加的能量大于系统耗散的能量，运动组件运行相轨迹呈发散状，振幅逐渐增加，直到增加的能量与减少的能量相互平衡，系统运动最终处于定常振动。

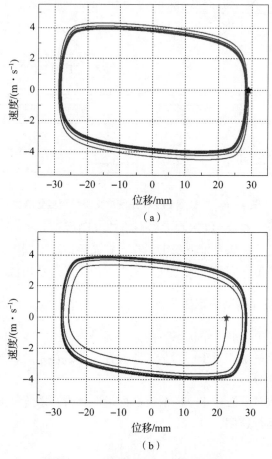

（a）

（b）

图 4 - 7　双缸型 FPEG 系统相轨迹

（a）"收缩"型极限环；（b）"发散"型极限环

　　因此，系统初始状态对于双缸型 FPEG 系统振动稳定性非常关键，系统稳定的极限环只在系统初始状态满足一定条件才存在，当系统采用压燃型燃料时，系统稳定运行的条件是在初始状态下，运动组件的运行压缩比要大于压燃型燃料的可燃压缩比。当系统采用点燃型燃料时，系统稳定运行的条件是在初始状态下，运动组件的止点位置要大于系统预设的点火位置。

3. FPEG 系统运动组件振幅、频率特性分析

在双缸型 FPEG 系统稳定运行时，运动组件处于周期振动状态。定义线性等效阻尼 c_{eq} 来代替广义阻尼项，在计算等效阻尼时，要求在一个完整的工作循环内系统广义阻尼项与等效阻尼耗散的能量相同，即

$$\oint (c\dot{x} + f_c(x,\dot{x}) + \mathrm{sign}(\dot{x}))\,\mathrm{d}x = \oint (c_{eq}\dot{x})\,\mathrm{d}x \qquad (4-20)$$

系统增加的能量和消耗的能量在一个周期内达到平衡，线性等效阻尼为零，则简化后的系统等效振动方程可以表示为

$$m\ddot{x} + K_C(x,\dot{x})x = 0 \qquad (4-21)$$

此时，双缸型 FPEG 系统等效为非线性对称恢复力系统，系统自由振动的频率受到振幅与初始条件（相位角）的影响，相比于线性系统，FPEG 系统运动不是简谐的，而是多谐的，因此系统拥有多个稳定运行的频率。

4.1.3　FPEG 系统非线性动力学模型解析解研究

强非线性系统只有在极个别的情况下才能采用解析方法解出系统的解析解，随着计算机数值计算能力的提高，绝大多数非线性的方程通过数值计算的方法来进行求解，并且半解析半数值计算的方法也经常用来揭示非线性系统的动力学特性。在定性理论分析的基础上，采用强非线性解析方法对双缸型 FPEG 系统的解析解存在性进行证明，对系统定常振动下的运行采用数值方法进行探索，对于全面揭示 FPEG 系统动力学特性提供新的解决方案。

1. 双缸型 FPEG 系统非线性模型

双缸型 FPEG 系统非线性模型具有周期解的条件式（4-14）可写为

$$\ddot{x} + g(x) = \varepsilon_0 f(x,\dot{x}) \qquad (4-22)$$

式中：

$$g(x) = \frac{-Ap_0 L^\gamma}{m}\left[(L+x)^{-\gamma} - (L-x)^{-\gamma} \right] \qquad (4-23)$$

$$f(x,\dot{x}) = -c\dot{x} - f_c(x,\dot{x}) - F_{f0}\mathrm{sign}(\dot{x}) \qquad (4-24)$$

$g(x)$ 为非线性恢复力，则

$$\varepsilon_0 = \frac{1}{m} \qquad (4-25)$$

考虑式（4-22）的派生方程：

$$\ddot{x} + g(x) = 0 \qquad (4-26)$$

将式（4-22）乘以 $\dot{x}$ 并积分可得

$$\frac{1}{2}\dot{x}^2 + V(x) = E \qquad (4-27)$$

式中：

$$V(x) = \int_0^x g(u)\,\mathrm{d}u \qquad (4-28)$$

结合式（4-23）可得

$$V(x) = -\frac{Ap_0 L^\gamma}{m}\left[\frac{1}{1-\gamma}(L+x)^{1-\gamma} + \frac{1}{1-\gamma}(L-x)^{1-\gamma} - \frac{2}{1-\gamma}L^{1-\gamma}\right] \qquad (4-29)$$

式（4-27）中：等式左边的第一项代表系统的动能；第二项 V 代表弹性力的势能；等式右边的 E 代表系统的机械能。

双缸型 FPEG 系统非线性方程弹性力与势能的变化曲线如图 4-8 所示。

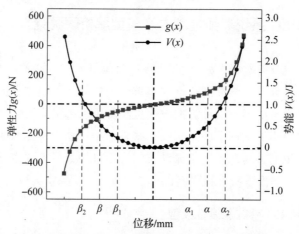

图 4-8 双缸型 FPEG 系统非线性方程弹性力与势能的变化曲线

由式（4-23）可知，式（4-23）满足 $g(0)=0$。此外，假设存在四个数 $\beta_2 < \beta_1 \leq 0 \leq \alpha_1 < \alpha_2$（图 4-8），使得 $V(\alpha_1) = V(\beta_1)$，$V(\alpha_2) = V(\beta_2)$。当 $x \in (\alpha_1, \alpha_2)$ 及 $x \in (\beta_2, \beta_1)$ 时，有

$$xg(x) > 0 \qquad (4-30)$$

当 $x \in (\beta, \alpha)$ 时，有

$$V(a) - V(x) > 0 \qquad (4-31)$$

式中：$V(\alpha) = V(\beta)$，$\alpha \in (\alpha_1, \alpha_2)$，$\beta \in (\beta_2, \beta_1)$。

上述条件表明，系统在相平面上有闭轨线，这些闭轨线分别与 x 的正半轴上的区间 (α_1, α_2) 和 x 的负半轴区间 (β_1, β_2) 相交。也就是说，式（4-26）有周期解。因此，双缸型 FPEG 非线性系统满足采用广义谐波函数 KBM 法求解的条件。

2. FPEG 系统非线性模型解析解计算分析

在 $\varepsilon_0 = 0$ 时，式（4-26）的周期解可以表示为

$$\begin{cases} x(t) = a\cos\varphi(t) + b \\ \varphi(t) = \tau(t) + \theta \end{cases} \tag{4-32}$$

式中：a 为系统周期性振动振幅；φ 为相位；b 为偏心量；τ 为时间、振幅、偏心的函数；θ 为常数。

根据上述分析，a 和 b 满足

$$\alpha_1 < a + b < \alpha_2, \beta_2 < -a + b < \beta_1 \tag{4-33}$$

$$V(a + b) = V(-a + b) \tag{4-34}$$

根据式（4-32）可得

$$\dot{x} = -a\dot{\varphi}(t)\sin\varphi(t) \tag{4-35}$$

将式（4-35）代入式（4-27）可得

$$\dot{\varphi}(t) = \Phi(a, \varphi) \tag{4-36}$$

$$\Phi(a, \varphi) = \sqrt{\frac{2[V(a+b) - V(a\cos\varphi + b)]}{a^2\sin^2\varphi}}, \varphi \neq n\pi \quad (n = 0, \pm 1, \pm 2, \cdots) \tag{4-37}$$

$$\Phi(a, 0) = \sqrt{\frac{g(a+b)}{a}}, \Phi(a, \pi) = \sqrt{-\frac{g(a+b)}{a}} \tag{4-38}$$

则

$$\dot{x} = -a\Phi(a, \varphi(t))\sin\varphi(t) \tag{4-39}$$

当 $\varepsilon_0 = 1/m$ 时，式（4-22）的解可构造为如下形式：

$$x = a\cos\varphi + b + \varepsilon x_1(a) + \varepsilon^2 x_2(a) + \cdots \tag{4-40}$$

$$\dot{a} = \varepsilon A_1(a) + \varepsilon^2 A_2(a) + \cdots \tag{4-41}$$

$$\dot{\varphi} = \Phi_0(a, \varphi) + \varepsilon\Phi_1(a, \varphi) + \varepsilon^2\Phi_2(a, \varphi) + \cdots \tag{4-42}$$

式中：$\Phi_n(a, \varphi)(n = 0, 1, 2, \cdots)$ 是 φ 以 2π 为周期的函数；$\Phi_0(a, \varphi)$ 由式（4-37）与式（4-38）确定。

为了简化计算难度，在此只计算方程的一阶近似解，于是式（4-22）的解

可以表示为

$$x = a\cos\varphi + b + \varepsilon x_1(a) \tag{4-43}$$

$$\dot{a} = \varepsilon A_1(a) \tag{4-44}$$

$$\dot{\varphi} = \Phi_0(a,\varphi) + \varepsilon\Phi_1(a,\varphi) \tag{4-45}$$

式中：

$$x_1(a) = \frac{a\int_0^\pi \left[f_0(a,\theta) + A_1\left(2\Phi_0' + a\frac{\partial\Phi_0}{\partial a}\right)\sin\theta\right]\mathrm{d}\theta}{g(a+b) - g(-a+b)} \tag{4-46}$$

$$A_1(a) = \frac{-\int_0^{2\pi} f_0(a,\theta)\sin\theta\,\mathrm{d}\theta}{\int_0^{2\pi}(2\Phi_0 + a\frac{\partial\Phi_0}{\partial a})\,\sin^2\theta\,\mathrm{d}\theta} \tag{4-47}$$

$$x_1\left[g(a+b) - g(a\cos\varphi + b)\right]$$

$$\Phi_1(a,\varphi) = \frac{-a\int_0^\varphi \left[f_0(a,\theta) + A_1(2\Phi_0 + a\frac{\partial\Phi_0}{\partial a})\sin\theta\right]\sin\theta\,\mathrm{d}\theta}{a^2\Phi_0\sin^2\varphi} \tag{4-48}$$

式中：$f_0(a,\varphi) = f(a\cos\varphi + b, -a\Phi_0\sin\varphi)$，$a$ 和 b 的关系由式（4-34）给出。

将式（4-22）中的 $f(x,\dot{x})$ 以相角 φ 表示，当 $0 \leqslant \varphi \leqslant \varphi_1$ 时，有

$$f_b\left[a\cos\varphi + b + \varepsilon x_1(a)\right] = -F_{bmax}\left(\frac{a\cos\varphi + \delta - a}{\delta}\right) \tag{4-49}$$

当 $\varphi_1 \leqslant \varphi \leqslant \pi$ 时，有

$$f_b\left[a\cos\varphi + b + \varepsilon x_1(a)\right] = 0 \tag{4-50}$$

当 $\pi \leqslant \varphi \leqslant \pi + \varphi_1$ 时，有

$$f_b(a\cos\varphi + b + \varepsilon x_1(a)) = -F_{bmax}\left(\frac{a\cos\varphi - \delta + a}{\delta}\right) \tag{4-51}$$

当 $\pi + \varphi_1 \leqslant \varphi \leqslant 2\pi$ 时，有

$$f_b\left[a\cos\varphi + b + \varepsilon x_1(a)\right] = 0 \tag{4-52}$$

式中：$\varphi_1 = \arccos(1 - \delta/a)$。

摩擦力可以当 $\varphi_1 \leqslant \varphi \leqslant \pi$ 表示为

$$F_{f0}\mathrm{sign}(-a\Phi(a,\varphi)\sin\varphi) = F_{f0} \tag{4-53}$$

当 $\pi \leqslant \varphi \leqslant 2\pi$ 时，有

$$F_{f0}\mathrm{sign}(-a\Phi(a,\varphi)\sin\varphi) = -F_{f0} \tag{4-54}$$

而电磁阻尼力可以表示为

$$-ca\Phi(a,\varphi)\sin\varphi \tag{4-55}$$

将式（4-49）~式（4-54）代入式（4-47），可以得到系统振动幅值随时间的变化状态，之后将其代入式（4-44）可得：

$$\dot{a} = \frac{1}{m} \frac{-\int_0^{2\pi} f_0(a,\theta)\sin\theta \, \mathrm{d}\theta}{\int_0^{2\pi}\left(2\Phi_0 + a\frac{\partial\Phi_0}{\partial a}\right)\sin^2\theta \, \mathrm{d}\theta} \tag{4-56}$$

3. FPEG 系统非线性模型定常振幅及其稳定性

式（4-55）若是有意义，必须保证分母的值不等于零，即

$$R(a) = \int_0^{2\pi}\left(2\Phi_0 + a\frac{\partial\Phi_0}{\partial a}\right)\sin^2\theta \, \mathrm{d}\theta \neq 0 \tag{4-57}$$

引入记号 $a+b=\alpha \in (\alpha_1,\alpha_2)$，$-a+b=\beta \in (\beta_2,\beta_1)$，此时，$a=(\alpha-\beta)/2$，式（4-34）可写为 $V(\alpha)=V(\beta)$。把 β 看作 α 的函数，等式两边对 α 求导数并注意到条件式（4-30），有

$$\frac{\mathrm{d}\beta}{\mathrm{d}\alpha} = \frac{g(\alpha)}{g(\beta)} < 0, \quad \frac{\mathrm{d}a}{\mathrm{d}\alpha} = \frac{1}{2}\left[1 - \frac{g(\alpha)}{g(\beta)}\right] \tag{4-58}$$

则

$$R(a) = 2\int_0^{\pi}\left(2\Phi_0 + a\frac{\partial\Phi_0}{\partial a}\right)\sin^2\theta \, \mathrm{d}\theta = \left[\frac{\sqrt{2}}{a}\frac{\mathrm{d}}{\mathrm{d}\alpha}\int_\beta^\alpha \frac{g(\alpha)\mathrm{d}x}{\sqrt{V(\alpha)-V(x)}}\right]\frac{\mathrm{d}\alpha}{\mathrm{d}a} > 0 \tag{4-59}$$

所以，系统振幅随时间的变化趋势（正、负或零）完全由式（4-55）中的分子所决定。由图 4-8 显示的 $V(x)$ 的曲线是明显的偶函数曲线，由式（4-34）可得 $b=0$。再由 $V(x)=0$，得 $x=0$，因此 $\alpha_1=\beta_1=0$。另外，易知 $\alpha_2=L$，$\beta_2=-L$。由式（4-33）可得振幅 a 的取值范围为 $0<a<L$。

因此，双缸型 FPEG 系统运动组件的振幅在理论上可以无限小，但在实际运行过程中，系统振幅需要保证进气口有足够的开度以维持系统的连续运行。由式（4-55）的形式可知，振幅随时间的变化关系取决于循环内能量的输入与消耗。表征能量输入的燃烧爆发力与表征能量消耗的电磁阻力与摩擦阻力，循环内能量输入高于能量消耗时，$a>0$，系统振幅逐渐增大；循环内能量输入低于能量消耗时，$a<0$，系统振幅逐渐减小，但最终当能量输入与消耗达到平衡状态时，$a=0$，系统保持稳定的定常振动。在定常振幅 a_0 下，由式（4-43）和式（4-45）可得

$$x = a_0\cos\varphi + b_0 + \varepsilon x_1(a_0) \tag{4-60}$$

$$\dot{\varphi} = \Phi_0(a_0, \varphi) + \varepsilon\Phi_1(a_0, \varphi) \qquad (4-61)$$

由式（4-60）和式（4-61）可知，系统角频率不但是振幅 a_0 的函数，还是相角 φ 的函数，所以当 FPEG 系统处于定常振动时，其瞬时角频率与相角有关，并在运动组件往复运动的过程中不断变化。

4.1.4 双缸型 FPEG 系统定常振动可控边界参数识别分析

根据 FPEG 系统强非线性定性和定量理论分析结果，系统的可控边界参量主要分为两类：第一类是组成系统本身结构的设计参量；第二类是调节各种广义阻尼项 $c_G(x, \dot{x})$ 的运行参量。第一类可控边界参量主要包括运动组件质量、设计缸径和设计行程；第二类可控边界参量则比较复杂，包括与电机和负载相关的电磁阻尼系数，与燃烧相关的燃料类型、点火位置、进气压力、燃料特性（过量空气系数等）等相关参数。然而，与摩擦阻尼相关的量一般比较复杂，在此先不做考虑。

1. 数值模型实验验证

式（4-55）想要直接解出来是非常困难的，因此结合强非线性理论分析结果，采用式（4-14）的解析模型进一步分析相关可控边界参量对双缸型 FPEG 系统运行特性的具体影响结果。

图 4-9 所示为所用燃料为汽油时，双缸型 FPEG 系统数值模型计算数据与实验数据对比。当系统处于稳定燃烧状态时，两者的运行行程、峰值速度、运行频率十分接近，变化趋势也十分接近。主要差异来源于膨胀起始时刻和压缩止点

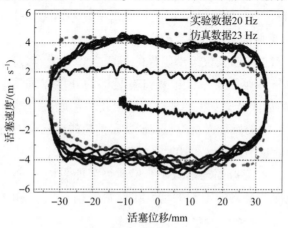

图 4-9 数值模型仿真结果与实验结果对比

时刻，这主要是数值模型中的能量起始位置与实验中点火位置设置不一致所导致
的，但在一定程度上，本章提到的数值模型能反映 FPEG 系统的运动特性。

2. 运动组件质量对双缸型 FPEG 系统动力学特性的影响

图 4 - 10 所示为运动组件质量对 FPEG 系统动力学特性的影响，图 4 - 10（a）
所示为不同运动组件质量下的运动组件速度—位移曲线，在同等能量输入条件
下，运动组件质量越大，其实际运行行程和运行压缩比越大，但峰值运行速度有
所降低。

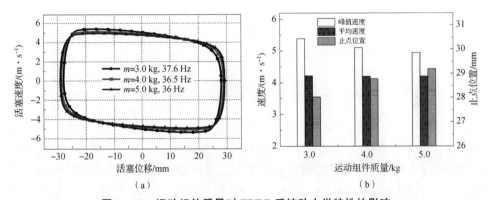

图 4 - 10 运动组件质量对 FPEG 系统动力学特性的影响

（a）速度—位移曲线；（b）峰值速度、平均速度与止点位置

图 4 - 10（b）所示的结果表明，当运动组件质量由 3.0 kg 增大到 5.0 kg
时，系统止点位置由 28.03 mm 增大到 29.19 mm，峰值运行速度由 5.38 m/s 降
低到 4.94 m/s，运行频率由 37.6 Hz 降低到 36.0 Hz，但运动组件的平均运行
速度几乎没有变化。因此，运动组件的质量对于止点位置的影响相对较大，在
不同的燃料类型下，可通过优化运动组件的质量使得该类型燃料运行在合适的
压缩比下。

3. 进气压力对双缸型 FPEG 系统动力学特性的影响

图 4 - 11 所示为进气压力对 FPEG 系统动力学特性的影响，在同等能量输入
的条件下，当进气压力由 $1.0p_0$ 增大到 $2.0p_0$ 时，系统止点位置由 29.19 mm 减小
到 28.03 mm，峰值运行速度由 4.74 m/s 增大到 5.08 m/s，运行频率由 36.0 Hz
增大到 38.0 Hz，运动组件的平均运行速度则由 4.20 m/s 增大到 4.26 m/s。所
以，当系统输入能量不发生变化时，无论是改变运动组件的质量还是改变进气压
力，都对运动组件的平均速度影响很小。

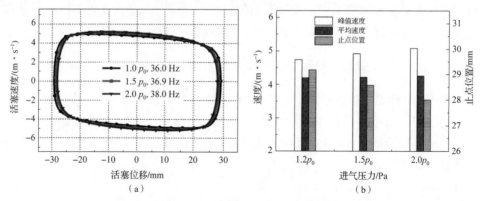

图 4 - 11　进气压力对 FPEG 系统动力学特性的影响

（a）速度—位移曲线；（b）峰值速度、平均速度与止点位置

4. 循环输入能量对双缸型 FPEG 系统动力学特性的影响

图 4 - 12 所示为循环输入能量对 FPEG 系统动力学特性的影响，循环输入能量越高，其实际运行行程和运行压缩比越大，峰值运行速度明显增大。当循环输入能量由 $0.8E_{in}$ 增大为 $1.2E_{in}$ 时，系统止点位置由 28.36 mm 增大到 29.6 mm，峰值运行速度由 3.95 m/s 增大到 5.55 m/s，运行频率由 29.6 Hz 增大为 42.9 Hz，循环输入能量的改变对系统平均运行速度有着明显的影响，由 3.36 m/s 增大到 5.08 m/s。

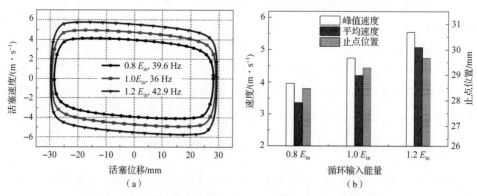

图 4 - 12　循环输入能量对 FPEG 系统动力学特性的影响

（a）速度—位移曲线；（b）峰值速度、平均速度与止点位置

5. 电磁阻尼系数对双缸型 FPEG 系统动力学特性的影响

图 4 - 13 所示为电磁阻尼系数对 FPEG 系统动力学特性的影响，运行行程和

运行压缩比随着电磁阻尼系数的增大而减小。当电磁阻尼系数由 $0.8c_0$ 增大到 $1.2c_0$ 时，系统止点位置由 29.68 mm 减小为 28.44 mm，峰值运行速度由 5.72 m/s 减小为 4.11 m/s，运行频率由 44.5 Hz 减小为 30.8 Hz，运动组件的平均运行速度也从 5.28 m/s 减小到 3.50 m/s，电磁阻尼系数对系统运行特性的影响也是十分关键的，因此表征广义阻尼项的影响参量对系统运行特性有着决定性的影响。

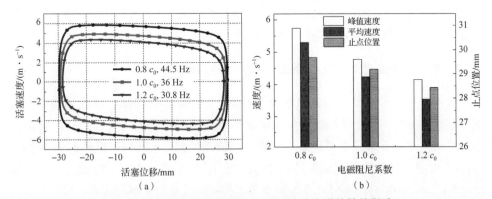

图 4 - 13　电磁阻尼系数对 FPEG 系统动力学特性的影响
（a）速度—位移曲线；（b）峰值速度、平均速度与止点位置图

双缸型 FPEG 系统可控边界参量主要是组成系统本身结构的设计参量和与广义阻尼项相关的运行参量。系统定常振动时，动子组件的质量增加将增大系统实际运行行程及运行压缩比，但系统峰值运行速度及运行频率将会减小；提高进气压力有利于增加系统峰值速度及运行频率；系统循环输入能量和电磁阻尼系数将直接决定系统的动力学特性。

4.2　FPEG 系统动态失稳机理及稳定性优化方法研究

基于多场耦合模型，得到了系统的失稳临界和关键设计及运行参数对系统的影响规律，但多循环、多参数的动态扰动所引起的系统失稳机理目前尚不清晰。本章基于双缸型 FPEG 系统稳定发电模型，研究能量循环变动及能量输入不平衡对 FPEG 系统动力学特性和性能稳定性的影响规律，明确了 FPEG 系统动态失稳机理，提出了双缸型 FPEG 系统动力学稳定性和性能稳定性分层评价指标，并探索了系统不同阶层稳定性对相关可控边界参数的要求范围，最后，提出速度—位移综合控制点火策略提升系统的动力学稳定性。

4.2.1　燃烧循环波动对 FPEG 系统稳定性的影响研究

相比于传统内燃机，自由活塞式发动机的稳定燃烧是一个巨大的挑战，其运行特性和性能状态都极易受到外界因素的影响。外部条件的不一致和控制系统的误差必然带来系统动态失稳的问题，前、后循环的循环间差异成为影响 FPEG 系统性能的关键性原因之一，而对于双缸型 FPEG 系统，循环内左、右两个气缸的能量输入不一致也必会导致左、右两个气缸性能的差异。

1. 单次燃烧波动对 FPEG 系统运行特性的影响

图 4-14 所示为单次燃烧异常时，FPEG 系统运动组件的位移变化曲线。结果显示，当 FPEG 系统两侧缸内发生单次小幅度扰动时，燃烧波动会导致自由活塞式发动机在接下来几个循环止点位置发生波动。但是，在发生扰动 3～4 个循环后，FPEG 系统就能恢复到原来的稳定运行状态，不过当单次扰动幅度过大时（波动程度达到 −57% 时），FPEG 系统将会发生失火，这是由于单次扰动幅度过大导致本循环能量输入过低，系统输入能量无法克服电磁阻力与摩擦力推动运动组件到达另外一侧的点火位置，进而 FPEG 系统彻底停机。因此，双缸型 FPEG 系统具有很强的抵抗单次小幅度燃烧波动的能力，但单次燃烧波动过大会导致系统停机。

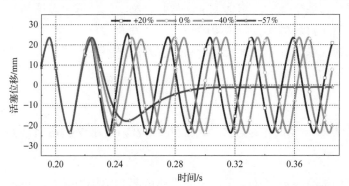

图 4-14　单次燃烧波动下 FPEG 系统运动组件的位移变化曲线

2. 持续性燃烧波动对 FPEG 系统运行特性的影响

图 4-15 所示为持续性燃烧异常对双缸型 FPEG 系统运行速度和位移的影响，持续性的燃烧，在异常本质上就是持续性的系统输入能量异常，而能量输入减少带来的最直接的影响就是 FPEG 系统运动组件有效行程的减小和峰值速度的

降低，但持续性燃烧波动对系统运行连续性的影响较小。结果显示，在没有发生失火的情况下，即便燃烧波动达到 −40% 的情况，FPEG 系统依然能够稳定运行，但此时有效行程从 47.3 mm 降到 38.2 mm，最大运行速度从 4.7 m/s 降到 2.9 m/s。

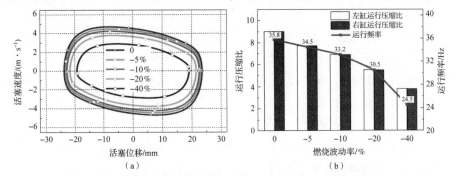

图 4 – 15　持续性燃烧波动对双缸型 FPEG 系统动力学特性的影响

（a）速度—位移曲线；（b）运行压缩比和运行频率

图 4 – 15（b）所示为持续性燃烧异常对双缸型 FPEG 系统运行压缩比和运行频率的影响。在理想状况下，左、右两个气缸内燃烧波动在系统再次回到稳定运行状态后可以保持相同。在同样的燃烧异常状况下，FPEG 系统左、右两个气缸运行压缩比保持一致。当燃烧波动幅度增大时，运行压缩比逐渐减小，运行频率逐渐降低，当波动幅度达到 −40% 时，运行频率从 35.8 Hz 降低到 24.5 Hz。

图 4 – 16（a）所示为持续性燃烧波动下对双缸型 FPEG 系统自由活塞式发动机 p–V 图。结果显示，随着燃烧异常波动的增大，气缸内气体爆发压力逐渐减小，当波动幅度达到 −40% 时，气缸内峰值压力从 55.7 bar 降低到 22.7 bar。

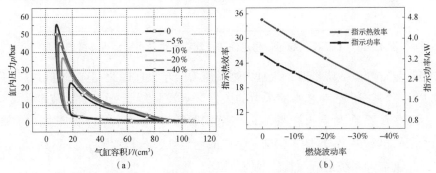

图 4 – 16　持续性燃烧波动下对双缸型 FPEG 系统自由活塞式发动机性能影响

（a）p—V 曲线；（b）指示热效率和指示功率

图 4 – 16（b）所示为持续性燃烧波动对 FPEG 系统性能参数的影响。持续性燃烧波动会严重降低 FPEG 系统性能参数，系统指示热效率显著降低，从

34.6% 降低到 16.9%，单缸指示功率从 3.4 kW 降低到 1.1 kW。当仅有 -5% 的燃烧异常波动时，指示热效率从 34.6% 降低到 32.1%，指示功率从 3.4 kW 降低到 3.0 kW，这样的性能波动处于可以接受的范围。性能稳定性是 FPEG 系统控制未来追求的主要目标，现阶段运行稳定性的要求是相对更低层级的控制要求。

在设计参数一定时，FPEG 系统运行参数将会对系统的动力学特性和性能参数有着决定性的影响。虽然上述结果表明双缸型 FPEG 系统在不失火的情况下具备一定的抗干扰特性，但是持续性的燃烧异常波动会严重降低 FPEG 系统的性能。图 4 - 17 反映了 FPEG 系统运行稳定性和性能稳定性对关键运行参数的要求。结果表明，点火位置和过量空气系数决定了循环内系统运行压缩比。在实际的运行过程中，很难保证每一循环系统都拥有同样的运行压缩比，因此让运行压缩比始终运行在可接受的范围内是一个更合理的选择。

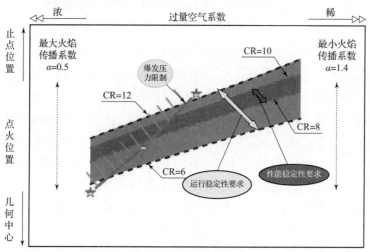

图 4 - 17 FPEG 系统运行稳定性和性能稳定性对关键运行参数的要求

当过量空气系数降低时，气缸内爆发压力会增大，因此在选择过量空气系数和点火位置时，还要考虑爆发压力的限制。当可接受运行压缩比范围为 8 ~ 10 时，过量空气系数和点火位置的取值范围被限制在一个很小的范围内，此时 FPEG 系统能够在一定程度上保证其性能的稳定性。若只考虑系统运行的稳定性，则可以显著扩大系统运行参数的取值范围。

4.2.2 能量输入不平衡对 FPEG 系统稳定性的影响研究

对于双缸型 FPEG 系统，除了循环间燃烧差异，另外一个重要的差异就是缸间差异。在之前的实验研究的实验结果表明，系统的缸间差异是常态现象，但两缸间的差异对系统动力学稳定性和性能参数的影响还需要进一步分析。

1. 单次能量输入不平衡对 FPEG 系统运行特性的影响

图 4 - 18 所示为单次能量输入不平衡对 FPEG 系统运行特性的影响。结果显示，当两个气缸能量输入差异达到 −57% 时，气缸内燃烧为系统循环输入的能量不足以推动运动组件克服电磁阻力和摩擦阻力到达另一侧点火位置，系统失火停机。而在不发生失火的情况下，单次能量输入不平衡对 FPEG 系统稳定运行的影响并不明显，在发生波动后的 2~3 个运行循环，系统再次恢复到此前的稳定运行循环。

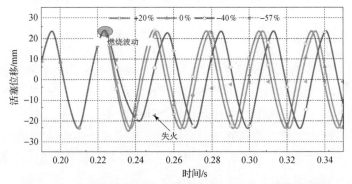

图 4 - 18　单次能量输入不平衡对 FPEG 系统运行特性的影响

图 4 - 19 和图 4 - 20 所示为单次能量输入不平衡下左缸和右缸内爆发压力的变化。在发生异常的最初的几个循环内，气缸内压力变化较为明显，但 3~4 个运行循环过后，气缸内压力就能恢复到最初的稳定状态。系统单次输入能量不平衡程度在不足以影响点火信号触发的情况下，FPEG 系统都能够短时间内重新恢复稳定运行状态。

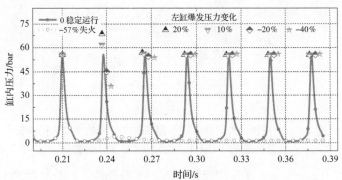

图 4 - 19　单次能量输入不平衡下左缸内爆发压力的变化

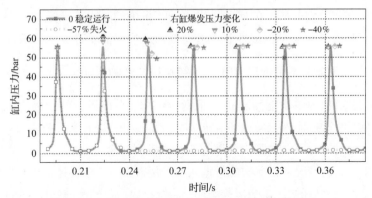

图 4 - 20　单次能量输入不平衡下右缸内爆发压力的变化

2. 持续性能量输入不平衡对 FPEG 系统运行特性的影响

当出现持续性输入能量不平衡时，左、右两个气缸内的峰值压力的变化如图 4 - 21 所示。当单侧气缸能量输入减小程度不足以引起失火时，FPEG 系统在经过数个循环后左、右两个气缸恢复稳定的运行状态。但是，系统在恢复稳定运行后，左、右两个气缸内的峰值压力均减小，并且两个气缸爆发压力不再保持相同，随着两个气缸能量不平衡程度的增大，FPEG 系统恢复稳定后，两个气缸内的爆发压力差距逐渐增大。

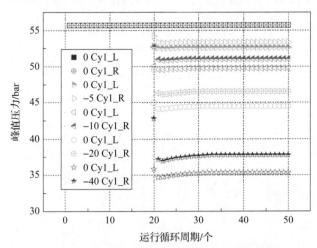

图 4 - 21　持续性能量输入不平衡下 FPEG 系统气缸内的峰值
压力变化（Cyl_L：左缸；Cyl_R：右缸）

图 4 - 22（a）所示为在连续能量输入不平衡条件下的双缸型 FPEG 系统的速度—位移曲线。结果显示，当一侧气缸出现持续性能量输入减小时，系统的几何

运动中心将会发生偏移，并且偏移方向为发生输入能量波动的气缸，并且随着两侧输入能量差异程度的增加，中心位置偏移量逐渐增大，随着能量输入不平衡程度的增大，左缸止点位置从 −23.7 mm 增加到 −19.9 mm。相比之下，右缸止点位置的改变要小很多。图 4 − 22（b）所示为运行压缩比和运行频率的变化，左缸的运行压缩比随着能量输入不平衡程度的增加由 9 降低到 4.2，右缸则从 9 减小到 8，系统运行频率从 35.8 Hz 降低到 29.8 Hz。

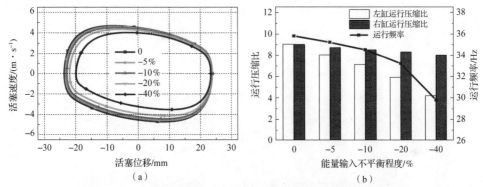

**图 4 − 22　在连续能量输入不平衡条件下的双缸型 FPEG 系统的
速度—位移曲线及运行压缩比和运行频率的变化**

（a）速度—位移曲线；（b）运行压缩比和运行频率

图 4 − 23 所示为持续性能量输入不平衡条件下的双缸型 FPEG 系统的 $p − V$ 曲线。对于左缸来说，右缸出现了能量输入减小的情况后，且运动组件向左运行时，压缩到点火位置的运行速度将会随着右缸能量输入的减小而减小，所以点火后运动组件更快到达止点，系统更早进入膨胀冲程，气缸内峰值压力也较低。对于右缸，由于左缸输入能量并没有变化，所以运动组件向右运行时，压缩能到达

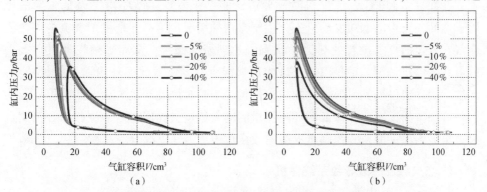

图 4 − 23　持续性能量输入不平衡条件下的双缸型 FPEG 系统的 $p − V$ 曲线

（a）左缸；（b）右缸

的止点位置并不会随着右缸输入能量的减小而发生大的变化。右缸内峰值压力的降低主要是由于燃料释放能量减小导致的。

图 4 – 24 所示为持续性能量输入不平衡对 FPEG 系统性能的影响。结果显示，系统指示热效率和指示功率均随着能量输入不平衡程度的增加而显著降低，并且两个气缸性能参数差异逐渐增大。当能量输入不平衡程度为 – 40% 时，右缸指示热效率从 34.6% 下降到 19.8%，左缸指示热效率从 34.6% 下降到 30.3%；并且左缸的指示功率从 3.4 kW 降低到 2.5 kW，左缸的指示功率从 3.4 kW 降低到 1.6 kW。

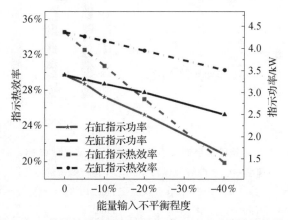

图 4 – 24　持续性能量输入不平衡对 FPEG 系统性能的影响

4.2.3　速度—位移综合控制点火策略研究

在双缸型 FPEG 系统停机时，分析试验结果发现，循环内失火是主要的原因。然而，自由活塞式发动机失火主要有两种情况：第一种是由于气缸内可燃混合气在预设的点火位置处热力学状态未达到着火条件，从而导致发动机点火失败、系统停机；第二种是由于气缸内可燃混合气异常导致循环内输入能量减少，无法将运动组件推到另外一侧的点火位置，于是对侧发动机失火，系统停机。为了降低系统失火频率，保证循环内能量的输入稳定，提出速度—位移综合控制点火策略，由单一的位置控制点火触发改变为位置—速度综合控制策略。

1. 点火触发失败导致系统停机

图 4 – 25 所示为点火触发失败导致的双缸型 FPEG 系统停机。在这种情况下，运动组件虽然能够到达预设的点火位置，并触发点火信号，但在预设点火位

置处的气缸内，可燃混合气的热力学状态并未达到着火条件，此时由于在点火位置处未发生着火，如果不采取进一步的辅助点火控制策略，本循环内循环输入能量为零，系统停机则无法避免。

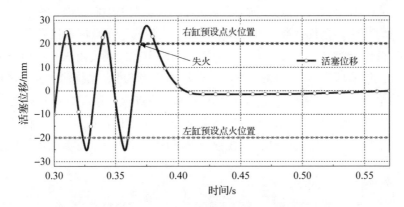

图 4 – 25　点火触发失败导致的 FPEG 系统停机

　　此时，由于在预设的点火位置处未发生点火，所以气缸内压力相比于稳定循环要低很多，所以运动组件的止点位置相比正常运行要更大一些，气缸内可燃混合气进一步压缩，其热力学状态达到着火条件的可能性有所增加。因此，综合运动组件的位移、速度提出速度—位移综合控制点火策略，辅助 FPEG 系统在运动组件速度为零时再一次触发点火，提高本循环缸内可燃混合气着火概率，降低系统停机频率。

　　图 4 – 26 展示了采用速度—位移综合控制点火策略下的运动组件位移变化，采用速度—位移综合点火策略时，在点火位置处由于点火未完成，导致在止点位置处（运动组件运行速度为零处）气缸内压力明显过低。在检测到点火失败后，

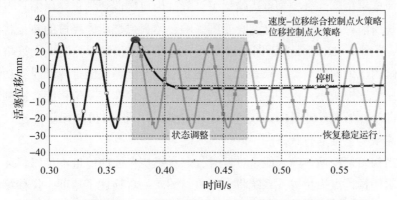

图 4 – 26　采用速度—位移综合控制点火策略下的运动组件位移变化

在运动组件速度换向时，再一次触发点火信号，引燃气缸内可燃混合气，经过一段时间的状态调整，FPEG 系统重新恢复稳定运行。FPEG 系统可以避免由于点火位置处点火触发失败造成的系统停机。

图 4-27 所示为两种点火控制策略下对点火触发失败状况时的左、右两个气缸内的压力变化。在仅位移控制点火策略下，右缸压缩止点压力仅有不到 15 bar，速度—位移综合控制点火策略下，在速度换向时再一次触发点火，缸内压力因此迅速上升，峰值压力达到 6 bar，此时由燃料燃烧为 FPEG 系统输入的能量足以将运动组件推动至对侧点火位置，触发下一循环的点火，系统获得持续的能量输入，降低系统停机频率。在速度—位移综合控制点火策略下，左、右两个气缸内压力都会出现一定程度的波动，但在数个循环后，气缸内压力都能重新恢复正常状态。

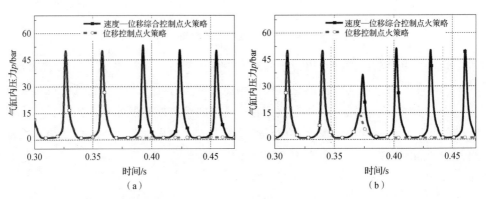

图 4-27 两种点火控制策略下对点火触发失败状况时的左、右两个气缸内的压力变化
(a) 左缸；(b) 右缸

在速度—位移综合控制点火策略下，气缸内可燃混合气将在压缩止点进行燃烧，燃烧所能释放的能量则必然会受到影响，燃料燃烧所能释放的热量将很难达到 100%。图 4-28 所示为不同能量输入对速度—位移综合控制点火策略下初始循环气缸内压力的影响。结果表明，当燃料燃烧所能释放能量降低时，初始循环气缸内压力逐渐减小。图 4-29 所示的结果表明，在速度—位移综合控制点火策略下，即使初始循环能量输入仅达到正常状态的一半，FPEG 系统在经过状态调整后仍能恢复正常运行状态。

但当初始调控循环输入能量过低时，燃料燃烧释放的能量不足以将运动组件推动到对侧预设点火位置，系统将会停机。图 4-30 描述了速度—位移综合控制点火策略下由于输入能量过小导致的系统停机情况。

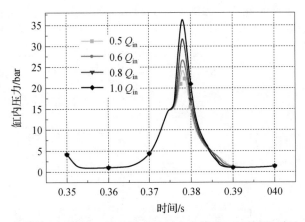

图 4 - 28　不同能量输入对速度—位移综合控制点火策略下初始循环气缸内压力的影响

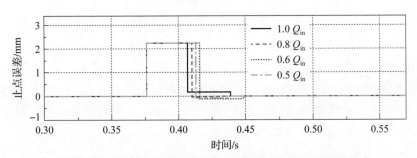

图 4 - 29　速度—位移综合控制点火策略下止点位置的误差

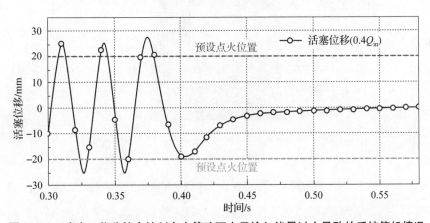

图 4 - 30　速度—位移综合控制点火策略下由于输入能量过小导致的系统停机情况

2. 循环能量输入异常导致系统停机

在 FPEG 系统运行过程中，气缸内可燃混合气的状况不佳导致系统循环输入能量减小是十分常见的现象，如图 4 - 31 所示，系统由于失火导致循环内能量输入为零，最终停机。

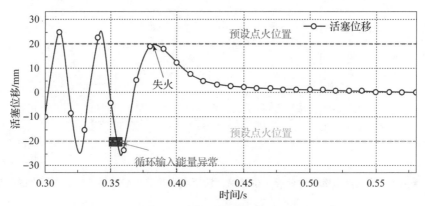

图 4 - 31 循环输入能量异常导致的 FPEG 系统停机

图 4 - 32 展示了采用速度—位移综合控制点火策略下的运动组件位移。在采用速度—位移综合点火策略时，在运动组件速度换向时，再一次触发点火信号，使得本循环内能量输入不再为零，运动在气缸内爆发压力的推动下成功到达另外一侧点火位置，并且系统经过一段时间的状态调整，能够重新恢复稳定运行。

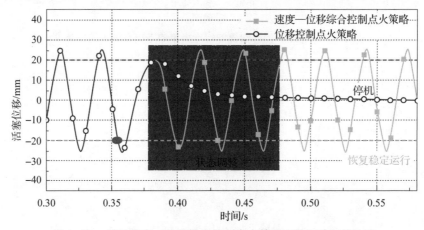

图 4 - 32 采用速度—位移综合控制点火策略下的运动组件位移

图 4 - 33 所示为两种点火控制策略下对循环能量输入异常时的左、右两个气缸内的压力变化。在仅位移控制点火策略下，右缸压缩止点压力仅有 5 bar 左右。采用速度—位移点火策略，在速度换向时再一次触发点火，气缸内压力因此上升，峰值压力达到 26 bar。此时，为 FPEG 系统输入的能量足以将运动组件推动至对侧点火位置，触发下一循环的点火，因此系统能够获得持续的能量输入，降

低系统停机频率。在速度—位移综合控制点火策略下，左、右两个气缸内压力都会出现一定程度的波动，但在数个循环后，气缸内压力能够重新恢复正常状态。

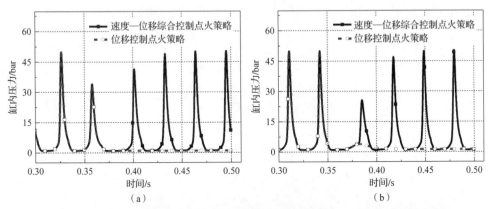

图 4 - 33　速度—位移综合控制点火策略解决循环能量输入异常导致系统停机
（a）左缸；（b）右缸

因此，无论是点火触发失败导致系统停机还是循环能量输入异常导致的系统停机，采用速度—位移综合点火控制策略都能在一定程度降低系统停机频率。

4.3　FPEG 系统工作过程的稳定性实验研究

FPEG 系统工作过程主要包括冷起动过程、稳定发电过程以及二者中间的切换过程。本章在搭建的双缸型点燃式 FPEG 物理样机和测控平台上，开展了 FPEG 系统各工作过程的实验研究，分析了冷起动过程着火条件以及冷起动过程失稳因素，对比分析了拖动燃烧过程和稳定发电过程动力学稳定性和气缸内燃烧过程稳定性的差异。针对双缸型 FPEG 系统的特殊结构，开展左、右两个气缸能量输入不平衡下的试验研究并对实验结果进行分析，实验探索双缸型 FPEG 系统单缸工作模式，并研究单缸工作模式下系统的动力学稳定性和气缸内燃烧过程的稳定性。

4.3.1　FPEG 系统冷起动过程着火稳定性实验研究

1. FPEG 系统起动控制策略

由于 FPEG 系统的直线运动特性使其起动过程依赖于直线电机或者是外部推

力机构进行辅助起动,并且系统冷起动阶段发动机壁温较低、油气混合过程不充分,导致很多物理样机都无法实现正常的冷起动过程。出于系统紧凑性和高能量密度的设计要求,采用直线电机辅助系统完成冷起动过程。

直线电机在三相静止坐标系下的电压方程如下:

$$\begin{cases} u_a = r_s i_a + L_s \dfrac{di_a}{dt} + e_a \\[2mm] u_b = r_s i_b + L_s \dfrac{di_b}{dt} + e_b \\[2mm] u_c = r_s i_c + L_s \dfrac{di_c}{dt} + e_c \end{cases} \tag{4-62}$$

式中:r_s 为每相绕组的相电阻;L_s 为每相绕组的相电感;e_a、e_b 和 e_c 为每相绕组的反电动势,与磁链、动子运动速度和动子位置有关,其数学表达式如下:

$$\begin{cases} e_a = -\Psi_f \dfrac{\pi v}{\tau_m} \cos(\theta + \theta_0) \\[2mm] e_b = -\Psi_f \dfrac{\pi v}{\tau_m} \cos\left(\theta - \dfrac{2\pi}{3} + \theta_0\right) \\[2mm] e_c = -\Psi_f \dfrac{\pi v}{\tau_m} \cos\left(\theta + \dfrac{2\pi}{3} + \theta_0\right) \end{cases} \tag{4-63}$$

式中:Ψ_f 为永磁体磁链幅值;v 为直线电机动子运动速度;τ_m 为直线电机的极距;θ 为等效旋转角位置;θ_0 为动子初始位置对应的旋转角位置。

由直线电机与旋转电机之间的位移换算关系可知,直线电机动子位移 x 和等效旋转角位置之间满足:

$$\frac{x}{2p_m \tau} = \frac{\theta r}{2p_m \pi r} \tag{4-64}$$

则

$$x = \frac{\theta r}{\pi} \tag{4-65}$$

式中:p_m 为直线电机的极对数。

直线电机朝某一个方向运行通过了 p_m 对永磁体极距的位移,即等于旋转电机转动一圈扫过 p_m 对永磁体,因此,二者之间的速度转换关系为

$$v = \frac{\omega r}{\pi} \tag{4-66}$$

根据电流建模数学模型,直线电机的推力表达式为

$$F_e = \frac{3}{2}\frac{\pi}{\tau}(\Psi_d i_q - \Psi_q i_d) \tag{4-67}$$

电流内环采用励磁分量控制策略，即 $i_d = 0$，此时直线电机的电磁推力 F_e 的表达式为

$$F_e = \frac{3}{2}\frac{\pi}{\tau}\Psi_d i_q = k_f i_q \qquad (4-68)$$

式中：k_f 为电机的电磁推力系数。

所以，直线电机的运动控制关键在于对电流 i_q 的控制，分析不同起动控制策略下对 i_q 的要求：根据起动过程控制目标，FPEG 系统起动方式主要有两种：一种是预设运行轨迹的定轨迹起动；另一种是预设推力的定推力起动，一般称为振荡起动控制策略。

（1）定轨迹起动控制策略。

当 FPEG 系统采用定轨迹起动时，需要提前设置好起动过程的运行轨迹。在起动过程中，每个循环运动组件的运行轨迹均保持相同，压缩止点的位置也保持一致，每个循环缸内可燃混合气的压缩比均相同，并且系统运行频率也由预设轨迹确定。因此，根据直线电机电动控制原理，在整个起动过程中，直线电机控制系统需要实时判断电机动子的实际运行位置和运行速度，并且与预设轨迹作对比。根据位移误差不断实时调整控制电流，才能完成 FPEG 系统定轨迹的冷起动过程。

（2）定推力起动控制策略。

定推力起动控制策略也被称作振荡起动控制策略，直线电机以电机工作模式运行时，根据动子运动速度方向，以与运动组件运动速度方向相同的电机推力拖动活塞组件压缩缸内可燃混合气，直至动子组件运行速度为零后，电机推力反向并拖动运动组件向另一侧运行，如此直线往复运动，不断压缩两侧气缸内可燃混合气，直到气缸内可燃混合气达到可以着火的状态。

根据直线电机电动控制原理，采用定推力起动控制策略时，保持电机推力恒定就是控制电机定子线圈中的电流 i_q 恒定，并且电机内部线圈中的电流反向时，电机推力也随之反向。相比于定轨迹起动控制策略，定推力起动控制策略更为简单有效，因此选择定推力起动控制策略作为 FPEG 系统冷起动过程的控制策略。

2. 定推力起动策略下 FEPG 系统振荡过程实验结果

在冷起动过程中，通过改变输入电流来改变直线电机输出的恒定大小的推力，为了保护电机，通常对能通过电机的电流最大值 $i_{q\,max}$ 进行限制。实验结果显示，当起动电流设置为 $i_q = 15\% \, i_{q\,max}$ 时，直线电机能克服 FPEG 系统最大静摩擦阻力开始往复直线运动，并且经过数个循环达到稳定状态。

图 4-34 所示为不同起动推力下的双缸型 FPEG 系统压缩止点位置和缸压峰

值。结果显示，当起动电流 $i_q = 15\% i_{q\max}$ 增大到 $i_q = 21\% i_{q\max}$ 后，系统压缩止点位置和缸压峰值均逐渐增大。其中，止点位置从 16.1 mm 增大到 26.0 mm，峰值压力从 2.4 bar 增大到 7.5 bar。

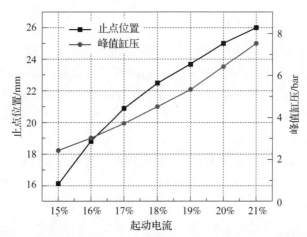

图 4 - 34　不同起动推力下的双缸型 FPEG 系统压缩止点位置和缸压峰值

图 4 - 35 所示为不同起动推力下 FPEG 系统运行频率，当起动电流从 $i_q = 15\% i_{q\max}$ 增大到 $i_q = 21\% i_{q\max}$ 后，系统运行频率从 7.7 Hz 增大到 12.4 Hz。

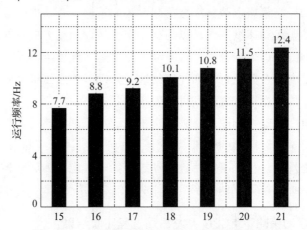

图 4 - 35　不同起动推力下 FPEG 系统运行频率

3. FEPG 系统冷起动着火过程稳定性分析

FPEG 系统冷起动的目的是两侧缸内实现连续、稳定的着火过程，在之前诸多的研究文献中，通常将振荡压缩过程终了的压力作为冷起动成功的判断条件，但没有更加深入分析系统冷起动过程连续、稳定着火的条件。图 4 - 36 所示为不同起动压力下，双缸型 FPEG 系统首循环着火后的气缸内压力变化情况。在之前课题组研究的基础上，试验中首次对低压冷起动着火进行了研究。结果显示，当振荡压缩过程压缩终了压力为 4 bar 时，系统成功实现着火，着火后，气缸内峰值压力达到 16.2 bar。低压条件实现系统冷起动着火具有重要意义，大大降低了 FPEG 系统对直线电机子系统电动工作模式下推力的要求。

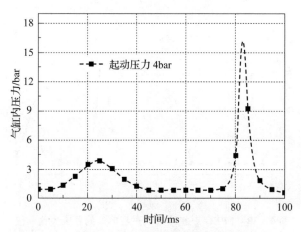

图 4 - 36　FPEG 系统冷起动低压着火后的压力变化

当振动压缩过程压缩终了压力增大时，首循环着火后气缸内峰值压力随之增大，如图 4 - 37 所示，当起动压力为 11 bar 时，首循环着火后气缸内压力峰值为 26.1 bar，当起动压力达到 14 bar 时，首循环着火后气缸内压力峰值为 35.9 bar。

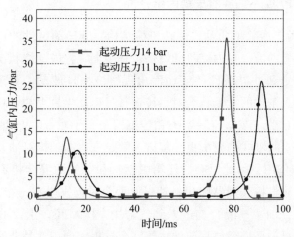

图 4 - 37　系统不同起动压力下着火后的气缸内峰值压力曲线

实现着火只是冷起动过程的第一步，图 4 – 38 显示了 FPEG 系统冷起动过程典型的着火失稳曲线，左缸在成功实现首循环点火后，右缸和左缸在下一循环均未发生着火。因此，仅仅依靠振荡过程压缩终了气缸内压力无法保证系统实现冷起动过程中连续、稳定的着火过程，单侧气缸的着火更不意味着冷起动过程的完成，双缸型 FPEG 系统冷起动过程失稳机理目前需要更加深入的研究。

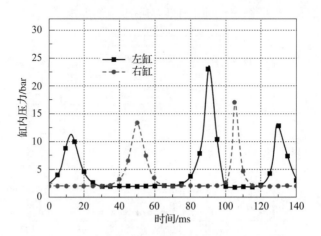

图 4 – 38　FPEG 系统冷起动过程典型的着火失稳曲线

4.3.2　双缸型 FPEG 系统实验失稳因素分析及稳定性评价指标

1. 双缸型 FPEG 系统实验失稳因素分析

FPEG 系统由于摒除了曲轴式旋转机械结构，其运动组件的运动完全取决于作用于运动组件上的力，在内燃机的燃烧过程中，气缸内燃烧状况十分复杂且不易预估，极容易受到外界条件的变动而出现燃烧循环波动。对于 FPEG 系统来说，外界能量输入条件的扰动将会对系统运行过程产生更大的影响。

图 4 – 39 所示为 FPEG 控制系统和传感器布置示意。双缸型 FPEG 系统油、气混合过程相比于曲轴式内燃机更加复杂，缺乏变容曲轴箱对油、气混合的"搅拌"和"挤压"作用，因此恒容扫气箱中燃料和空气的混合将不如传统内燃机那样充分。汽油从电控喷油器喷出，油、气混合过程发生在一个密闭的容器内，在进气口打开后，油、气混合物进入到气缸中，压缩并在预设的点火位置被点燃。因此，确保每循环进气过程与油、气混合过程完全一致是非常困难的，外部条件的变动是双缸型 FPEG 系统燃烧循环波动和气缸间燃烧差异最重要的因素。

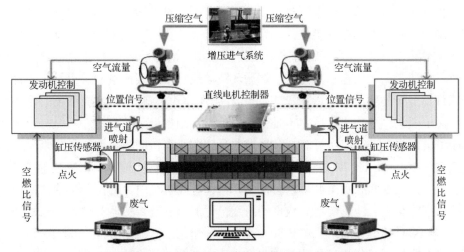

图 4 – 39　FPEG 控制系统和传感器布置示意

2. FPEG 系统稳定性评价指标

在传统内燃机对燃烧稳定性的研究中，内燃机循环运行稳定性一般以循环变动参数来进行评价。主要有与缸内压力值相关、与燃烧放热计算值相关和与火焰传播过程相关三种。燃烧循环变动表征参数分类如表 4 – 1 所示。

表 4 – 1　燃烧循环变动表征参数分类

类别	表征参数
与气缸内压力有关参数	峰值压力 p_{max} 峰值压力位置 φp_{max} 最大压力升高率 $(dp/d\varphi)_{max}$ 最大压力升高率位置 $\varphi(dp/d\varphi)_{max}$ 平均指示压力 p_{mi}
与燃烧放热率有关参数	最大放热率 $(dQ/d\varphi)_{max}$ 火焰发展角 $\Delta\varphi_d$ 速燃角 $\Delta\varphi_b$
与火焰前锋位置有关参数	火焰半径 r_f 火焰前锋面积 S_f 已燃和未燃火焰随时间变化曲线 火焰达到指定位置所需时间 t_f

根据实验室设备及数据测量精度，需要选择合适的表征参数来评价 FPEG 系统的动力学稳定性和循环燃烧波动情况。止点位置与压缩比的循环变动是 FPEG 系统"自由"特性的最明显的体现，其循环波动情况是最佳的动力学稳定性评价指标。通常，平均指示压力是燃烧循环波动最常用的表征参数，由特定的计算公式计算多个循环下平均指示压力的变动系数 COV_{imep} 来表征燃烧系统的循环波动情况。但是，平均指示压力不是直接用传感器测量得到的数据，而是需要使用测得的缸压数据进行二次计算，计算误差受到上止点精度的影响。上止点位置误差变动一度将会给计算结果带来 15% 以上的相对误差，而对于双缸型 FPEG 系统，上止点位置几乎每个循环都会发生变化，直线电机内置的位移传感器测得的位置数据将会极大地影响计算数据的精度，再加上缸压传感器与位置传感器的同步误差，将会使得计算结果可信度大大降低。相比之下，由 Kistler 6052C 系列缸压传感器直接测得的缸压峰值精度很高，不需要经过再一次的计算，能更加准确地显示 FPEG 系统燃烧过程循环变动情况，而最大爆发压力对应的位置对于双缸型 FPEG 系统来说也非常重要，火焰的形成和发展过程会影响缸压峰值出现的位置。

峰值压力变动系数 COV 表示为

$$COV_{pmax} = \frac{\sigma_{pmax}}{\overline{p_{max}}} \qquad (4-69)$$

式中：$\overline{p_{max}}$ 为连续循环内峰值压力的平均值；σ_{pmax} 表示峰值压力的标准差，可定义为

$$\sigma_{pmax} = \sqrt{\frac{\sum_{i=1}^{N}(p_{max(i)} - \overline{p_{max}})^2}{N}} \qquad (4-70)$$

式中：N 为循环数。

4.3.3 FPEG 系统拖动燃烧过程实验研究

1. FPEG 系统拖动燃烧过程实验结果

对于双缸型 FPEG 系统，冷起动过程的完成需要左、右两个气缸实现连续、稳定的着火过程。在冷起动着火初期，由于运行频率的突然改变，造成进气的波动，着火过程既不连续也不稳定。所以，在系统稳定发电过程之前，先不完全撤去电机力，而是在点火成功的情况下，使用电机继续向运动组件提供与运动方向相同的力，此过程称为电机拖动燃烧过程。在 FPEG 系统拖动燃烧过程中，直线

电机依然向系统提供能量，从提高系统能量转换效率的角度考虑，拖动燃烧过程持续时间应该尽可能减少，拖动燃烧过程稳定性的实验研究，对于冷起动过程的优化和设置更加合理的切换策略都具有重要的意义。

图 4-40 所示为双缸型 FPEG 系统拖动燃烧过程连续 50 个运行循环气缸内压力的变化情况。最高压力峰值达到 38.7 bar，最低压力峰值为 14.6 bar。拖动燃烧过程中可以明显观察到在若干运行循环出现气缸内失火现象，自由活塞内燃机在失火后气缸内气体压力到达下一次峰值所经历的时间明显变长。

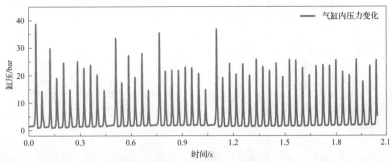

图 4-40　双缸型 FPEG 系统拖动燃烧过程连续 50 个运行循环气缸内压力的变化情况

2. FPEG 系统拖动燃烧过程稳定性实验研究

根据拖动燃烧过程阶段连续 50 个循环下的缸压和位移数据，计算得到如图 4-41 所示的 FPEG 系统拖动燃烧过程动力学稳定性结果，上止点位置和压缩比的循环波动充分体现了自由活塞内燃机运行的"自由"特性。在直线电机的持续性的推力下，即使是在气缸内失火的运行循环，系统上止点位置波动量也并不是很大，运动组件每一运行循环的上止点位置均出现在 33 mm 左右，经过计算，压缩比的变动均在 8~9 之间。

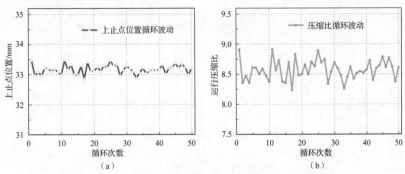

图 4-41　FPEG 系统拖动燃烧过程的动力学稳定性

(a) 上止点位置；(b) 压缩比

图 4 - 42 所示为 FPEG 系统拖动燃烧过程中缸压峰值和缸压峰值出现位置的循环波动情况。结果显示，在拖动燃烧阶段，双缸型 FPEG 系统缸压峰值循环波动很大，最低压力峰值为 14 bar，最高缸压峰值为 38 bar，缸压峰值极差在 24 bar 左右，由失火导致的压力峰值过低严重影响了 FPEG 系统在运行过程中的燃烧稳定性。图 4 - 42 （b） 所示为拖动燃烧过程中系统缸压峰值出现位置循环变动情况。结果表明，气缸内最大爆发压力出现的位置基本在 33 mm 左右，与止点位置十分接近。

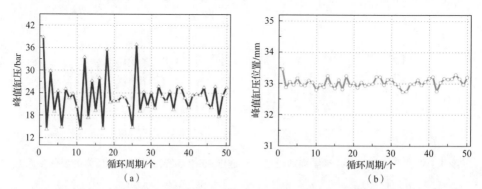

图 4 - 42　FPEG 系统拖动燃烧过程中峰值缸压和峰值缸压出现位置的循环波动情况

（a）缸压峰值循环波动；（b）缸压峰值位置循环波动

计算拖动燃烧过程阶段连续 50 个循环周期下的缸压和位移数据，得到拖动燃烧阶段相关参数的 COV 参数如表 4 - 2 所示。结果显示，FPEG 系统峰值压力位置及上止点位置的波动较小，分别为 0.462% 和 0.444%，气缸内压力峰值及压缩比的变动相对较大，尤其是气缸内压力峰值，COV 计算结果达到 22.779%，失火导致的气缸内压力峰值过低是缸内压力峰值波动较大的重要原因。

表 4 - 2　FPEG 系统拖动燃烧过程循环波动参数值

项目	COV
缸内压力峰值	22.779%
压力峰值位置	0.462%
上止点位置	0.444%
压缩比	1.879%

3. FPEG 系统拖动燃烧过程性能计算

图 4-43 所示为拖动燃烧过程中 FPEG 系统活塞发动机位移随时间的变化曲线和循环气缸内压力变化曲线。在拖动燃烧过程中，失火现象时有发生，并且循环间压力波动变化很大。计算选取较优的运行循环，系统运动组件位移—时间曲线显示峰值压力之前的压缩冲程用时接近于压力峰值出现之后膨胀冲程用时的 2 倍，压缩冲程时长明显长于膨胀冲程。这表明，在本循环燃烧过程之前的燃烧循环极有可能发生了燃烧异常，甚至是气缸内失火现象，这是拖动燃烧过程中典型的运动组件运行特性。

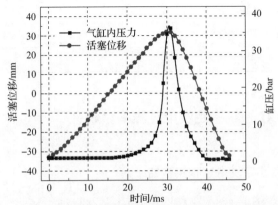

图 4-43　拖动燃烧过程中 FPEG 系统活塞发动机位移随时间的变化曲线和循环气缸内压力变化曲线

图 4-44 所示为拖动燃烧状态下 FPEG 系统自由活塞内燃机 $p-V$ 图。经过计算，得到表 4-3 中所示拖动燃烧过程中 FPEG 系统自由活塞内燃机单缸性能

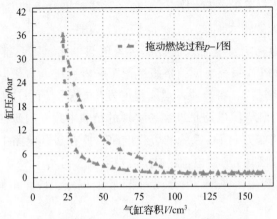

图 4-44　拖动燃烧状态下 FPEG 系统自由活塞内燃机 $p-V$ 图

参数。此时系统运行频率为 21.8 Hz，单缸指示功率达到 1.01 kW，系统实际运行行程为 66 mm 左右，运行压缩比为 8.9。但此时气缸的最大容积达到了 162 cc[①]，过长的设计冲程会限制系统的运行频率。

表 4-3 拖动燃烧过程中 FPEG 系统自由活塞内燃机单缸性能参数

参数	数值
运行频率/Hz	21.8
运行压缩比	8.9
运行行程/mm	67
缸压峰值/bar	38.7
单缸指示功率/kW	1.01
单缸循环指示功/J	48

4.3.4 FPEG 系统稳定发电过程实验研究

1. FPEG 系统稳定发电过程实验结果

FPEG 系统左、右两侧气缸完成较为稳定的燃烧着火后，直线电机可以由电机工作模式切换为发电机工作模式，此时直线电机不再为系统运行输入能量，电机变为发电机，系统进入稳定发电工作过程。通常，FPEG 系统存在两种切换策略：一是对直线电机所提供的推力进行一次性撤除（"硬切换"策略）；二是对电机推力进行逐步撤除的"软切换"策略（逐步减小电机推力值），鉴于"软切换"策略执行的难度较大，故采用"硬切换"策略。

在系统切换为稳定发电阶段后，不接入负载电路，则系统进入空载运行阶段，对于双缸型 FPEG 系统来说，空载运行意味着系统低负荷运行，低负荷下气缸内峰值压力如果过高，将会使得运动组件发生撞缸，所以应避免 FPEG 系统在过低负荷下运行。纯电阻电路是最容易实现的负载电路，因此在实验测试中，选择三相纯电阻电路作为 FPEG 系统的负载电路，并在负载电路中接入电流探头和电压探头，将监测到的三相电流、电压数据导入到功率分析仪中，计算此时 FPEG 系统的发电功率。在测试中，为了试验的安全，应将电阻值尽可能调高，

---

① cc 为容量的计量单位。1 cc = 1 mL。

并在电流、电压信号规律变化时进行测量。

图 4-45 所示为双缸型 FPEG 系统稳定发电过程连续 50 次运行循环气缸内的压力变化示意。最高压力峰值达到 29.1 bar，最低压力峰值为 18.1 bar，与拖动燃烧过程相比，最高压力峰值相对要小，最低峰值压力要相对较大，系统运行从缸压极差来看要更加平稳，系统着火稳定性相比于拖动燃烧过程要更好一些。

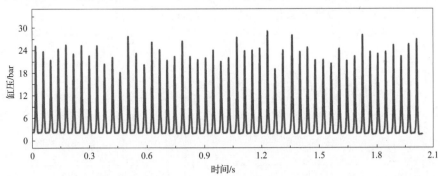

图 4-45　双缸型 FPEG 系统稳定发电过程连续 50 个运行循环的气缸内的压力变化示意

2. FPEG 系统稳定发电过程稳定性实验研究

根据 FPEG 系统稳定发电过程连续 50 个循环下的缸压和位移数据，计算得到如图 4-46 所示的 FPEG 系统拖动燃烧过程动力学稳定性结果曲线。由结果显示，系统上止点位置均出现在 33 mm 左右，压缩比的变动也均在 8.25~9.25。与拖动燃烧过程相比，系统上止点位置和压缩比循环变动情况差别不大。

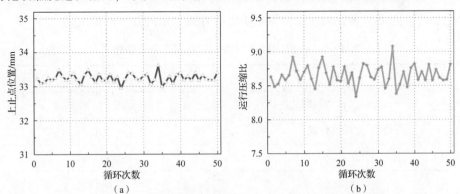

图 4-46　FPEG 系统拖动燃烧过程动力学稳定性结果曲线
(a) 上止点位置；(b) 压缩比

图 4-47 所示为 FPEG 系统稳定发电过程中燃烧循环变动曲线。结果显示，在稳定发电阶段，双缸型 FPEG 系统缸压峰值在 18~30 bar 之间波动，峰值气缸

压极差在 12 bar 左右。相比拖动燃烧阶段，缸压峰值的极差要低一倍左右，这是由于拖动燃烧过程中发生了失火。图 4 - 47（b）所示为稳定发电过程中系统缸压峰值出现位置循环变动情况。结果表明，缸内最大爆发压力出现的位置基本与拖动燃烧过程相同，均在 33 mm 左右，与上止点位置十分接近。这说明自由活塞内燃机点火位置距离止点位置过近，在压缩过程还未终了时可能燃烧过程已经结束。因此，提升系统性能需要进一步优化点火位置。

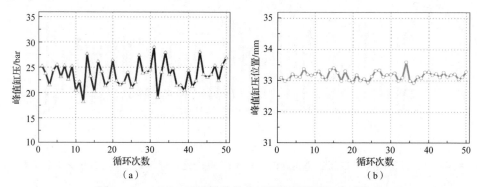

图 4 - 47　FPEG 系统稳定发电过程中燃烧循环变动曲线

（a）缸压峰值；（b）缸压峰值位置

经过对稳定发电过程阶段连续 50 次循环下的缸压和位移数据的计算，得到相关参数的 COV 参数如表 4 - 4 所示。结果显示，FPEG 系统稳定发电阶段与拖动燃烧阶段相同，压力峰值位置及上止点位置的波动较小，气缸内压力峰值及压缩比的变动相对较大。其中，缸内压力峰值 COV 计算结果为 10.116%，相比拖动燃烧阶段降低很多，因此稳定发电阶段有着更稳定的缸压峰值波动。

表 4 - 4　FPEG 系统稳定发电过程循环变动参数值

项目	COV
气缸内压力峰值	10.116%
压力峰值位置	0.405%
上止点位置	0.384%
压缩比	1.644%

3. FPEG 系统纯电阻负载稳定发电过程性能计算

图 4 - 48 所示为接入 50 个循环的三相电阻负载后，FPEG 系统稳定发电过程

中运动组件的运行曲线和气缸内压力变化曲线。当接入三相电阻负载后，系统较优的运行循环和较差的运行循环差异很大，主要体现在压力峰值上面。但是，两种循环下的系统运动组件位移—时间曲线显示压力峰值之前的压缩冲程用时与压力峰值出现之后膨胀冲程用时基本保持相同。这种情况表明，双缸型 FPEG 系统左、右两个气缸处于稳定燃烧，这是系统运行稳定性的表征。

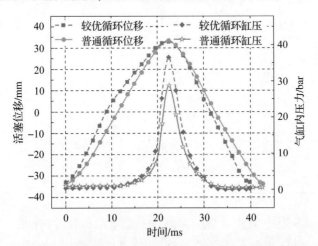

图 4 – 48　接入 50 个循环的三相电阻负载后，FPEG 系统稳定发电过程中运动组件的运行曲线和气缸内压力变化曲线

图 4 – 49 所示为接入 50 个循环周期的三相电阻负载后，FPEG 系统稳定发电过程中自由活塞内燃机的 $p-V$ 图。经过计算（表 4 – 5 为计算结果），在较优的运行循环，系统行程为 66 mm，运行压缩比为 8.5，系统运行频率达到 25.2 Hz，

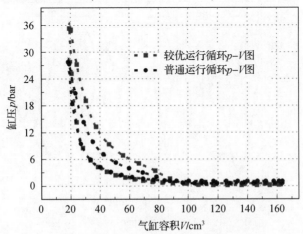

图 4 – 49　FPEG 系统稳定发电过程中自由活塞内燃机的 $p-V$ 图

缸压峰值为 37.0 bar，单缸循环指示功为 39.9 J，单缸指示功率为 1.0 kW；较差的运行循环，系统运行行程和运行压缩比和较优的运行循环几乎没有差别，系统运行频率为 23.5 Hz，稍低一些，缸压峰值为 29.0 bar，单缸循环指示功为 15.7 J，单缸指示功率为 0.37 kW。

表 4 – 5　FPEG 系统稳定发电状态下的性能参数（50 个循环）

参数	较优循环	较差循环
运行频率/Hz	25.2	23.5
运行压缩比	8.5	8.5
运行行程/mm	66	66
缸压峰值/bar	37.0	29.0
单缸指示功率/kW	1.0	0.37
单缸循环指示功/J	39.9	15.7

图 4 – 50 所示为接入 50 个循环周期的三相电阻负载后，FPEG 系统稳定发电过程中测得的负载三相电压值。结果显示，FPEG 系统纯电阻负载两端的三相电压均呈周期性变化，电压峰值在 150 V 左右。图 4 – 51 所示为接入 50 个循环周期的三相电阻负载后，FPEG 系统稳定发电过程中测得的负载三相电流值，周期性变化的电流体现了 FPEG 系统稳定发电阶段的运行稳定性，电流峰值为 2.9 A，功率分析仪中测得的 RMS 功率值为 0.75 kW 左右。

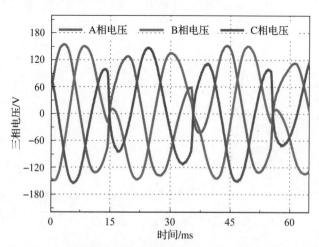

图 4 – 50　FPEG 系统稳定发电过程中测得的负载三相电压值（见彩插）

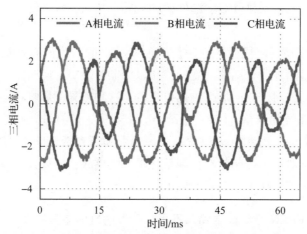

图 4 - 51　FPEG 系统稳定发电过程中测得的负载三相电流值（见彩插）

4.3.5　双缸型 FPEG 系统能量输入不平衡实验研究

1. 双缸型 FPEG 能量输入不平衡因素分析

对于传统多缸内燃机，气缸间的工作状态总是存在一定的差异，这种气缸之间的工作过程产生的差别被称为缸间差异。双缸型 FPEG 系统自由活塞内燃机的两个气缸之间也存在着工作过程的差异。相比于传统内燃机，气缸间工作过程的差异对于 FPEG 系统的运行特性和性能状态的影响更为明显，左、右两个气缸输入能量不平衡将直接影响系统的运行轨迹，导致左、右两个气缸运行压缩比不再保持相同，这是引起左、右缸性能差异的主要原因。双缸型 FPEG 系统缸间差异产生的原因主要有以下五方面。

（1）结构设计上难以保证两缸具有相同的进气和油、气混合过程。FPEG 系统的增压进气形式无论是采用分开进气还是歧管进气，都无法确保进气管的长度、角度、压力变化完全一致；再加上 FPEG 系统特殊的油、气混合形式，更是会造成两个气缸之间进气和油、气混合的差异。所以两个气缸间从进气量，油、气混合过程，气体流场特性都无法保证完全相同。

（2）制造误差。FPEG 系统采用气口式进、排气形式，进气口、排气口、燃烧室的制造误差及表面光洁度都会导致 FPEG 系统运行过程中进气量、压缩比、摩擦力的差异。

（3）气缸使用中的不均匀磨损与积碳等。活塞、气缸内壁的不均匀磨损会造成两缸之间进气量、排气量、漏气量的差异，从而导致系统换气过程和燃烧过程的差异。

（4）循环变动。燃烧循环变动是汽油发动机的一大固有特征，其产生的原因之一是火花塞间隙附近湍流的变动，所以每循环燃烧起始时刻与火焰传播过程是有一定差异的，对于自由活塞内燃机来说，这种差异的影响将会更大。

（5）控制系统的误差。FPEG 系统十分依赖位置信号进行喷油、点火信号的触发，固定的喷射正时和点火位置需要完全根据系统运行几何零位置来对称设置。因此，完全对称的控制是对控制系统很大的挑战，所以控制系统的误差也是两个气缸之间出现工作过程差异的原因之一。

2. 双缸型 FPEG 系统能量输入不平衡导致的缸间差异特性

图 4-52 所示为能量输入不平衡下双缸型 FPEG 系统缸间的峰值压力和点火位置差异实验结果。结果显示，在同一运行循环，左、右两个气缸的压力峰值存在差异，左、右两个气缸运动组件所能达到的上止点位置也不相同。在双缸型 FPEG 系统连续运行时，气缸间的峰值压力、点火位置差异和循环波动几乎是无法避免的状态，只有在很少的运行循环系统能保持相同。常态化的能量输入不平衡是造成系统缸间差异的主要原因。

另外，图 4-52 中所示红色虚线内显示系统在运行过程中存在失火的状态，但是此循环后系统仍能稳定运行，说明在极端情况下，即便一侧气缸能量输入为零，另一侧气缸仍能保持正常运行。

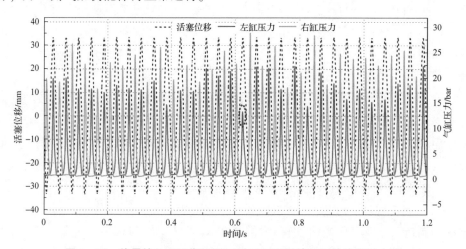

图 4-52 能量输入不平衡下双缸型 FPEG 系统缸间的峰值压力和
点火位置差异实验结果（见彩插）

图 4 – 53 所示为双缸型 FPEG 系统能量输入不平衡导致的缸间压力峰值差异。结果显示，两个气缸之间的工作过程差异在缸压峰值上体现得非常明显，只有在很少的循环下，左、右两个气缸的峰值压力保持相同，最大缸压峰值差异达到 11.3 bar，这对系统性能稳定性的影响非常大。图 4 – 54 所示为双缸型 FPEG 系统能量输入不平衡导致的止点位置差异结果。由图 4 – 54 可知，气缸间差异导致的止点位置变化相对于缸压峰值来说相对较小，系统的止点位置始终在 32.8 ~ 33.5 mm，最大止点位置差异在 0.4 mm 左右。

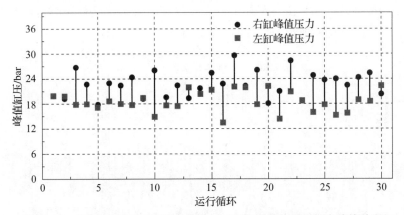

图 4 – 53　双缸型 FPEG 系统能量输入不平衡导致的缸间压力峰值差异

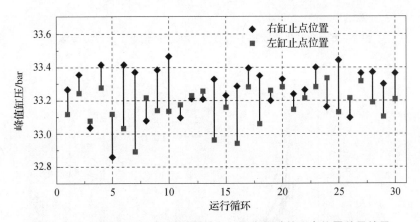

图 4 – 54　双缸型 FPEG 系统能量输入不平衡导致的止点位置差异结果

3. FPEG 系统单缸输入能量为零时的实验研究

制约 FPEG 系统发展的重要原因之一便是失火问题，由于缺少像传统内燃机类似飞轮的蓄能机构，自由活塞内燃机一旦发生失火，便意味着系统循环内的能量输入为零，且没有任何机械机构能够补充损失的能量，此时整机系统面临着停机的风险。在之前的研究中，对于双缸型 FPEG 系统，当一侧气缸发生失火后，通常认为整机系统出现严重故障，系统将出现停机。在系统能量输入不平衡实验研究中，发现只要设置合适的点火位置并在低负荷运行的情况下，即便一侧气缸发生失火，循环内能量输入为零，系统仍能保持稳定、连续的运行，这对于双缸型 FPEG 系统稳定运行控制策略的构建具有重要意义。

　　图 4-55 和图 4-56 分别为单缸失火状态下双缸型 FPEG 系统稳定运行实验结果和两个气缸的 $p-V$ 图，左缸不点火，仅有右缸点火条件下右缸缸压峰值为 33.2 bar，左缸缸压峰值为 16.1 bar，运行频率为 23.7 Hz。

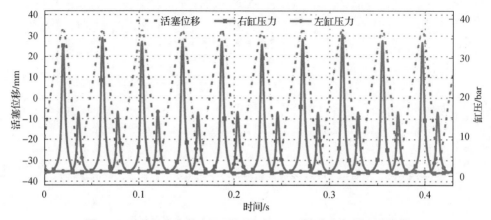

图 4-55　单缸失火状态下双缸型 FPEG 系统稳定运行实验结果

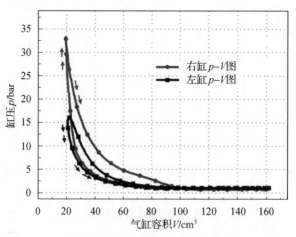

图 4-56　单缸失火状态下左、右两个气缸的 $p-V$ 图

4. FPEG 系统单缸运行稳定性实验研究

在 FPEG 系统物理样机和测控平台基础上开展单缸运行实验研究，选取连续 50 个循环周期来研究 FPEG 系统的循环波动。在稳定发电阶段，选取运行较为稳定的连续 50 个循环周期的缸压变化曲线如图 4-57 所示。

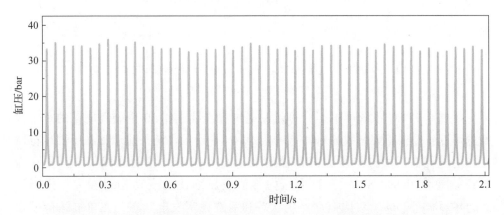

图 4-57　FPEG 系统单缸运行状态下连续 50 个循环周期的缸压变化曲线

图 4-58 所示为 FPEG 系统单缸运行稳定发电过程动力学稳定性。结果显示，每个循环上止点的位置均在 32 ~ 33 mm，压缩比的波动均在 7.5 ~ 8.5。图 4-59 所示为 FPEG 系统单缸运行稳定发电过程燃烧循环变动示意。结果显示，双缸型 FPEG 系统的燃烧缸压峰值在 32 ~ 36 bar 之间波动，缸压峰值极差在 4 bar 左右，远低于拖动燃烧状态和双缸稳定发电过程。但是爆发压力出现的位置与以上两种过程一样，基本在 32 ~ 33 mm，十分接近止点位置。

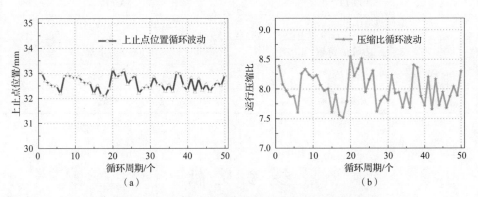

图 4-58　FPEG 系统单缸运行稳定发电过程动力学稳定性

（a）上止点位置；（b）压缩比

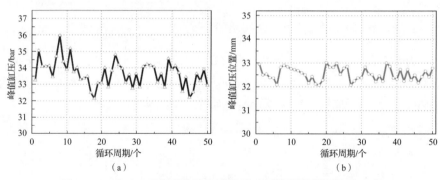

图 4 - 59　FPEG 系统单缸运行稳定发电过程燃烧循环变动示意

（a）缸压峰值；（b）缸压峰值位置

　　经过对 FPEG 系统单缸运行稳定发电过程连续工作 50 个循环周期的实验数据的计算，得到相关参数的 COV 参数如表 4 - 6 所示。结果显示，在单缸运行稳定发电过程中，气缸内压力峰值位置及上止点位置的波动依然较小，分别为 0.837 6% 和 0.842 8%；气缸内压力峰值及压缩比的变动相对较大，分别为 2.274% 和 3.325%。对比拖动燃烧状态和双缸稳定发电状态，在单缸运行模式下，气缸内压力峰值的 COV 参数要小很多，但压力峰值位置、上止点位置和压缩比循环波动相对较大。

　　在 FPEG 系统单缸运行稳定发电过程中，即便与传统内燃机相比，气缸内压力峰值的波动也并不大，但更长时间及外界条件发生变化时，FPEG 系统的稳定性及抗干扰性特性仍需进一步研究。

表 4 - 6　FPEG 系统单缸运行工况循环变动参数值

项目	COV
气缸内压力峰值	2.274%
压力峰值位置	0.837 6%
上止点位置	0.842 8%
压缩比	3.325%

参 考 文 献

[1] 吴兆汉. 内燃机设计 [M]. 北京：北京理工大学出版社，1990.

［2］周龙保. 内燃机学［M］. 北京：机械工业出版社，2011.

［3］孙柏刚，杜巍. 车辆发动机原理［M］. 北京：北京理工大学出版社，2015.

［4］FENG H, ZHANG Z, JIA B, et al. Investigation of the optimum operating condition of a dual piston type free piston engine generator during engine cold start-up process［J］. Applied Thermal Engineering, 2021, 182：116124.

［5］ZHANG Z, FENG H, JIA B, et al. Effect of the stroke-to-bore ratio on the performance of a dual-piston free piston engine generator［J］. Applied Thermal Engineering, 2021, 185：116456.

［6］ZHANG Z, FENG H, JIA B, et al. Identification and analysis on the variation sources of a dual-cylinder free piston engine generator and their influence on system operating characteristics［J］. Energy, 2022, 242：123001.

［7］ZHANG Z, FENG H, JIA B, et al. Sensitivity and effect of key operational parameters on performance of a dual-cylinder free-piston engine generator［J］. Journal of Central South University, 2022, 29 (7)：2101-2111.

［8］张志远. 自由活塞内燃发电机运行稳定性理论与实验研究［D］. 北京：北京理工大学，2022.

第 5 章

FPEG 整机振动噪声特性及减振方法

5.1 FPEG 激励载荷特征以及整机动力学模型

5.1.1 FPEG 激励载荷特征

由于自由活塞在水平方向没有机械机构限制，活塞运动规律完全由瞬时作用力决定。自由活塞组件水平方向受力示意如图 5－1 所示，分别为左、右气缸内的气体作用力 F_{pl} 和 F_{pr}，左、右两侧扫气箱内气体作用力 F_{sl} 和 F_{sr}，系统的摩擦力 F_f，直线发电机所产生的电磁力 F_e。

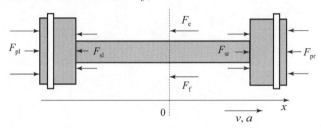

图 5－1　自由活塞组件水平方向受力示意

考虑到扫气箱采用恒压气源，因此扫气箱对活塞的作用力相互抵消。根据牛顿第二定律，活塞组件的运动方程为

$$m \frac{\mathrm{d}^2 x}{\mathrm{d}t^2} = F_{pl} - F_{pr} - F_f - F_e \tag{5-1}$$

式中：m 为活塞组件质量；x 为活塞组件位移；t 为时间。

F_{pl} 和 F_{pr} 可表示为

$$\begin{cases} F_{pl} = p_l A \\ F_{pr} = p_r A \end{cases} \tag{5-2}$$

式中：A 为活塞顶面面积；p_l 和 p_r 为左、右气缸内气体压力。

由于 FPEG 不存在曲轴系统，活塞不受侧向力，但是系统仍然存在摩擦力。根据课题组前期相关研究，该摩擦力可以简化表示为

$$F_f = C_f \frac{\mathrm{d}x}{\mathrm{d}t} \tag{5-3}$$

式中：C_f 为黏性摩擦系数。

直线电机产生的电磁阻力与电机动子运动速度近似呈线性关系，为

$$F_e = C_e \frac{\mathrm{d}x}{\mathrm{d}t} \tag{5-4}$$

式中：C_e 为电机电磁负载系数。

理想状况下，发动机气缸内的气体压力由两部分组成：一部分是由燃料燃烧释放的热量引起的压力变化，用 p_c 表示；另一部分则是气缸内体积变化而导致的气体压力变化，用 p_V 表示。因此两侧发动机气缸内气体压力（左、右两侧对应下标分别为 l 和 r）可以表示为

$$\begin{cases} p_l = p_{cl} + p_{Vl} \\ p_r = p_{cr} + p_{Vr} \end{cases} \tag{5-5}$$

式中：p_c 与时间相关；而 p_V 的热力循环为多变过程。

假设活塞位于平衡位置时，$x=0$，振幅为 L，气缸内体积变化导致的气体压力变化为（以左侧气缸为例）

$$p_{Vl} = p_0 \left(\frac{L + x_0}{L + x_0 - x} \right)^{\gamma} \tag{5-6}$$

式中：x_0 表示燃烧室长度；p_0 为平衡位置时缸内气体压力；γ 为多变指数。

综合以上公式，活塞组件的运动方程可以表示为

$$m \frac{\mathrm{d}^2 x}{\mathrm{d}t^2} + (C_\mathrm{e} + C_\mathrm{f}) \frac{\mathrm{d}x}{\mathrm{d}t} - Ap_0 \left[\left(\frac{L + x_0}{L + x_0 + x} \right)^\gamma - \left(\frac{L + x_0}{L + x_0 - x} \right)^\gamma \right] = A(p_\mathrm{cl} - p_\mathrm{cr})$$

$$(5-7)$$

由此可见，气体作用力存在明显的非线性特征，为了进一步分析自由活塞的运动特性，采用等效刚度方法，对气缸体积变化所导致的非线性气体作用力进行线性化处理。根据等效刚度的定义，等效前、后非线性作用力产生的系统势能不变，即

$$\frac{1}{2} K_\mathrm{p} L^2 = -Ap_0 \int_0^L \left(\frac{L + x_0}{L + x_0 + x} \right)^\gamma - \left(\frac{L + x_0}{L + x_0 - x} \right)^\gamma \mathrm{d}x \qquad (5-8)$$

求解获得非线性项的等效刚度为

$$K_\mathrm{p} = \left(\frac{2p_0 A \varepsilon^2}{L + x_0} \right) \frac{\varepsilon^{\gamma-1} - 1}{(\gamma - 1)(\varepsilon - 1)^2} \qquad (5-9)$$

式中：ε 为发动机压缩比。

式（5-7）中，等号右侧项是两侧发动机交替燃烧放热所产生的气体作用力。假设该力的变化是周期 T_c 的函数，可通过傅里叶级数展开，于是 FPEG 活塞运动方程可写为

$$\begin{cases} m \dfrac{\mathrm{d}^2 x}{\mathrm{d}t^2} + C \dfrac{\mathrm{d}x}{\mathrm{d}t} + K_\mathrm{p} x = f_\mathrm{c}(t) \\ C = C_\mathrm{e} + C_\mathrm{f} \\ f_\mathrm{c}(t) = \dfrac{a_0}{2} + \sum_{n=1}^{\infty} \left(a_n \cos \dfrac{2n\pi t}{T_\mathrm{c}} + b_n \sin \dfrac{2n\pi t}{T_\mathrm{c}} \right) \end{cases} \qquad (5-10)$$

式中：a_0、a_n、b_n 为傅里叶级数展开项系数。

综上所述，自由活塞的运动过程为一单自由度有阻尼强迫振动，运动频率等于外部激励的频率，运动振幅与激励力大小、阻尼、刚度及活塞质量有关。

通过 FPEG 动力学和热力学分析，利用 MATLAB/Simulink 软件搭建 FPEG 工作过程的仿真分析模型，如图 5-2 所示。在前期的研究过程中，通过合理匹配仿真模型的参数，得到与实验测试数据一致的缸压结果，从而验证仿真模型的精确性。模型主要包括气缸内燃气压力模型、电磁力模型和摩擦力模型。通过仿真模型计算获得活塞运动的位移、速度和加速度曲线，进而获得惯性力曲线，也就是整机的激励力曲线。此外，对惯性力、气缸内燃气压力、电磁力和摩擦力进行时域和频域特征分析，各激励力的时域和频域曲线如图 5-3 所示。

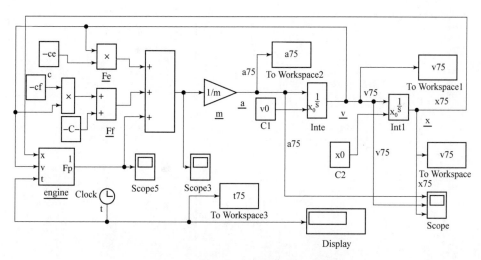

图 5 - 2　FPEG 工作过程仿真分析模型

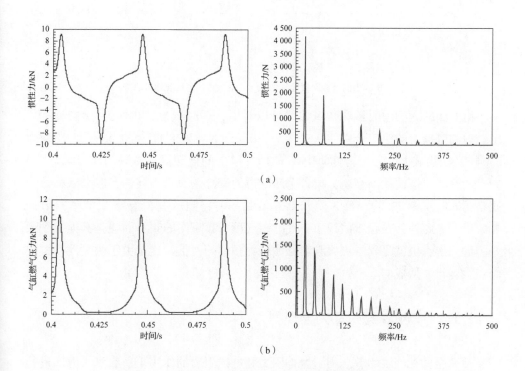

图 5 - 3　各激励力的时域和频域曲线

（a）惯性力的时域和频域曲线；（b）气缸燃气压力的时域和频域曲线

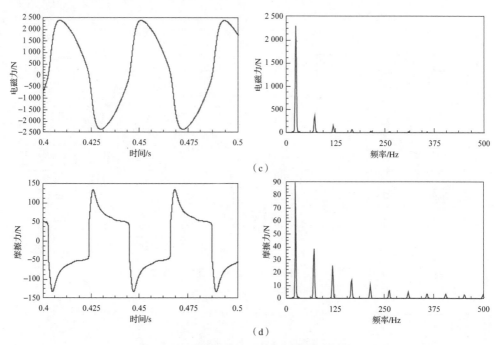

图 5 - 3 各激励力的时域和频域曲线（续）

（c）电磁力的时域和频域曲线；（d）摩擦力的时域和频域曲线

由上面的激励力时域和频域曲线可以看出，在时域上，惯性力、燃气压力、电磁力和摩擦力的幅值分别为 9.28 kN、10.55 kN、2.38 kN 和 0.13 kN，周期为 0.04 s；在频域上，激励力都集中在 500 Hz 以下的低频段，基频为 23 Hz，随着频率的升高，幅值逐渐衰减，但各个激励力的衰减速率是不同的，四个激励力分别在第 6 阶、第 12 阶、第 3 阶和第 6 阶频率时，频域幅值衰减到基频幅值的 10% 以下。此外，在频域曲线中，气缸燃气压力频率图的频率间隔是其他三个激励力的一半，也就是气缸点火频率是激励力频率的两倍，这是由于两侧发动机交替点火运行而造成的。

5.1.2 FPEG 整机动力学模型

活塞组件在气缸燃气压力、摩擦阻力和电磁阻力的作用下，在水平方向进行往复运动。在动力系统隔振分析中，将 FPEG 整体考虑成刚体，存在 6 个自由度。对于 FPEG 整机来说，气缸燃气压力、摩擦阻力和电磁阻力均为发动机内部作用力，整机的激励力只有水平方向的往复惯性力，以及由惯性力产生的力矩。

建立 FPEG 整机悬置隔振模型如图 5 – 4 所示。

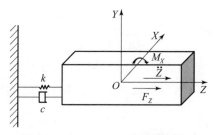

图 5 – 4　FPEG 整机悬置隔振模型

发动机整机的激励 $\{F(t)\}$ 在 6 个方向的分力为

$$\{F(t)\} = [F_X, F_Y, F_Z, M_X, M_Y, M_Z] \tag{5 – 11}$$

式中：F_X、F_Y、F_Z 分别为发动机产生的纵向、垂向、横向激振力；M_X、M_Y、M_Z 分别为绕发动机纵向、垂向、横向的激振力矩。

对于 FPEG 来说，整机的惯性力和惯性力矩为

$$\begin{cases} F_Z = m\ddot{z} \\ M_X = F_Z S_1 \end{cases} \tag{5 – 12}$$

根据拉格朗日方程推导出其二自由度动力学方程如下：

$$m\ddot{z} + \sum_{i=1}^{4} c_i \dot{z} + \sum_{i=1}^{4} k_i z = F_Z \tag{5 – 13}$$

$$J_X \ddot{\theta} + \sum_{i=1}^{4} c_i \dot{\theta} S_1^2 + \sum_{i=1}^{4} k_i \theta S_1^2 = M_X \tag{5 – 14}$$

由牛顿力学定律，可知基座产生的支反力 F_T 和悬置系统的纵向摇动反力矩 M_{TX} 分别为

$$F_T = \sum_{i=1}^{4} F_{Ti} = \sum_{i=1}^{4} c_i z + \sum_{i=1}^{4} k_i z \tag{5 – 15}$$

$$M_{TX} = \sum_{i=1}^{4} F_{Ti} S_1 = \sum_{i=1}^{4} c_i \dot{\theta} S_1^2 + \sum_{i=1}^{4} k_i \theta S_1^2 \tag{5 – 16}$$

动力学方程可表示成矩阵形式：

$$\begin{bmatrix} m & 0 \\ 0 & J_X \end{bmatrix} \begin{bmatrix} \ddot{z} \\ \ddot{\theta} \end{bmatrix} + \begin{bmatrix} \sum_{i=1}^{4} F_{Ti} \\ \sum_{i=1}^{4} F_{Ti} S_1 \end{bmatrix} = \begin{bmatrix} F_Z \\ M_X \end{bmatrix} \tag{5 – 17}$$

由于 $\boldsymbol{M} = \mathrm{diag}[m, J_X]$，为惯性参数矩阵；$\boldsymbol{A} = [\ddot{z}, \ddot{\theta}]^T$，为加速度矢量；$\boldsymbol{F}_T =$

$$\left[\sum_{i=1}^{4} F_{\mathrm{T}i}, \sum_{i=1}^{4} F_{\mathrm{T}i} S_1\right]^{\mathrm{T}}, \text{为传递力矢量；} \boldsymbol{F}_1 = \left[F_Z, M_X\right]^{\mathrm{T}}, \text{为激励力矢量，因此}$$

式（5-17）可写成

$$MA + F_{\mathrm{T}} = F_1 \tag{5-18}$$

将式（5-18）转换到频域内，并且不考虑外力作用，将获得模态分析方程，模态计算获得的固有频率和振型将是模态解耦和优化设计的基础。

5.2 考虑结合面刚度、阻尼分布的 FPEG 整机组合体结构动态特性建模与振动模拟

5.2.1 FPEG 整机组合体结构动态特性分析

1. 模态分析基础

确定 FPEG 整机组合体结构的模态参数，特别是结构的固有频率和振型，对控制其振动噪声具有非常重要的意义。当 FPEG 整机结构以某一阶模态振动时，将在其辐射噪声谱上出现一个峰值。若某一峰值过高，则将对整个结构辐射的噪声有较大影响，这时可根据该阶段振动的形态采取相应的措施，以改变该阶模态的固有频率、阻尼，或者重新设计刚度和质量分配等参数，使结构的固有频率移向不易发生共振的频率点上。模态分析为结构系统的动态特性分析和整机振声优化计算提供依据，因此精确的模态计算结果很重要。

对于一个具有连续弹性的线性结构系统，通过离散化建立具有 n 个自由度的振动系统时，其参数化模型可表示为

$$M\ddot{q} + C\dot{q} + Kq = R(t) \tag{5-19}$$

式中：q 为由节点位移分量组成的 n 阶列阵，$q = \{q_1, q_2, \cdots, q_n\}$ 是随时间 t 变化的变量，$q_i = (1, 2, \cdots, n)$，为物理坐标，n 为物理自由度。

在无阻尼自由振动的情况下，结构运动方程为

$$M\ddot{q} + Kq = 0 \tag{5-20}$$

式（5-20）的解为

$$q = \boldsymbol{\Phi} \mathrm{e}^{\mathrm{j}\omega t} \tag{5-21}$$

将式（5-21）代入结构运动方程，经整理可以得到特征方程：

$$(\boldsymbol{K} - \omega^2 \boldsymbol{M}) \boldsymbol{\Phi} = 0 \qquad (5-22)$$

式中：$\boldsymbol{\Phi}_i = \{\phi_{1i}, \phi_{2i}, \cdots, \phi_{ni}\}^{\mathrm{T}} (i = 1, 2, \cdots, n)$。

在模态分析中，特征值的平方根 $\omega_i (i = 1, 2, \cdots, n)$ 为结构的第 i 阶固有频率（或模态频率），特征矢量 $\boldsymbol{\Phi}_i (i = 1, 2, \cdots, n)$ 为结构的第 i 阶模态振型（或 i 阶模态、主模态），由各阶模态振型组成的 $n \cdot n$ 阶方阵 $\boldsymbol{\Phi}_i = [\boldsymbol{\Phi}_1 \quad \boldsymbol{\Phi}_2 \quad \cdots \quad \boldsymbol{\Phi}_n]$ 为模态矩阵，$\boldsymbol{\Phi}_i$ 表示的只是一种相对振幅。

由线性代数可知，特征矢量 $\boldsymbol{\Phi}_i$ 对矩阵 $\boldsymbol{M}$、$\boldsymbol{K}$ 具有正交性，即

$$\{\boldsymbol{\Phi}_i\}^{\mathrm{T}} \boldsymbol{M} \boldsymbol{\Phi}_j = \begin{cases} 0, & i \neq j \\ m_i, & i = j \end{cases} \qquad (5-23)$$

$$\{\boldsymbol{\Phi}_i\}^{\mathrm{T}} \boldsymbol{K} \boldsymbol{\Phi}_j = \begin{cases} 0, & i \neq j \\ k_i, & i = j \end{cases} \qquad (5-24)$$

式（5-23）和式（5-24）可简记为

$$\boldsymbol{\Phi}^{\mathrm{T}} \boldsymbol{M} \boldsymbol{\Phi} = \bar{\boldsymbol{M}} \qquad (5-25)$$

$$\boldsymbol{\Phi}^{\mathrm{T}} \boldsymbol{K} \boldsymbol{\Phi} = \bar{\boldsymbol{K}} \qquad (5-26)$$

式中：对角阵 $\bar{\boldsymbol{M}}$ 为结构的模态质量矩阵，其中，矩阵元素 $m_i (i = 1, 2, \cdots, n)$ 为 i 阶模态质量；对角阵 $\bar{\boldsymbol{K}}$ 为结构的模态刚度矩阵，元素 $k_i (i = 1, 2, \cdots, n)$ 为 i 阶模态刚度。当结构受到的阻尼为比例阻尼时，阻尼矩阵 $\boldsymbol{C}$ 也具有正交性，即

$$\boldsymbol{\Phi}^{\mathrm{T}} \boldsymbol{C} \boldsymbol{\Phi} = \bar{\boldsymbol{C}} \qquad (5-27)$$

式中：对角阵 $\bar{\boldsymbol{C}}$ 称为结构的模态阻尼矩阵；元素 $c_i (i = 1, 2, \cdots, n)$ 称为 i 阶模态阻尼。

一般地，模态频率、模态振型以及模态质量、模态刚度、模态阻尼等参数统称为结构的模态参数。模态参数是结构本身的固有特性，与外部条件无关，它们决定了结构所表现出的动力特性。

2. FPEG 整机组合体模型的建立

FPEG 整机组合体模型的建立是为整机结构的模态计算以及振声模拟提供准备条件，因此尽可能详细地建立 FPEG 整机的结构模型，使后续仿真计算更接近实际状态。FPEG 整机结构几何模型如图 5-5 所示，包括发动机缸体、缸盖、扫气箱、直线电机、基座等。

图 5 – 5　FPEG 整机结构几何模型

　　根据 FPEG 整机的三维几何模型借助 Hypermesh 有限元前处理平台离散整机结构，考虑机体内部运动件对整机动态分析计算结果的影响，活塞动子等运动结构件以等效质量点的形式耦合于机体各运动件的质心位置处。机体构件在网格划分过程中，根据各部件的模态收敛性分析结果，采用六面体单元对缸体、回弹缸、回弹缸盖、电机定子外壳、各部件支架、基板等进行网格划分，各部件网格尺寸均为 10 mm，机体连接单元采用 RBE2 连接单元进行处理。整机模型的总体规模为 58 782 节点，44 572 个单元。整机结构有限元模型如图 5 – 6 所示，各组成部件网格划分参数与材料属性如表 5 – 1 和表 5 – 2 所示。

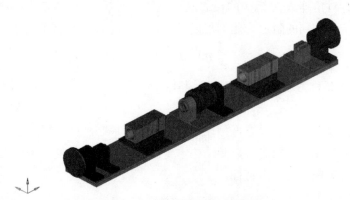

图 5 – 6　整机结构有限元模型

表 5 – 1　FPEG 主要零部件网格划分参数

部件名称	节点数	单元数	单元类型
缸体	3 355	2 614	六面体一次单元
回弹缸	2 721	1 630	六面体一次单元

续表

部件名称	节点数	单元数	单元类型
回弹缸盖	636	556	六面体一次单元
直线电机定子	6 684	6 972	六面体一次单元
缸体支架	6 101	4 335	六面体一次单元
电机支架	4 422	3 266	六面体一次单元
轴承座	672	427	六面体一次单元
轴承座支架	1 716	1 119	六面体一次单元
基板	21 453	13 879	六面体一次单元

表 5-2　FPEG 主要部件材料及其特性参数

零部件名称	材料名称	材料特性参数		
		E/MPa	$\rho/(\mathrm{t \cdot mm^{-3}})$	μ
缸体	铸铁	1.43×10^{5}	7.30×10^{-9}	0.27
回弹缸	铸铁	1.94×10^{5}	7.00×10^{-9}	0.194
回弹缸盖	铸铁	1.94×10^{5}	7.00×10^{-9}	0.194
直线电机定子	铝合金	7.5×10^{4}	2.80×10^{-9}	0.35
缸体支架	铸铁	1.43×10^{5}	7.30×10^{-9}	0.27
电机支架	铸铁	1.94×10^{5}	7.00×10^{-9}	0.194
轴承座	铸铁	1.94×10^{5}	7.00×10^{-9}	0.194
轴承座支架	铸铁	1.94×10^{5}	7.00×10^{-9}	0.194
基板	40Cr	2.11×10^{5}	7.87×10^{-9}	0.277

3. FPEG 整机组合体模态计算

采用 Lanczos 法借助 Abaqus 软件对发动机整机进行模态计算，其前 6 阶模态计算结果如图 5-7 所示，FPEG 整机振动频率与各阶振型特点如表 5-3 所示。其中，前二阶固有频率分别为 24 Hz 和 126 Hz，该频率范围为气缸爆发压力和电磁力的敏感频率范围，在进一步的结构改进中应该优化前 2 阶的模态频率。

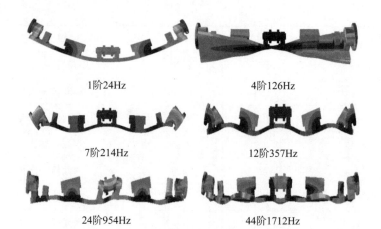

1阶24Hz 4阶126Hz

7阶214Hz 12阶357Hz

24阶954Hz 44阶1712Hz

图 5 - 7 FPEG 整机结构模态计算结果

表 5 - 3 FPEG 整机振动频率与振型特点

阶次	频率/Hz	振型特点
1	24	基板 1 阶弯曲
4	126	基板 1 阶扭转
7	214	基板 5 阶弯曲、回弹缸局部模态
12	357	轴承座局部模态
24	954	回弹缸、轴承座及动力缸局部模态
44	1 712	回弹缸、轴承座及直线电机局部模态基板弯扭组合

4. FPEG 整机组合体动态特性分析

对 FPEG 整机自由模态计算结果进行分析，模态密度分布如图 5 - 8 所示。该动力总成模态在低频区域数量分布相对稀疏，而在中高频分布则较为密集，符合一般构件的模态分布规律。4 400 Hz 下有 171 阶模态，高频段模态密度较大，最低阶出现在 24 Hz 处。0～200 Hz 频段内有 6 阶模态，200～400 Hz 频段内有 6 阶模态，2 000～2 200 Hz 频段模态密度达 11 阶，这是由于动力总成的模态会在一定程度上继承零部件自由模态计算中得到的一些局部模态。动力总成所带附件大多数低阶模态处于该频率段造成的，2 600～3 800 Hz 频段模态密度较大，该频段大部分都为动力总成附件的局部模态。各部件支架刚度较低，是产生低频局部模态的原因，应关注 1 000 Hz 以下动力总成模态频率，因为中低频率域内是激励能量密集区域。

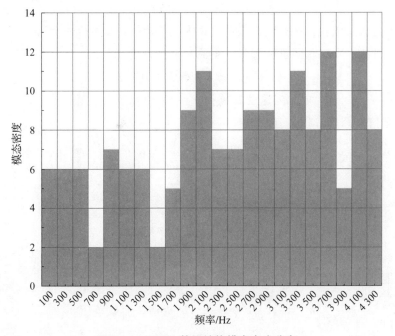

图 5 - 8　FPEG 整机结构模态密度分布

5.2.2　有限元法结构振动模拟分析

1. 动力学分析的有限元法

有限元法是一种离散化的数值计算方法，是矩阵在力学领域的应用，其基本思想就是将连续体离散为有限个单元，针对各个单元用有限个参数表示其力学特性，然后将这些有限个单元进行组装，近似地表示连续体整体的力学特性。

离散得到的单元内位移可以表示为

$$U(x,y,z,t) = \left. \begin{array}{l} n(x,y,z,t) \\ v(x,y,z,t) \\ w(x,y,z,t) \end{array} \right\} = N(x,y,z)Q^e(t) \qquad (5-28)$$

式中：$U(x,y,z,t)$ 为单元内位移矢量；$N(x,y,z)$ 为形函数矩阵；$Q^e(t)$ 为单元节点位移矢量。

结构单元应变和结构单元应力可以表示为

$$\boldsymbol{\varepsilon} = \boldsymbol{B}\boldsymbol{Q}^e(t) \tag{5-29}$$

$$\boldsymbol{\sigma} = \boldsymbol{D}\boldsymbol{\varepsilon} = \boldsymbol{D}\boldsymbol{B}\boldsymbol{Q}^e(t) \tag{5-30}$$

式中：$\boldsymbol{\varepsilon}$ 为应变矢量；$\boldsymbol{\sigma}$ 为应力矢量；$\boldsymbol{B}$ 为应变矩阵；$\boldsymbol{D}$ 为弹性矩阵。

式（5-28）对时间进行微分，得到单元的速度场：

$$\dot{\boldsymbol{U}}(x,y,z,t) = \boldsymbol{N}(x,y,z)\dot{\boldsymbol{Q}}^e(t) \tag{5-31}$$

式中：$\dot{\boldsymbol{U}}(x,y,z,t)$ 为单元内速度矢量；$\dot{\boldsymbol{Q}}^e(t)$ 为单元节点速度矢量。

根据拉格朗日方程，有

$$\frac{\mathrm{d}}{\mathrm{d}t}\frac{\partial \boldsymbol{L}}{\partial \dot{\boldsymbol{Q}}} - \frac{\partial \boldsymbol{L}}{\partial \boldsymbol{Q}} + \frac{\partial \boldsymbol{R}}{\partial \dot{\boldsymbol{Q}}} = \boldsymbol{0} \tag{5-32}$$

式中：$L = T - \pi_{\mathrm{p}}$。

单元的动能 T^e 可以表示为

$$T^e = \frac{1}{2}\iiint\limits_{Ve}\rho\dot{\boldsymbol{U}}^{\mathrm{T}}\dot{\boldsymbol{U}}\mathrm{d}V \tag{5-33}$$

势能 π_{p}^e 可以表示为

$$\pi_{\mathrm{p}}^e = \frac{1}{2}\iiint\limits_{Ve}\boldsymbol{\varepsilon}^{\mathrm{T}}\boldsymbol{\sigma}\mathrm{d}V - \iint\limits_{Se}\boldsymbol{U}^{\mathrm{T}}\boldsymbol{\psi}\mathrm{d}S - \iiint\limits_{Ve}\boldsymbol{U}^{\mathrm{T}}\boldsymbol{\phi}\mathrm{d}V \tag{5-34}$$

式中：V^e 为单元体积；$\dot{\boldsymbol{U}}$ 为单元速度矢量；S^e 为分布力或阻力所在单元面积；ρ 为单元密度；$\boldsymbol{\psi}$ 为分布力或阻力所在单元面力矢量；$\boldsymbol{\phi}$ 为单元体积矢量。

如果认为耗散力和相对速度成比例，则耗散函数可以表示为

$$R^e = \frac{1}{2}\iiint\limits_{Ve}\mu\dot{\boldsymbol{U}}^{\mathrm{T}}\dot{\boldsymbol{U}}\mathrm{d}V \tag{5-35}$$

式中：μ 为阻尼系数。整体结构的动能 T、势能 π_{p} 和耗散函数 R 可以表示为

$$T = \sum_{e=1}^{E}T^e = \frac{1}{2}\dot{\boldsymbol{Q}}^{\mathrm{T}}\Big[\sum_{e=1}^{E}\iiint\limits_{Ve}\rho\boldsymbol{N}^{\mathrm{T}}\boldsymbol{N}\mathrm{d}V\Big]\dot{\boldsymbol{Q}} \tag{5-36}$$

$$\pi_{\mathrm{p}} = \sum_{e=1}^{E}\pi_{\mathrm{p}}^e = \frac{1}{2}\boldsymbol{Q}^{\mathrm{T}}\Big[\sum_{e=1}^{E}\iiint\limits_{Ve}\boldsymbol{B}^{\mathrm{T}}\boldsymbol{D}\boldsymbol{B}\mathrm{d}V\Big]\boldsymbol{Q} -$$

$$\boldsymbol{Q}^{\mathrm{T}}\Big[\sum_{e=1}^{E}\iint\limits_{S_1^e}\boldsymbol{N}^{\mathrm{T}}\boldsymbol{\psi}\mathrm{d}S + \iiint\limits_{Ve}\boldsymbol{N}^{\mathrm{T}}\boldsymbol{\phi}\mathrm{d}V\Big] - \boldsymbol{Q}^{\mathrm{T}}\{P_e(t)\} \tag{5-37}$$

$$R = \sum_{e=1}^{E}R^e = \frac{1}{2}\dot{\boldsymbol{Q}}^{\mathrm{T}}\Big[\sum_{e=1}^{E}\iiint\limits_{Ve}\mu\boldsymbol{N}^{\mathrm{T}}\boldsymbol{N}\mathrm{d}V\Big]\dot{\boldsymbol{Q}} \tag{5-38}$$

单元质量矩阵为

$$\boldsymbol{M}^e = \iiint_{Ve} \rho \boldsymbol{N}^{\mathrm{T}} \boldsymbol{N} \mathrm{d}V \tag{5-39}$$

单元刚度矩阵为

$$\boldsymbol{K}^e = \iiint_{Ve} \boldsymbol{B}^{\mathrm{T}} \boldsymbol{D} \boldsymbol{B} \mathrm{d}V \tag{5-40}$$

单元阻尼矩阵为

$$\boldsymbol{C}^e = \iiint_{Ve} \mu \boldsymbol{N}^{\mathrm{T}} \boldsymbol{N} \mathrm{d}V \tag{5-41}$$

由表面力引起的单元节点力矢量为

$$\boldsymbol{P}_{\mathrm{s}}^e = \iint_{S_1^e} \boldsymbol{N}^{\mathrm{T}} \boldsymbol{\psi} \mathrm{d}S_1 \tag{5-42}$$

因此，整体结构的动能 T、势能 π_{p} 和耗散函数 R 可以进一步表示为

$$T = \frac{1}{2} \dot{\boldsymbol{Q}}^{\mathrm{T}} \boldsymbol{M} \dot{\boldsymbol{Q}} \tag{5-43}$$

$$\pi_{\mathrm{p}} = \frac{1}{2} \boldsymbol{Q}^{\mathrm{T}} \boldsymbol{K} \boldsymbol{Q} - \boldsymbol{Q}^{\mathrm{T}} \boldsymbol{P}(t) \tag{5-44}$$

$$R = \frac{1}{2} \dot{\boldsymbol{Q}}^{\mathrm{T}} \boldsymbol{C} \dot{\boldsymbol{Q}} \tag{5-45}$$

式中：$\boldsymbol{M}$ 为结构的总质量矩阵；$\boldsymbol{K}$ 为结构的总刚度矩阵；$\boldsymbol{C}$ 为结构的总阻尼矩阵；$\boldsymbol{P}(t)$ 为总载荷矢量。

将式（5-43）~式（5-45）代入拉格朗日方程，得到整个结构的动力学运动方程为

$$\boldsymbol{M}\ddot{\boldsymbol{Q}}(t) + \boldsymbol{C}\dot{\boldsymbol{Q}}(t) + \boldsymbol{K}\boldsymbol{Q}(t) = \boldsymbol{P}(t) \tag{5-46}$$

2. FPEG 整机结构的动态响应分析

对于任意具有 n 个自由度的振动系统，其系统动力学方程如式（5-46）所示，将系统的位移矢量 $\boldsymbol{Q}(t)$ 用 $\boldsymbol{u}$ 表示，激励力 $\boldsymbol{P}(t)$ 用 $\boldsymbol{F}$ 表示，获得系统动力学方程为

$$\boldsymbol{M}\ddot{\boldsymbol{u}} + \boldsymbol{C}\dot{\boldsymbol{u}} + \boldsymbol{K}\boldsymbol{u} = \boldsymbol{F} \tag{5-47}$$

式中：$\boldsymbol{M}$ 为系统的质量矩阵；$\boldsymbol{C}$ 为系统的阻尼矩阵；$\boldsymbol{K}$ 为系统的总刚度矩阵；$\boldsymbol{F}$ 为激励力，是时间 t 或者频率 f 的函数，$\boldsymbol{u}$ 为系统的位移矢量。

其特征方程为

$$K - \omega_{\mathrm{r}}^2 M \boldsymbol{\varphi}_{\mathrm{r}} = 0 \tag{5-48}$$

式中：ω_r^2 为特征值；ω_r 为角频率，模态的频率 $f = \omega_r / 2\pi$；φ_r 为特征矢量，即模态位移。

特征值所对应的特征矢量 φ_r 是正交的，同时 φ_r 对刚度矩阵 K 及质量矩阵 M 也是正交的。为将物理坐标表示的动力学方程 $M\ddot{u} + C\dot{u} + Ku = F$ 解耦，需将其转换到模态坐标系。根据特征矢量的正交性，在模态坐标系下，方程的模态矩阵、模态质量、模态刚度、模态阻尼以及模态坐标具体定义如下：

$$\phi = [\varphi_1, \varphi_1, \cdots, \varphi_n] \qquad (5-49)$$

$$M_r = \varphi_r^T M \varphi_r, \quad r = 1, 2, \cdots, n \qquad (5-50)$$

$$K_r = \varphi_r^T K \varphi_r, \quad r = 1, 2, \cdots, n \qquad (5-51)$$

$$C_r = \varphi_r^T C \varphi_r = 2M_r \omega_r \xi_r, \quad r = 1, 2, \cdots, n \qquad (5-52)$$

$$F_r = \varphi_1^T F, \quad r = 1, 2, \cdots, n \qquad (5-53)$$

式中：ϕ 为模态矩阵；M_r 为模态质量；K_r 为模态刚度；C_r 为模态阻尼；ξ_r 为模态阻尼比；F_r 为模态力。

模态参与因子、振动位移可以写成

$$u = \eta_1 \varphi_1 + \eta_2 \varphi_2 + \cdots + \eta_n \varphi_n = \phi\eta \qquad (5-54)$$

式中：$\eta = \begin{Bmatrix} \eta_1 \\ \eta_2 \\ \vdots \\ \eta_n \end{Bmatrix}$ 是由模态参与因子 η_r 构成的矢量。

通过以上变换，原耦合的动力学方程式就成为解耦的以模态坐标表示的模态方程：

$$M_r \ddot{\eta}_r + C_r \dot{\eta}_r + K_r \eta_r = F_r \quad (r = 1, 2, \cdots, n) \qquad (5-55)$$

求解 n 个独立的模态坐标下的动力学方程，就可得到模态坐标下的各阶模态矢量 φ_r 对应的模态参与因子 η_r，将其代入式（5-47）中，便可得到系统在物理坐标系下的位移响应 u，在频率空间中，速度响应为

$$\dot{u} = j\omega u = 2j\pi f u \qquad (5-56)$$

式中：j 为单位复数；ω 为角频率；f 为频率。

在频率空间中，加速度响应为

$$\ddot{u} = j\omega\dot{u} = -\omega^2 u = 4\pi^2 f^2 u \qquad (5-57)$$

这样就可以得到第 r 阶在结构某点 i 处的振动位移、振动速度和振动加速度：

$$u_{r,i} = \eta_r \varphi_{r,i} \qquad (5-58)$$

$$\dot{u}_{r,i} = 2j\pi f \eta_r \varphi_{r,i} \qquad (5-59)$$

$$\ddot{u}_{r,i} = -4\pi^2 f^2 \eta_r \varphi_{r,i} \tag{5-60}$$

式中：$\varphi_{r,i}$ 为第 r 阶模态（特征矢量）在结构上 i 点处的模态位移。

3. FPEG 结构表面振动特性分析

在 FPEG 结构表面布置了 6 个测点位置，其中 3 个测点位置在电机拖动工况下振动加速度的时频特征如图 5 – 9 ~ 图 5 – 11 所示。

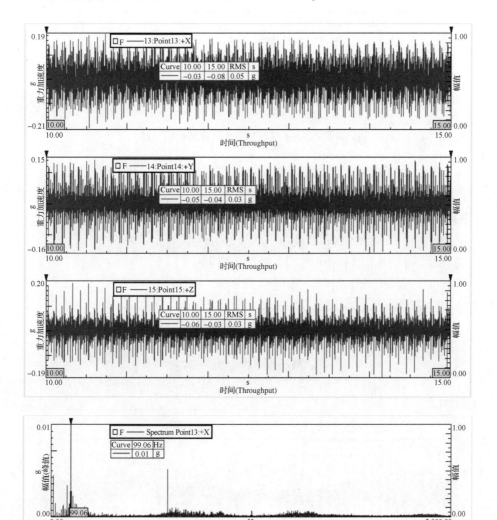

图 5 – 9　测点 1 振动加速度时频特征图

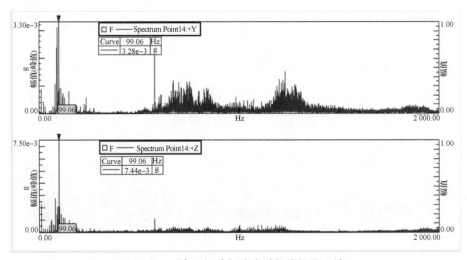

图 5 - 9   测点 1 振动加速度时频特征图 （续）

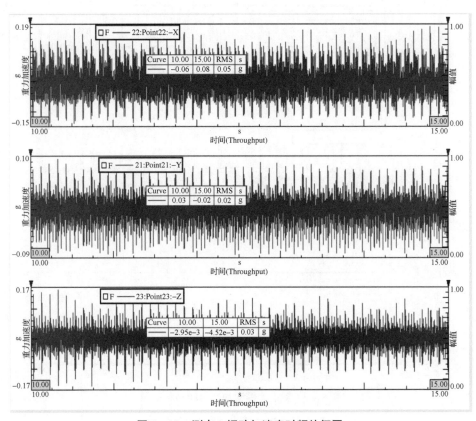

图 5 - 10   测点 3 振动加速度时频特征图

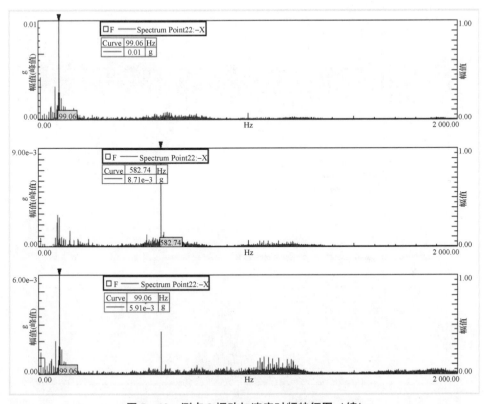

图5-10 测点3振动加速度时频特征图（续）

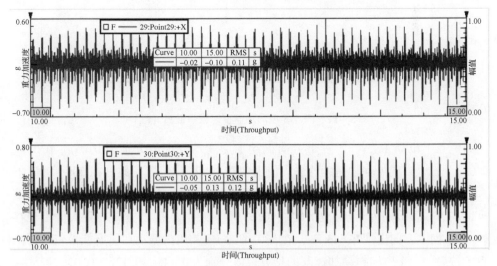

图5-11 测点5振动加速度时频特征图

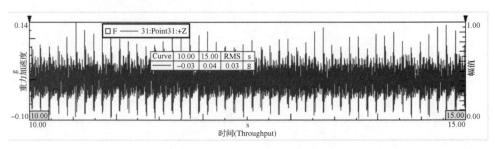

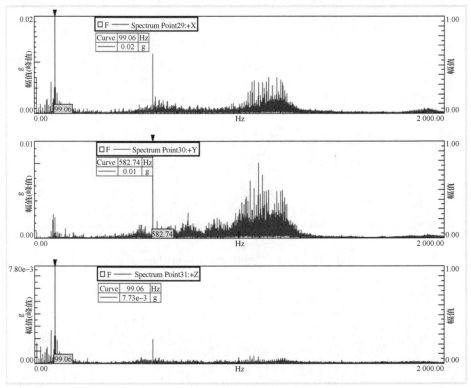

图 5-11 测点 5 振动加速度时频特征图（续）

测点 1 位置 X、Y、Z 三个方向振动加速度均方根值分别为 $0.05g$、$0.03g$、$0.03g$，三个方向振动加速度的最大值出现在 99 Hz 的位置，此外在 500~900 Hz 和 1 100~1 500 Hz 频段，振动加速度能量较大。测点 3 位置的三个方向振动加速度的均方根值分别为 $0.05g$、$0.02g$、$0.03g$，其中，X 和 Z 方向的最大值出现在 99 Hz，而 Y 方向出现在 583 Hz，在 500~800 Hz 频段内振动加速度能量较大。测点 5 位置的三个方向振动加速度的均方根值分别为 $0.11g$、$0.12g$、$0.03g$，其中，X 和 Z 方向的最大值出现在 99 Hz，Y 方向出现在 583 Hz，与测点 3 相同；此外在 900～1 400 Hz 频段内振动加速度能量较大。

由图 5 – 9～图 5 – 11 可见，FPEG 整机沿 X 方向的振动是其他两个方向的两倍左右，不同的测点位置振动的敏感频段是不同的：测点 1 的振动敏感频段为 500～900 Hz 和 1 100～1 500 Hz；测点 3 的振动敏感频段为 500～800 Hz；测点 5 的振动敏感频段为 900～1 400 Hz。引起不同结构表面振动响应敏感频段差异的主要原因是各个激励力沿不同结构部位的传递特征不同，以及不同结构位置的衰减特征不同。

5.3　FPEG 关键部件模态分析以及整机振动烈度测试

5.3.1　动力缸模态仿真分析与校验

对动力缸三维模型进行几何清理，采用二阶四面体网格对其进行有限元前处理，划分大小为 5 mm，如图 5 – 12 所示。

|（a）|（b）|（c）|

图 5 – 12　动力缸三维模型

对动力缸进行自由模态分析，主要关注其低阶模态，本体的材料为 RuT400，附件的材料为 45 号钢。查阅材料属性表，获取其参数如表 5 – 4 所示。动力缸仿真模态结果如图 5 – 13 所示。

表 5 – 4　材料属性表

材料名称	密度/(kg·m^{-3})	弹性模量/GPa	泊松比
RuT400	7 100	140	0.26
45 号钢	7 850	210	0.31

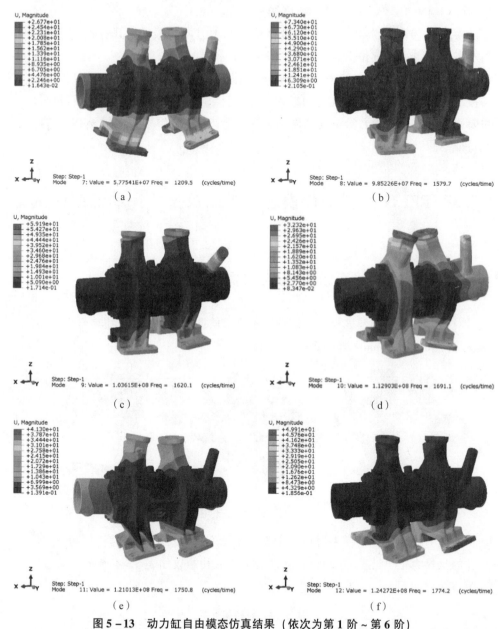

图 5 – 13　动力缸自由模态仿真结果（依次为第 1 阶 ~ 第 6 阶）

（a）第 1 阶；（b）第 2 阶；（c）第 3 阶；（d）第 4 阶；（e）第 5 阶；（f）第 6 阶

　　依据实体结构所建立的有限元分析模型是对结构动态特性进行数值分析计算的基础，模态作为结构动态特性的属性表征，是分析结构振动和噪声特性的重要前提。根据以往研究工作，结构的模态特征可以通过实验测试和仿真计算两种方法获得。往往由于分析结构的复杂性和实验测试条件的局限，实验测试所获得的结构模态信息与仿真计算结果存在一定的差异，并且根据结构考察频段的不同，这种差异的显著性逐渐增大。主要表现在相同阶次的模态特征及相应频带范围内模态数量的一致性上，因此对两种途径所获得的模态进行相关性分析就显得尤为重要。通过相关性分析研究，使数值计算过程与试验测试紧密结合，在保证仿真计算可信度的前提下，通过建立的高精度分析模型进行结构动态响应分析，为结构的动态设计提供有力的参数支撑。

将实验模态结果与仿真模态结果进行对比，可校核材料及有限元模型的精度，对比结果如表 5 - 5 所示。

表 5 - 5　动力缸实验模态与仿真模态结果对比

阶数	振型	实验频率/Hz	仿真频率/Hz	误差
1	整体弯曲	1 173.3	1 209.5	3.09%
2	局部扭转	1 507.9	1 579.7	4.76%
3	局部弯曲	1 606.9	1 620.1	0.82%
4	整体弯曲	1 651.7	1 691.1	2.39%
5	弯扭组合	1 695.3	1 750.8	3.27%
6	局部扭转	1 752.3	1 774.2	1.25%

通过仿真与实验模态分析结果对比可知，动力缸前 6 阶弹性模态两者振型一致，频率误差在 5% 以内，说明有限元模型具有较好的精度，可进行下一步研究工作。

5.3.2　FPEG 整机振动烈度测试

FPEG 的水平横向激励特征使得整机的振动传递和响应与传统发动机有很大的区别，对置气缸之间激励载荷的耦合作用增加了系统振动的耦合程度。同时 FPEG 新型无曲轴水平对置结构特征，对振动测试方法和测试要求提出新的问题。例如，测试工况、振动响应测点布置等。为解决上述问题，对 FPEG 整机振动响应开展振动烈度测试。

1. 振动烈度

机械振动是一种常见的运动,描述振动的三要素包括振幅、频率和相位。其中,振幅指示系统的强度和能量水平可以用位移、速度或加速度幅值来表示。在 10~1 000 Hz 范围内,为了更准确地描述振动的强烈程度,在振动速度的基础上引入了振动烈度。

振动烈度表示振动强烈程度。通常用表征振动水平的参数(如位移、速度与加速度)的最大值、平均值或均方根值表示。国际标准组织(ISO)推荐振动烈度用机械设备上指定点处的振动速度的均方根值表示。其优点:包含有频率的信息,反映了振动系统的能量,兼顾了振动过程的时间历程。但在很低的频率下(如 10 Hz 以下时),常用振动位移的均方根值衡量振动烈度。

本次测试所采取的振动烈度是速度的均方根值,包含频率的信息,可反映振动系统的能量,兼顾振动过程的时间历程。其计算公式为

$$\nu_{r,m,s} = \sqrt{\left(\frac{\sum \nu_X}{N_X}\right)^2 + \left(\frac{\sum \nu_Y}{N_Y}\right)^2 + \left(\frac{\sum \nu_Z}{N_Z}\right)^2} \qquad (5-61)$$

式中:$\nu_{r,m,s}$ 为振动烈度(mm/s);ν_X、ν_Y、ν_Z 为 X、Y、Z 方向的振动速度(mm/s);N_X、N_Y、N_Z 为 X、Y、Z 方向的点数。

2. 振动烈度测试

振动响应测试系统主要包括被测对象、振动信号采集系统以及数据处理系统。FPEG 整机为被测对象,整机振动信号通过安装在机体上的三向加速度传感器进行信号采集。其中,传感器需要用专用黏结剂固定于各测点位置处。振动信号首先经过电荷放大器放大并转换成电压信号,然后传输到带有滤波功能的数据采集处理系统,对信号进行采样(分析频率为 4 096 Hz),处理后的测试数据存储到微机系统。

振动响应测点在布置时应该遵循以下三个原则。

(1)测点的位置应该避免薄壳和悬臂结构而选择在机体的坚固部位。

(2)应该选取在机脚或机体顶部等振动能量传递的前后部位。

(3)测点的布置数量一般至少取 5 个。

FPEG 结构主要包括动力缸、电机、回弹缸以及其他附件。该新型发动机的振动测点布置参考传统对置式曲轴发动机的结构布置,振动测点应该包含能够测量出最大振动烈度的位置。考虑上述测点布置原则和数据处理系统通道数目限制

以及整机的对称分布形式，在 FPEG 整机上选取 5 个振动响应测点位置。其中，包括动力缸上的 3 个测点、电机上的一个测点和回弹缸上的一个测点，如图 5 – 14 ~ 图 5 – 16 所示。以动力缸指向回弹缸的方向为 X 方向，垂直向上为 Z 方向，根据右手定则确定 Y 方向。

（a）

（b）

图 5 – 14　动力缸测点位置示意（共计 3 个位置）

图 5 – 15　电机测点位置示意

图 5 – 16　回弹缸测点位置示意

振动传感器与测点位置名称的对应关系如表 5 – 6 所示。

表 5 – 6　振动传感器与测点位置名称的对应关系

传感器标号	测点位置
1	动力缸附件表面
2	动力缸侧面上端
3	动力缸侧面下端
4	电机侧面
5	回弹缸侧面

针对点火位置、喷油位置、喷油脉宽的不同，对点火工况下动力缸表面、电机侧面、回弹缸侧面的振动烈度响应开展测试工作。

3. 点火工况振动烈度响应分析

（1）点火位置不变—喷油位置不变—喷油脉宽变化。

将点火位置调整为 27 mm，喷油位置调整为 39 mm，喷油脉宽依次取 0、2.5 ms、2.75 ms、3 ms。时域数据如图 5 – 17 ~ 图 5 – 21 所示。

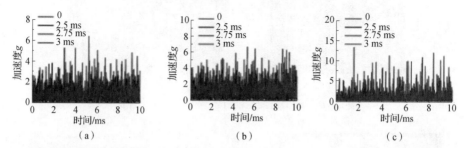

图 5 – 17 动力缸测点 1 的三个方向时域图（依次为 X、Y、Z 方向）（见彩插）

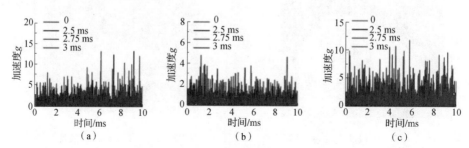

图 5 – 18 动力缸测点 2 的三个方向时域图（依次为 X、Y、Z 方向）（见彩插）

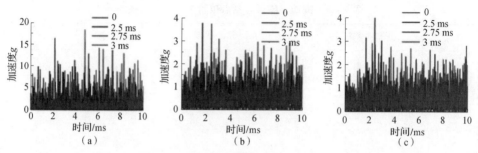

图 5 – 19 动力缸测点 3 的三个方向时域图（依次为 X、Y、Z 方向）（见彩插）

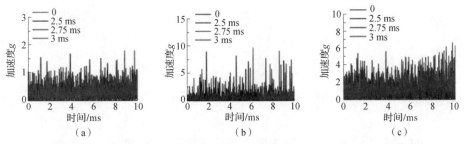

图 5 – 20　电机侧面测点三个方向时域图（依次为 X、Y、Z 方向）（见彩插）

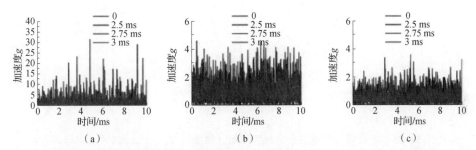

图 5 – 21　回弹缸侧面测点三个方向时域图（依次为 X、Y、Z 方向）（见彩插）

频域数据如图 5 – 22 ~ 图 5 – 26 所示。

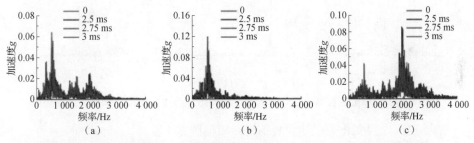

图 5 – 22　动力缸测点 1 三个方向频域图（依次为 X、Y、Z 方向）（见彩插）

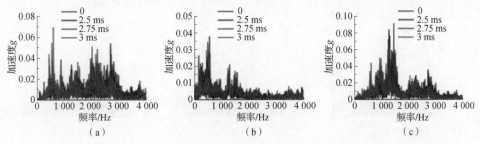

图 5 – 23　动力缸测点 2 的三个方向频域图（依次为 X、Y、Z 方向）（见彩插）

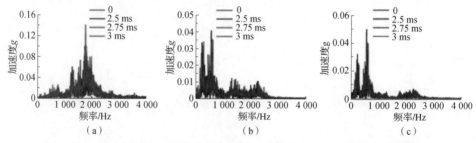

图 5 – 24 动力缸测点 3 三个方向频域图（依次为 X、Y、Z 方向）（见彩插）

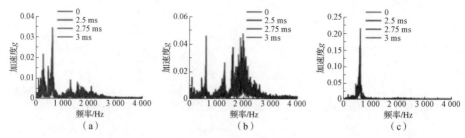

图 5 – 25 电机侧面测点三个方向频域图（依次为 X、Y、Z 方向）（见彩插）

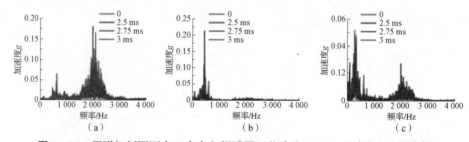

图 5 – 26 回弹缸侧面测点三个方向频域图（依次为 X、Y、Z 方向）（见彩插）

（2）点火位置变化—喷油位置不变—喷油脉宽不变。

将点火位置依次取 25 mm、27 mm、29 mm、31 mm，喷油位置调整为 39 mm，喷油脉宽调整为 3 ms。时域数据如图 5 – 27 ～ 图 5 – 31 所示。

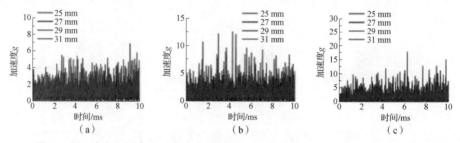

图 5 – 27 动力缸测点 1 三个方向时域图（依次为 X、Y、Z 方向）（见彩插）

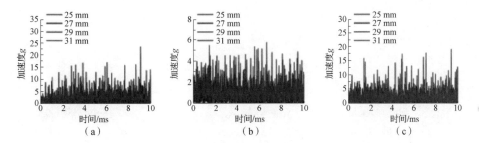

图 5 – 28　动力缸测点 2 三个方向时域图（依次为 X、Y、Z 方向）（见彩插）

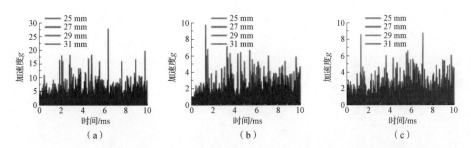

图 5 – 29　动力缸测点 3 三个方向时域图（依次为 X、Y、Z 方向）（见彩插）

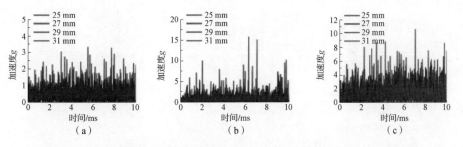

图 5 – 30　电机侧面测点三个方向时域图（依次为 X、Y、Z 方向）（见彩插）

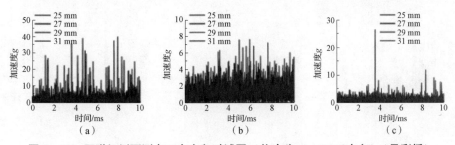

图 5 – 31　回弹缸侧面测点三个方向时域图（依次为 X、Y、Z 方向）（见彩插）

频域数据如图 5 – 32 ~ 图 5 – 36 所示。

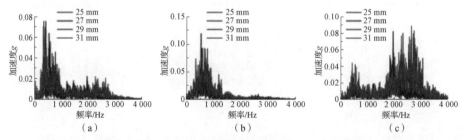

图 5 – 32 动力缸测点 1 三个方向频域图（依次为 X、Y、Z 方向）（见彩插）

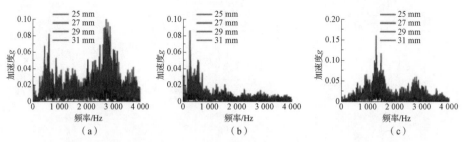

图 5 – 33 动力缸测点 2 三个方向频域图（依次为 X、Y、Z 方向）（见彩插）

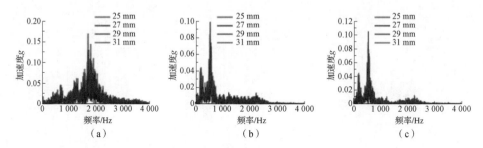

图 5 – 34 动力缸测点 3 三个方向频域图（依次为 X、Y、Z 方向）（见彩插）

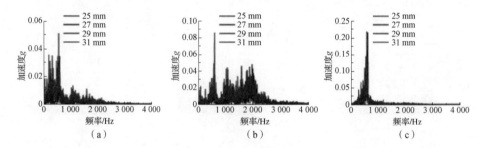

图 5 – 35 电机侧面测点三个方向频域图（依次为 X、Y、Z 方向）（见彩插）

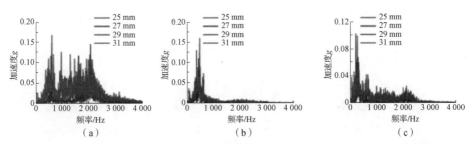

图 5 – 36　回弹缸侧面测点三个方向频域图（依次为 X、Y、Z 方向）（见彩插）

（3）点火位置不变—喷油位置变化—喷油脉宽不变。

将点火位置调整为 27 mm，喷油位置依次取 35 mm、37 mm、39 mm、41 mm，喷油脉宽调整为 3 ms。时域数据如图 5 – 37 ~ 图 5 – 41 所示。

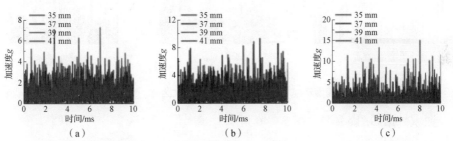

图 5 – 37　动力缸测点 1 三个方向时域图（依次为 X、Y、Z 方向）（见彩插）

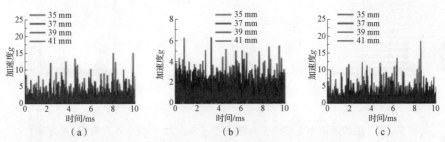

图 5 – 38　动力缸测点 2 三个方向时域图（依次为 X、Y、Z 方向）（见彩插）

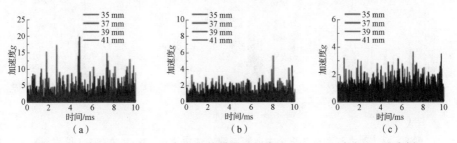

图 5 – 39　动力缸测点 3 三个方向时域图（依次为 X、Y、Z 方向）（见彩插）

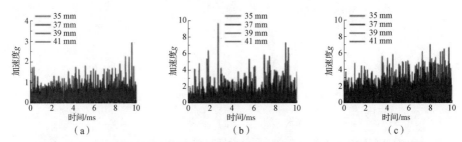

图 5 – 40　电机侧面测点三个方向时域图（依次为 X、Y、Z 方向）（见彩插）

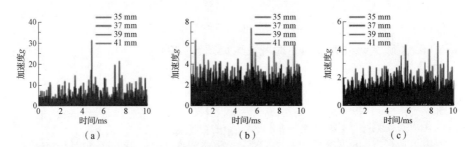

图 5 – 41　回弹缸侧面测点三个方向时域图（依次为 X、Y、Z 方向）（见彩插）

频域数据如图 5 – 42 ~ 图 5 – 46 所示。

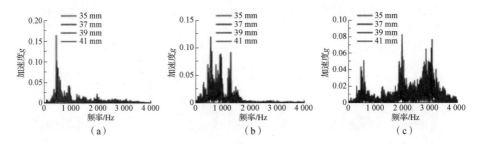

图 5 – 42　动力缸测点 1 三个方向频域图（依次为 X、Y、Z 方向）（见彩插）

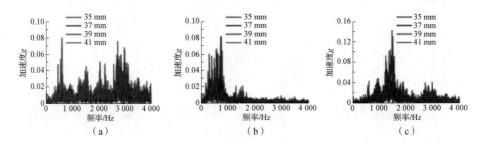

图 5 – 43　动力缸测点 2 三个方向频域图（依次为 X、Y、Z 方向）（见彩插）

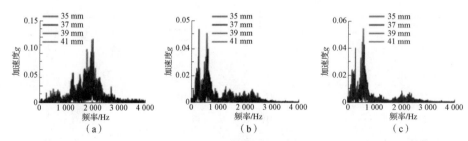

图 5 - 44　动力缸测点 3 三个方向频域图（依次为 X、Y、Z 方向）（见彩插）

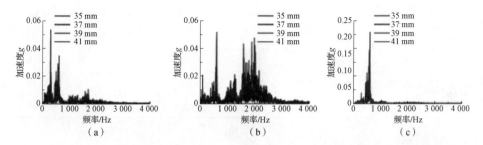

图 5 - 45　电机侧面测点三个方向频域图（依次为 X、Y、Z 方向）（见彩插）

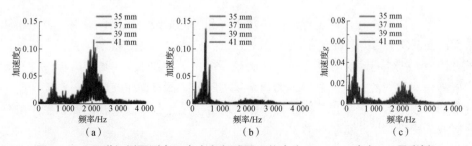

图 5 - 46　回弹缸侧面测点三个方向频域图（依次为 X、Y、Z 方向）（见彩插）

　　结合以上数据可以得出，在时域范围内，对于动力缸测点 1 来说，时域内加速度大小为 Z 方向最大；对于动力缸测点 2 来说，时域内加速度大小为 Y 方向最小；对于动力缸测点 3 来说，时域内加速度大小为 X 方向最大；对于电机来说，时域内加速度大小为 Y 方向最大；对于回弹缸来说，时域内加速度大小为 X 方向最大。其余未说明方向基本水平相当。在频域范围内，所有峰值均在 2 000 Hz 以内，集中在低中频段。

　　将以上 5 个测点的 3 个方向在频段 10 ~ 1 000 Hz 速度峰值按照式（5 - 61）计算振动烈度，其结果按照点火位置—喷油位置—喷油脉宽的顺序整理，如表 5 - 7 所示。

表 5 - 7　振动烈度测试结果对比　　　　　　　　单位：mm/s

位置	27 - 39 - 0	27 - 39 - 2.5	27 - 39 - 2.75	27 - 39 - 3	25 - 39 - 3
动力缸附件表面	0.036	0.058	0.061	0.062	0.065
动力缸侧面上端	0.029	0.046	0.047	0.047	0.053
动力缸侧面下端	0.027	0.045	0.046	0.045	0.049
电机侧面	0.022	0.038	0.041	0.040	0.048
回弹缸侧面	0.032	0.058	0.060	0.062	0.072
位置	29 - 39 - 3	31 - 39 - 3	27 - 35 - 3	27 - 37 - 3	27 - 41 - 3
动力缸附件表面	0.096	0.109	0.049	0.058	0.074
动力缸侧面上端	0.089	0.097	0.065	0.072	0.070
动力缸侧面下端	0.077	0.087	0.033	0.042	0.052
电机侧面	0.066	0.080	0.027	0.033	0.047
回弹缸侧面	0.129	0.155	0.044	0.060	0.074

5.4　FPEG 样机噪声特性测试

　　参考《声学声压法测定噪声源声功率级和声能量级　采用反射面上方包络测量面的简易法》GB/T 3768—2017/ISO 3746：2010 并考虑实际情况选择合适的测试方法对 FPEG 的辐射噪声开展测试试验。FPEG 工作时，主要噪声源包含有动力气缸、回弹气缸、直线电机，如图 5 - 47 所示。测试时 FPEG 与正常工作时一样安装在固定台架上，根据国家现行标准规定，工作台架安装在距测试室中的任何吸收表面至少 1.5 m 的位置。

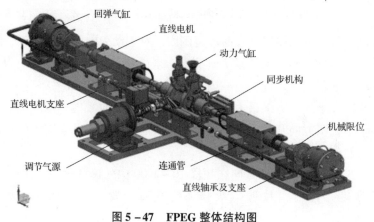

图 5 - 47　FPEG 整体结构图

5.4.1　测试仪器

开展 FPEG 辐射噪声测试试验需要用到的仪器设备如表 5 – 8 所示。

表 5 – 8　测试仪器设备清单

设备名称	设备型号	产地	设备用途
数据采集仪器	SCADAS Ⅲ	比利时 LMS	测试信号采集处理
高精度传声器	GRAS 40 AF	丹麦 GRAS	采集声辐射信号
Signature Acquisition 模块	Test. Lab 17	比利时 LMS	数据获取及处理

GRAS 40 AF 高精度传声器的声压级测试范围为 14 ~ 149 dB · A，频率测试范围为 3.15 ~ 20 K，灵敏度为 47.09 mV/g。

图 5 – 48（a）所示为实验用数据采集器和 Signature Acquisition 模块，图 5 – 48（b）所示为试验用传声器。

（a）　　　　　　　　　　（b）

图 5 – 48　实验设备

（a）数据采集器；（b）传声器

5.4.2　传声器位置

由于 FPEG 的对称性结构特点以及测试条件的限制，依据《声学声压法测定噪声源声功率级和声能量级　采用反射面上方包络测量面的简易法》GB/T 3768—2017 确定 FPEG 的辐射噪声实验的传声器安装在对称的右半边测量面上。

确定测量面之后，应将测量面的每个平面分割成数量尺寸相同的矩形面元，面元的最大边长应不大于测量距离 d 的 3 倍。传声器的位置在每个面元的中心。

根据这一规则，将测量面分割为如图 5 - 49 （a） 所示的面元，共使用 7 个传声器。传声器指向应让传声器的基准方向与测量面垂直。传声器实际安装位置如图 5 -49 （b） 所示，图中所圈位置为传声器位置，数字代表测点序号。

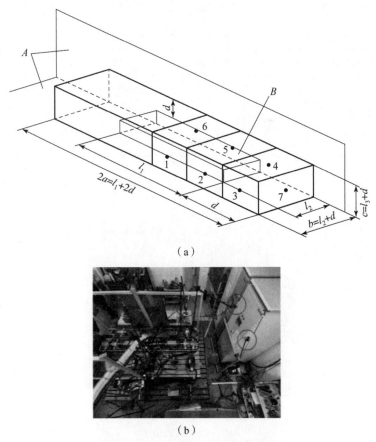

（a）

（b）

图 5 - 49　测量面及传声器安装位置

（a） 测量面；（b） 传声器安装位置

A—反射面；B—基准体；$2a$—测量面长；$2b$—测量面宽；c—测量面高；

d—测量距离，值为 $d = 1\ \text{m}$；l_1—基准体长，$l_1 = 2.30\ \text{m}$；

l_2—基准体宽，$l_2 = 0.40\ \text{m}$；l_3—基准体高，$l_3 = 0.30\ \text{m}$

5.4.3　噪声测试实验流程

安装 FPEG 测试台架，拆除周围不必要的反射面，尽可能保证安装条件不会使声源的声音输出发生变化。为了便于选择测量面的形状和尺寸，首先应先确定基准体。测量面则是一个包围基准体，并终止于反射平面且面积为 S 的假想平面。根据传声器位置选择标准和安装规范，安装传声器并和数据采集传输仪连接，应保证传声器位置稳定，保证夹持设备和连接线不会随 FPEG 工作产生大幅振动。在实验设备安装完成的条件下，测量三次来自被测噪声源以外的其他声源的所有噪声，以三次测量的时间平均声压级的平均值作为背景噪声的测量值。使 FPEG 以较为粗暴的工况进行一次实验，标定噪声信号测试量程，目的是使后续正式实验时在噪声信号不过载的前提下保证最大的测量精度。

开展正式测试时，选取三组参数作为试验变量，以控制变量法进行 12 组测试试验，每组测试组均在保持参数不变的情况下进行三次试验以减少偶然误差，每次试验保持 FPEG 在目标参数下稳定工作至少 10 s，采集记录 10 s 内的噪声数据。12 组试验组分别为在点火位置为 27 mm 及喷油位置为 39 mm 时，设置 0 ms、2.5 ms、2.75 ms、3 ms 共四组喷油脉宽进行试验；在喷油脉宽为 3 ms 及喷油位置为 39 mm 时，设置 25 mm、27 mm、29 mm、31 mm 共四组点火位置不同的试验组；在喷油脉宽为 3 ms 及点火位置为 27 mm 时，设置 35 mm、37 mm、39 mm、41 mm 共四组喷油位置不同的试验组。

记录并处理试验数据，拆除实验设备和仪器。

5.4.4　实验结果及分析

根据实验记录的数据结合实验流程研究喷油脉宽、点火位置、喷油位置对整机声辐射的影响。

1. 各点及整机时间平均声压级分析

（1）喷油脉宽的影响。

保持其他参数不变，通过改变供油量探究其对整机声辐射的影响。实验中采用调节喷油脉宽的大小实现对于供油量的控制。

在点火位置为 27 mm 及喷油位置为 39 mm 时，设置 0 ms、2.5 ms、2.75 ms、3 ms 共四组喷油脉宽进行实验。每组喷油脉宽实验组均进行三次试验以减少偶然误差，每次实验保持 FPEG 在目标参数下稳定工作至少 10 s，采集记录 10 s 内的噪声数据。图 5 – 50 所示为 0 ms 喷油脉宽实验组中 1 号测量点所得原始的声压时域数据。根据原始数据，使用式（5 – 62）计算该测点位置下被测噪声源的时间平均声压级为

$$L_{p,T} = 20\lg\left(\frac{\bar{P}}{P_{ref}}\right) = 10\lg\left(\frac{\bar{P}^2}{P_{ref}^2}\right) \tag{5-62}$$

式中：$\bar{P}$ 为 10 s 内的声压数据 RMS 值；P_{ref} 为基准声压，Pa，$P_{ref} = 2 \times 10^{-5}$ Pa。

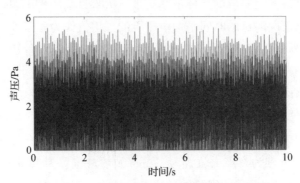

图 5 - 50   0 ms 喷油脉宽 1 号测点声压时域数据

经过计算后，喷油脉宽为 0 ms、2.5 ms、2.75 ms、3 ms 的四组实验组中各测点的时间平均声压级如表 5 - 9 所示。

表 5 - 9   各组所测各点时间平均声压级   （单位：dB）

声压级	测点 1	测点 2	测点 3	测点 4	测点 5	测点 6	测点 7
0 ms	100.64	101.02	101.46	101.77	101.16	101.14	104.63
2.5 ms	102.25	101.88	99.51	101.14	102.97	104.33	104.21
2.75 ms	102.49	102.03	99.54	101.26	103.07	104.45	104.25
3 ms	102.95	102.51	99.90	101.39	103.34	104.65	104.37

该七个测点组成的传声器阵列测得的时间平均声压级的平均值 $\overline{L'_{p(ST)}}$ 应按下式计算：

$$\overline{L'_{p(ST)}} = 10\lg\left[\frac{1}{N_M}\sum_{i=1}^{N_M} 10^{0.1L'_{pi(ST)}}\right] \tag{5-63}$$

式中：$\overline{L'_{p(ST)}}$ 为第 i 个传声器位置处被测噪声源（ST）的时间平均声压级，单位为分贝（dB）；N_M 为传声器位置数，本试验取 $N_M = 7$。

通过计算可得喷油脉宽为 0 的实验组的时间声压级的平均值为 $\overline{L'_{p(ST)}} = $ 101.899 9 dB。

实际测量面的时间平均声压级 $\overline{L_p}$ 需要用下式对时间平均声压级的平均值 $\overline{L'_{p(ST)}}$

进行背景噪声和测试环境影响修正计算得到，即

$$\overline{L_p} = L'_{p(ST)} - K_{1A} - K_{2A} \tag{5-64}$$

式中：K_{1A} 为背景噪声修正值（dB），在本试验中为 0；K_{2A} 为环境修正值（dB），在本试验中为 2.50 dB。

最终得到喷油脉宽为 0 ms 时的时间平均声压级 $\overline{L_p} = 99.3999$ dB。同理，可得喷油脉宽为 2.5 ms、2.75 ms、3 ms 时的时间平均声压级。

由图 5-51 所示可以看出，喷油脉宽对于整机声辐射的影响呈正相关，即在实验探究的喷油脉宽范围内，喷油脉宽越大，整机运转时的声压级越大，且在相同的喷油脉宽增量下，2.75~3 ms 的声压级变化比 2.5~2.75 ms 的声压级变化要大，原因可能是随着试验的进行，整机逐渐热机导致后进行的试验中整机工作状态更佳。

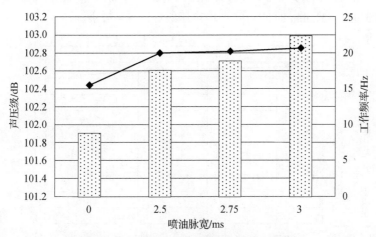

图 5-51　喷油脉宽对整机声压级的影响

喷油脉宽由 0 变为 2.5 ms 时，工作频率上升了约 30%，整机工作时的机械噪声随之增加，且缸内燃烧产生了燃烧噪声，导致整机的声辐射声压级增加了约 0.7 dB。在此处的两次变化下，工作频率增幅不超过 2%。对于整机的机械噪声几乎没有影响，但是整机时间平均声压级增加了近 1 dB，初步判断是由缸内燃烧激发的燃烧噪声引起的。

（2）点火位置的影响。

实验时，在喷油脉宽为 3 ms 及喷油位置为 39 mm 时，设置 25 mm、27 mm、29 mm、31 mm 共四组点火位置不同的实验组。每组实验组均进行三次试验以减少偶然误差，每次实验保持 FPEG 在目标参数下稳定工作至少 10 s，采集记录 10 s 内的噪声数据。

将每组实验数据经过计算后点火位置为 25 mm、27 mm、29 mm、31 mm 的四组实验组中各测点的时间平均声压级如表 5 – 10 所示。

表 5 – 10　各组所测各点时间平均声压级　（单位：dB）

声压级	测点 1	测点 2	测点 3	测点 4	测点 5	测点 6	测点 7
0 ms	104.13	103.77	100.99	102.59	104.48	106.05	105.53
2.5 ms	107.33	106.70	103.84	105.56	107.83	109.24	107.73
2.75 ms	107.12	106.48	103.44	105.19	107.71	109.15	107.12
3 ms	107.64	106.94	103.70	105.77	108.20	109.45	107.58

实验数据的处理步骤同喷油脉宽实验组。同理可得点火位置为 25 mm、27 mm、29 mm、31 mm 时的时间平均声压级如图 5 – 52 所示。

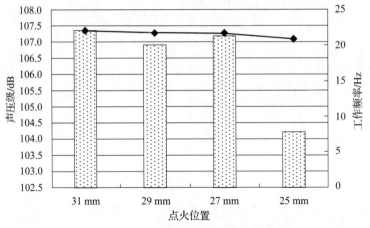

图 5 – 52　点火位置对整机声压级的影响

由图 5 – 52 所示可以看出，点火位置对于 FPEG 整机的声辐射并不是正相关的。在标准工况即点火位置为 27 mm 时，整机的工作状况最佳，缸内燃烧最为充分，气体爆发压力较大，燃烧噪声较大。点火位置过晚，燃料可能会在膨胀行程中燃烧，气缸容积增大，燃烧压力降低，且燃料在喷出后扩散过久可能导致液滴碰壁后粘连，燃烧效果较差，对应的点火位置为 25 mm 时整机时间平均声压级较低。若点火位置过早，则容易造成整机工作过程中爆震，热负荷、振动和噪声加剧，所以对应的点火位置为 31 mm 时声压级曲线有明显上升。还有一个可能的原因是随着试验的进行，整机逐渐热机导致后进行的试验中缸内燃烧效果更佳，所以燃烧噪声更大。

在改变点火位置的四组试验中，工作频率的总体变化幅度约为 5%，由于机械部件运动产生的机械噪声变化较小，而点火位置由 27 mm 改为 25 mm 时整机时间平均声压级变化较大，初步判断是由缸内燃烧情况发生改变引起的。

（3）喷油位置的影响。

保持其他参数不变，通过改变喷油位置探究其对整机声辐射的影响。定义喷油时自由活塞与动力缸中心点位置的水平距离为喷油位置。

试验时，在喷油脉宽为 3 ms 及点火位置为 27 mm 时，设置 35 mm、37 mm、39 mm、41 mm 共四组喷油位置不同的试验组。每组试验组均进行三次实验以减少偶然误差，每次实验保持 FPEG 在目标参数下稳定工作至少 10 s，采集记录 10 s 内的噪声数据。

将每组实验数据经过计算后点火位置为 35 mm、37 mm、39 mm、41 mm 的四组实验组中各测点的时间平均声压级如表 5 - 11 所示。

表 5 - 11　各组所测各点时间平均声压级　（单位：dB）

声压级	测点 1	测点 2	测点 3	测点 4	测点 5	测点 6	测点 7
0 ms	100.27	100.46	100.59	101.15	100.84	101.13	104.07
2.5 ms	102.12	101.67	99.83	101.14	102.61	103.93	103.66
2.75 ms	105.78	105.27	102.42	103.89	106.15	107.73	106.27
3 ms	104.56	104.09	101.42	102.84	105.09	106.65	105.30

实验数据处理步骤同喷油脉宽和点火位置实验组。同理可得喷油位置为 35 mm、37 mm、39 mm、41 mm 时的时间平均声压级如图 5 - 53 所示。

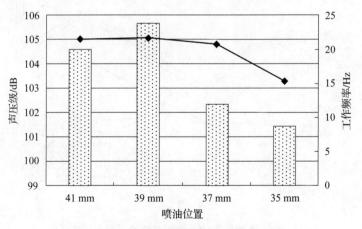

图 5 - 53　喷油位置对整机声压级的影响

从图 5 - 53 所示中可以看出，当喷油位置为 39 mm 时，整机声压级达到四组实验中的最大值。当喷油位置为 35 mm 时，整机的工作频率和时间平均声压级数值均与喷油脉宽为 0 时的冷起动工况近似，即此时由于机械部件运动产生的机械噪声和整机辐射噪声与冷起动工况近似相等。可以初步推断此时缸内的燃料几乎没有点火燃烧。

当喷油位置较早时，活塞处于压缩行程，此时气缸内空气密度较低，压力、温度较低，燃料的蒸发、雾化、混合时间增加，所以致使着火延迟期增加，预混合阶段燃烧的油量变多，从而使发动机工作粗暴，压力升高率增加，气缸内的燃烧噪声也随之增加；喷油位置过晚时，燃料蒸发混合不充分，会使得燃烧不完全，甚至无法着火燃烧，导致燃烧噪声较低。所以喷油位置较早的两组声压级更高。除此之外，当喷油位置过早时，已经蒸发、雾化完成的燃料经过长时间扩散可能导致油雾再次凝固、液滴碰壁后粘连，导致燃烧效果较差，燃烧噪声有所降低。所以图中喷油位置由 39 mm 变为 41 mm 时声压级出现下降，喷油位置为 39 mm 及 37 mm 时声压级明显低于前两组。

（4）起动工况与稳定运转工况对比。

当喷油脉宽为 0 时，气缸内无燃油燃烧，FPEG 由电机带动运转，称为冷起动工况。实验中设计喷油位置为 39 mm，点火位置为 27 mm，喷油脉宽为 0 的起动工况为无燃烧对照组。设计四组稳定运转工况，喷油位置均为 39 mm，喷油脉宽均为 3 ms，点火位置分别为 25 mm、27 mm、29 mm、31 mm，四组工况均发生燃烧。

经过计算，五组工况的七个测点处的时间平均声压级如图 5 - 54 所示。

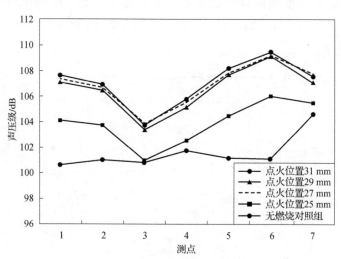

图 5 - 54　五组工况的七个测点处的时间平均声压级

由图 5 - 54 可以看出，无燃烧对照组的声压级整体明显低于燃烧组。当动力缸内无燃烧时，整机噪声主要是机械噪声和进、排气噪声。测点 7 处传声器的安装位置垂直并正对回弹缸，在运转时，动子在回弹缸中来回运动，引起气体振荡和部件振动产生噪声，所以声压级较高。在四组稳定运转工况中，改变喷油脉宽为 3 ms 后，动力缸内开始燃烧，缸压上升，激励产生，由于燃烧形成的压力振荡通过缸体、活塞等部件向外辐射噪声。可以看出，产生燃烧噪声之后，各测点声压级发生明显变化。测点 1、测点 2、测点 5、测点 6 的声压级上升幅度较大，平均上升 3 ~ 6 dB。原因是其传声器安装位置正对动力气缸、回弹气缸以及直线电机，开始燃烧后产生燃烧噪声，工作频率的增加使机械噪声也随之增大。特别是正对动力缸的 6 号测点，声压级增幅最大，达到 7 组测点中的峰值。这说明，当 FPEG 稳定运转之后，动力气缸产生的燃烧噪声成为重要噪声源。因此对该发动机的燃烧特性进行修改应该可以使该发动机噪声有明显的下降。

（5）整机辐射噪声敏感性分析。

为了研究三组参数对 FPEG 整机辐射噪声影响的大小，对各组得到的时间平均声压级结果进行极差分析，极差大小反映了该因素变化时对于整机噪声的影响大小。

由图 5 - 55 所示可见，在这三组参数中，点火位置对整机辐射噪声的影响最大，其次是喷油位置，喷油脉宽对于整机辐射噪声的影响最小，所以在降低整机噪声时，可以重点对喷油位置和点火位置进行参数优化。

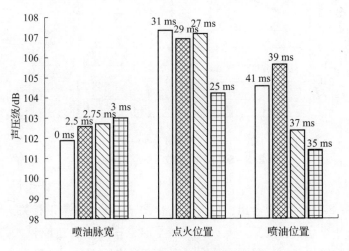

图 5 - 55　不同参数下的整机声压级

2. 参数变化对缸压影响分析

气缸内燃烧激发的压力振荡通过缸盖、活塞等向外辐射是燃烧噪声的主要成因。所以，对缸内压力变化的研究是有意义的。根据实验中测量得到的缸压数据进行相关分析，同样选择喷油脉宽、点火位置、喷油位置为研究对象。

取每一组实验组的缸压数据中前五个周期的缸压峰值平均化处理，得到每组对应的缸压峰值平均值的声压级与工作频率的组合曲线。

（1）喷油脉宽的影响。

从图 5 - 56 所示可以看出，喷油脉宽对于气缸内压力的影响大致呈正相关，即在试验探究的喷油脉宽范围内，喷油脉宽越大，整机运转时的声压级越大。特别地，当喷油脉宽为 0 时，为冷起动工况，依靠电机拖动运行，气缸内没有发生燃烧，此时缸压为倒拖缸压。从理论上来说，倒拖缸压的最大值随工作频率变化非常小，所以可以将倒拖缸压近似当作固定值。试验缸压可以分解为倒拖缸压和燃烧缸压。当工作频率增加时，倒拖缸压不变，缸内的气压峰值变化主要取决于缸内燃料的燃烧情况。当喷油脉宽由 0 增加到 2.5 ms 时，由于燃烧导致缸压峰值声压级上升约 5.2 dB，之后喷油脉宽的增加对于缸压的影响逐渐降低。

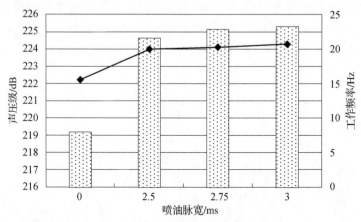

图 5 - 56　不同参数下的整机声压级

（2）点火位置的影响。

由图 5 - 57 所示可以看出，点火位置参数与缸压大致呈正相关，当点火位置提前时，缸压呈现上升趋势。点火位置较早时，一方面会造成较大的压缩负功，降低发动机的输出功率；另一方面会提高最高燃烧压力和压力升高率，造成工作粗暴，所以点火位置为 31 mm 时缸压峰值最高，且整机声辐射最高。若点火位置较晚，喷入的燃料不能在内止点附近燃烧，后燃比例增大，燃烧室膨胀过程中缸内压力有所降低，所以随点火位置推迟，缸压呈下降趋势。在四组实验中，工作频率维持在 20 Hz 以上，缸压也比倒拖缸压明显要高，由此可以推断燃烧室内发生了燃烧在对外做功的现象。

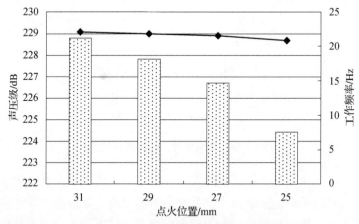

图 5 – 57　不同参数下的整机声压级

（3）喷油位置的影响。

如图 5 – 58 所示，气缸内压力与喷油位置参数大致呈正相关，当喷油位置提前时，缸压呈现上升趋势。当喷油位置较早时，活塞处于压缩行程，此时气缸内空气密度较低，压力、温度较低，燃料的蒸发、雾化、混合时间增加，所以致着火延迟期增加，预混合阶段燃烧的油量变多，从而使发动机工作粗暴，压力升高率增加，缸压峰值上升，气缸内的燃烧噪声也随之增加；喷油位置过晚时，燃料蒸发混合不充分，会使得燃烧不完全，甚至无法着火燃烧，导致缸内压力峰值较低，产生的燃烧噪声较低。

可以看到，当喷油位置为 35 mm 时，工作频率降低为 15.3 Hz 左右，此时气缸内压力与倒拖缸压接近，近似于冷起动工况，说明气缸内几乎并未发生燃烧，以降低整机声辐射为目标进行参数优化时应该避开该喷油位置，适当提前喷油时刻。

3. 缸内压力敏感性分析

为了研究三组参数对动力缸内压力影响的大小，对各组得到的缸压峰值的平均值结果进行极差分析，极差大小反映了该因素变化时对于气缸内压力的影响大小。

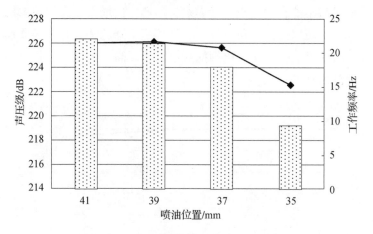

图 5-58　不同参数下的整机声压级

由图 5-59 所示可见，在试验探究的参数变化范围内，在这三组参数中，点火位置对整机辐射噪声的影响最大，其次是喷油位置，喷油脉宽对于整机辐射噪声的影响最小。所以在降低缸压最大爆发压力时，可以重点对喷油位置和点火位置进行参数优化。

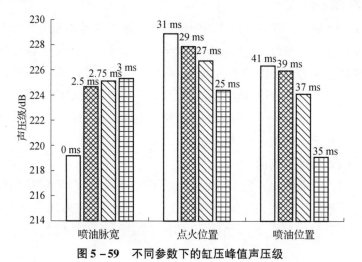

图 5-59　不同参数下的缸压峰值声压级

4. 频谱分析

（1）整机噪声频谱分析。

根据实验记录的原始数据，可以得到如图 5-60 所示的七个测点处的声压级 1/3 倍频程的频谱（A 计权）。

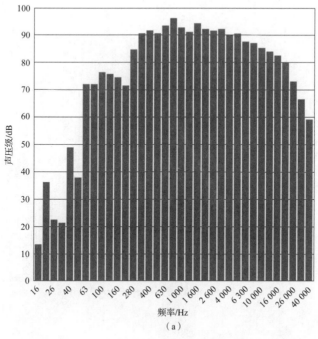

（a）

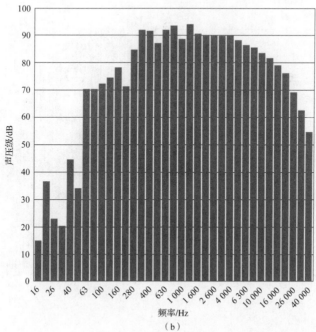

（b）

图 5 - 60　测点 1 ~ 测点 7 的 A 计权 1/3 倍频程的频谱

（a）测点 1 的频谱图；（b）测点 2 的频谱图

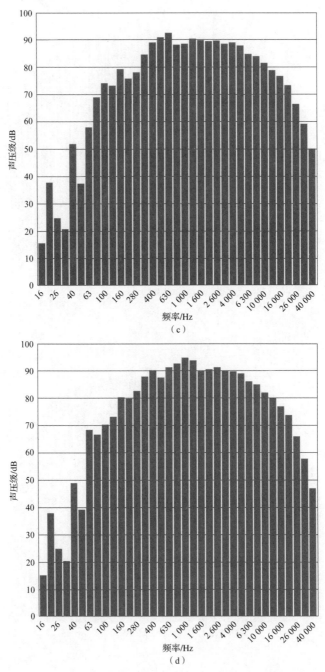

图 5–60 测点 1 ~ 测点 7 的 A 计权 1/3 倍频程的频谱 （续）

（c）测点 3 的频谱图；（d）测点 4 的频谱图

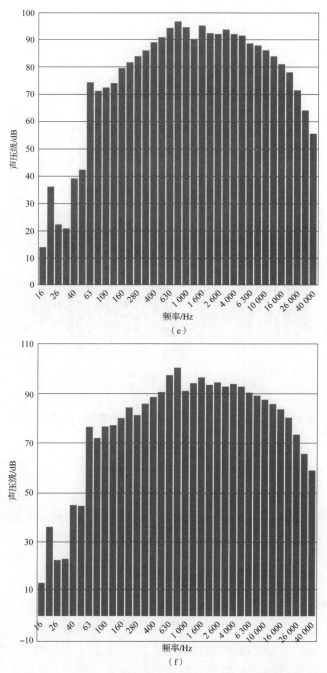

图 5 – 60　测点 1 ~ 测点 7 的 A 计权 1/3 倍频程的频谱（续）

（e）测点 5 的频谱图；（f）测点 6 的频谱图

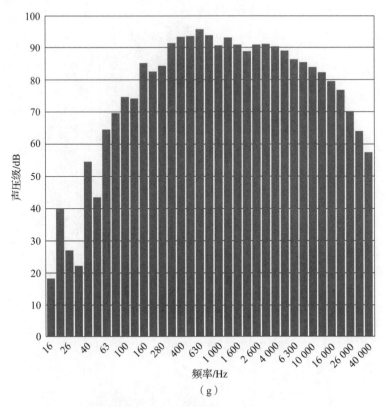

图 5 – 60　测点 1 ~ 测点 7 的 A 计权 1/3 倍频程的频谱（续）

（g）测点 7 的频谱图

　　由图 5 – 60 所示可以看出，FPEG 的噪声频率大致集中在 300 ~ 6 000 Hz 之间，尤以 300 ~ 1 600 Hz 段最为突出，其中动力缸附近的测点 1、测点 6 测得的噪声在 630 ~ 800 Hz 内较为突出，回弹气缸附近的测点 2、测点 5 测得的噪声均以 800 Hz 和 1 600 Hz 为主，轴向的测点 7 测得的噪声频率主要集中在 315 ~ 1 250 Hz 以内。综合分析，整机的声辐射主要表现为中高频。

　　（2）缸压频谱分析。

　　根据实验记录的缸内压力原始数据可以得到如图 5 – 61 ~ 图 5 – 63 所示的各组参数变化下的缸压频谱。由图可以看出，缸压的频谱曲线有一些共同特征。

　　①气缸内压力均在曲线的低频区域内达到最大值。它的数值主要由气缸内的气体最大爆发压力值及气缸内压力曲线形状决定。气缸内气体最大爆发压力越高，频谱曲线中、低频成分峰值越高。

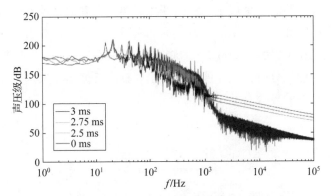

图 5-61　不同喷油脉宽下的缸压频谱（见彩插）

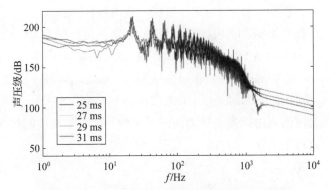

图 5-62　点火位置改变下的缸压频谱（见彩插）

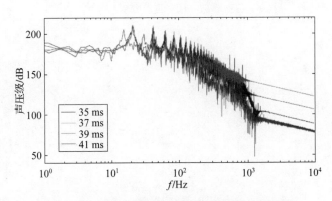

图 5-63　喷油位置改变下的缸压频谱（见彩插）

②曲线的中间部分气缸压力级均以对数规律呈现递减趋势。其递减速率受气缸压力增长率所控制，它是燃烧开始时放热量的函数，气缸内压力增长率越大，气缸内压力降低的速率就越低；反之，则下降得越快。

其中，也有一些曲线呈现了不同的变化规律：当其他参数默认时，喷油脉宽为 2.75 ms 的实验组、点火位置为 27 mm 的实验组和喷油位置为 39 mm 的实验组的缸压频谱曲线在 1 000 ~ 2 000 Hz 的频段均出现了一个峰值，根据现有的气缸内压力频谱特性理论分析，该峰值应是由于气缸内气体压力振荡产生的，主要与气缸内压力增长率的导数有关。

参 考 文 献

［1］吴兆汉. 内燃机设计 ［M］. 北京：北京理工大学出版社，1990.

［2］周龙保. 内燃机学 ［M］. 北京：机械工业出版社，2011.

［3］孙柏刚，杜巍. 车辆发动机原理 ［M］. 北京：北京理工大学出版社，2015.

［4］JINGYI T, HUIHUA F, YIFAN C, et al. Research on coupling transfer characteristics of vibration energy of free piston linear generator ［J］. Journal of Beijing Institute of Technology，2020，29（4）：556 – 567.

［5］田静宜. 自由活塞内燃发电动力系统动力学特性与振动抑制技术研究 ［D］. 北京：北京理工大学，2021.

第**6**章

分层混合控制系统设计与性能分析

6.1 系统能量传递与转换过程研究

直线电机式自由活塞式发动机是一种能量转换装置，能够将内燃机燃料燃烧产生的热能转化为电能并输出电功率。它有时也被称为发电式自由活塞能量换能器。特有的无机械约束的自由活塞运动特性，使它具有结构紧凑、高效节能等众多性能优势。本章在全周期运行过程仿真研究的基础上，利用性能结果获得各个类型能量数值及其变化趋势，分析能量传递过程，研究能量转换特性，获得压缩比、活塞组件质量、喷油量和点火位置等参数变化对关键性能指标的影响，并建立周期能量传递模型，深入开展系统运行稳定性机理研究。

6.1.1 周期运行过程描述

为了较好地表述周期运行过程，体现自由活塞直线位移与曲轴旋转角位移的差异，对本文所述的双活塞对置直线电机式自由活塞式发动机的运行周期进行定义，即周期是活塞组件自一侧止点运动到另一侧止点的时间。由于活塞不受曲柄连杆机构束缚，每一周期两侧止点位置并不总是固定的，因此各周期的时间可能有所不同。两个相邻连续周期（n 和 $n+1$）的活塞运动过程如图 6-1 所示。

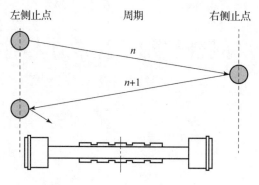

图 6-1　自由活塞运动过程示意

直线电机式自由活塞式发动机是一种"强耦合"的系统，在设计结构上，这种强耦合体现在活塞组件直接将内燃机与电机耦合成为一体。在运行过程中，又体现在一侧气缸的做功和扫气过程是与另一侧气缸的扫气和压缩过程同时的。另外，如果一侧气缸出现失火，那么，在没有辅助回复系统情况下，活塞将无法实现回复，自由活塞式发动机会立即出现停机。总之，系统具有较为苛刻的稳定运行条件，这为系统稳定性控制提出了挑战。

两侧气缸内热力学循环顺序相差半个周期，两侧气缸内循环过程如表 6-1 所示。由表 6-1 可以看到，在第 n 周期中，活塞自左侧止点到达右侧止点，左侧气缸做功一次，两侧气缸合计完成了一个完整的二冲程发动机工作循环过程，即燃烧、做功、扫气和压缩过程。

表 6-1　n 和 $n+1$ 周期气缸内循环过程

周期	左侧气缸	右侧气缸
	燃烧	扫气
n	做功	扫气
	扫气	压缩
	扫气	燃烧
$n+1$	扫气	做功
	压缩	扫气

周期能量分析是在稳态运转的过程中，对一个或连续两个周期范围内的能量转换规律进行分析，包括能量的输入、耗散和输出等转换及传递特性。在周期初始和结束时刻，即活塞处于左侧止点和右侧止点位置时，活塞组件的动能均为零。经过一个周期的运行，气缸内混合气燃烧释放的热能转化为电能、摩擦能、散热和扫气损失能等能量，从而实现动力机械换能器的功能。通过能量分析获得系统能量转换有效效率，即电机输出电能占输入总能量的比值，不仅可以验证性能优势，还可以为系统稳定控制方法提供参考。

6.1.2　系统能量转换过程研究

能量转换过程分析是根据能量守恒原理对系统能量转换特性进行的研究。直线电机式自由活塞式发动机运行过程的能量转换及传递路径如图 6 - 2 所示。从图 6 - 2 中可以看到，在一个完整的周期中，燃料燃烧释放的能量被转化为电能输出。一部分能量损失在与燃烧、传热和扫气过程相关的损耗中；另一部分用于在摩擦损失和扫气箱压缩损失上。除负载装置（电机）结构和换能目标形式不同外，直线电机式自由活塞式发动机与液压式自由活塞式发动机能量转化过程相似。当系统进行连续运行工作时，这样的能量转换过程在持续进行。同时，从稳定性机理初步分析也可以看到，系统稳定性运行的本质是系统保持能量动态平衡。因此，作为对一种换能装置的研究，全面分析能量转换过程对探究系统性能优势、寻找提高性能的方法是十分必要的。

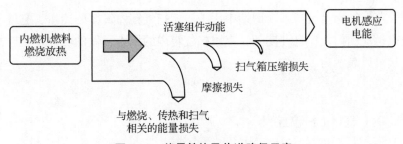

图 6 - 2　能量转换及传递路径示意

1. 能量转换过程数学模型

为了简化模型，降低数值计算复杂程度，设立基本假设条件，包括燃烧、传热、排气和扫气过程中的相关能量损失一并归入有效指示能中，以指示效率表示；燃烧室内气体为理想状态气体，且不考虑实际存在的工质更换和泄漏损失；

不考虑电机本体漏磁、生热等引起的能量损失。

（1）周期总输入能量。

周期总输入能量来自气缸内燃料燃烧放热产生的内能，用有效指示能量 E_{ef} 表示。当燃料燃烧释放的总输入热能为 Q_i 时，有

$$Q_i = \frac{H_u V_a \eta_s M_L \cdot 10^3}{22.4 \times (\varphi_0 + 1)} \tag{6-1}$$

式中：H_u 为燃料低热值；V_a 为燃烧室等效容积；η_s 为扫气效率；M_L 为混合气摩尔质量；φ_0 为空燃比。

于是，有效指示能量可表示为

$$E_i = Q_i \eta_c \tag{6-2}$$

式中：η_c 为指示效率，指示效率是燃烧过程中转化为活塞动能的有效能量占燃烧释放总能量的比例。这一过程中包括有燃烧传热、散热、排气和扫气过程引起的相关的能量损耗。

（2）气缸内压缩能量。

活塞在自排气口上沿位置到上止点位置的运动过程中，依靠自身动能来克服气缸内压力。活塞对气缸内气体所做的功为压缩能量，数值上等于气缸内气体内能的增量，可以表示为

$$E_c = -\int_{x_{\text{EX}}}^{x_{\text{TDC}}} p \, dV \tag{6-3}$$

式中：x_{TDC} 为上止点位置；x_{EX} 为排气口上沿位置。

（3）扫气箱压缩能量。

扫气箱压缩能量是指一个周期中用于压缩扫气箱内气体的能量，它等于活塞自上止点运动到扫气口打开期间，克服扫气箱内的压力所做的功。于是，扫气箱压缩能量可以表示为

$$E_s = -\int_{x_{\text{TDC}}}^{x_{\text{SC}}} p_s \, dV_s \tag{6-4}$$

式中：x_{SC} 为扫气口上沿位置。

（4）摩擦损耗能量。

在一个周期内的摩擦损耗能量为

$$E_f = \int_0^L F_f \, dx \tag{6-5}$$

（5）电机输出电能。

在不考虑负载损耗等情况下，电机输出电能可以认为是系统的输出能量，它等于电磁阻力在一个周期内所做的功。电机输出电能可表示为

$$E_e = \int_0^L F_e \mathrm{d}x \qquad (6-6)$$

通过上述建立的各能量数学模型，利用设计尺寸、气缸内压力和活塞位移等结构或性能参数，可以计算得到各能量的具体数值。

2. 能量转换过程的能量分布情况

直线电机式自由活塞式发动机能量转换过程是指一个周期内燃料化学能向电能、摩擦能等其他形式能量转换的过程。从两侧燃烧室构成的整体系统来看，一个周期包括了燃烧、做功、扫气和压缩四个过程。然而，从各燃烧室独立循环角度来看，两侧气缸的循环过程相位则相差半个周期。

从整体系统能量转换的角度分析，根据能量守恒定律，每周期输入的总燃料化学能和此时气缸内的压缩能等于输出电机能、摩擦损耗与散热等耗散能量的总和。考虑到有效指示能量已经包含了相关的燃烧、扫气等散热能量损失，根据能量守恒方程建立周期能量转换控制方程为

$$E_i + E_c = E_f + E_s + E_e \qquad (6-7)$$

将全周期性能仿真研究中计算获得的缸内压力、活塞组件位移和速度等性能结果，代入上述各能量数学模型表达式，即可通过式（6-7）获得一个周期内的能量转换及分布比例情况，如图 6-3 所示。

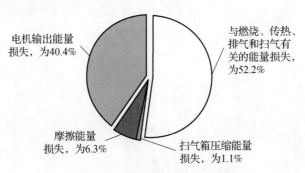

电机输出能量损失，为40.4%

与燃烧、传热、排气和扫气有关的能量损失，为52.2%

摩擦能量损失，为6.3%

扫气箱压缩能量损失，为1.1%

图 6-3　周期能量转换分配饼图

从图 6-3 所示中可以看出，对比各能量分布情况，与燃烧、传热、排气和扫气相关的能量损失占输入总能量比重最大，已经超过 52%，而摩擦能量损失和扫气箱压缩损失较小，摩擦能量损失所占比重略低于传统的往复式发动机。扫气过程和燃烧过程对系统性能至关重要，通过优化该过程可以提高有效效率。另外，如果不考虑输出能量形式的差异，就单纯对比总体能量转换有效效率这一关键性能指标，与二冲程往复活塞式发动机（有效效率为 15%~20%）相比，所研

究的直线电机式自由活塞式发动机（有效效率约为40%）具有优势。

3. 能量转换过程参数化分析

压缩比和活塞组件质量是直线电机式自由活塞式发动机的关键设计参数，喷油量和点火位置（点火定时）是系统运行过程中的主要控制参数。这些参数的变化对能量转换过程存在不同程度的影响，通过分析这些规律有助于指导实验样机结构设计和系统参数匹配。

（1）压缩比变化对能量转换过程的影响。

压缩比是发动机重要的性能指标，点燃式发动机的压缩比范围为6～10，过高的压缩比可能引起缸内爆燃。不同压缩比工况对转换过程分布能量与有效效率的影响如图6-4所示。如图6-4（a）所示，随着压缩比的逐渐提升，压缩能量逐渐增加，电机输出能量随之增大。由图6-4（b）所示可以看出，随着压缩比超过8之后，摩擦损耗能量出现一个较大的增幅，而有效效率虽然有所升高，

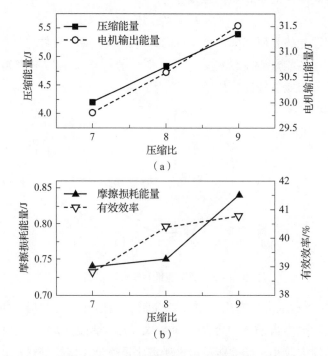

图6-4 不同压缩比工况对转换过程分布能量和有效效率的影响

（a）压缩比变化对压缩能量与电机输出能量的影响；

（b）压缩比变化对摩擦损耗能量与有效效率的影响

但是增幅趋于平缓。这是因为，压缩比的升高虽然提高了压缩能量，提升了燃烧效率，使得系统获得了较高的电机输出能量，但是，由此升高的气缸内气体爆发压力会导致摩擦损失有所增加。随着压缩比持续升高，有效效率的增加速度将趋于平缓。总之，随着压缩比的增大，不同的分布能量均有所升高。压缩比变化对有效效率影响明显。

（2）活塞组件质量变化对能量转换过程的影响。

活塞组件质量是自由活塞、连接杆和电机动子的总质量，是重要的设计参数之一。活塞组件是系统中唯一的运动部件，它的动能是能量转换过程的中间载体，并与质量密切相关。活塞组件质量变化对能量转换过程的影响如图 6 - 5 所示。从图 6 - 5（a）和图 6 - 5（b）可以看到，随着质量的增加，压缩能量和电机输出能量都有所加大。这是由于较大的质量使得活塞组件具有较大的动量，势必需要较高的缸内压力推动活塞往复运动，从而引起压缩能量和摩擦损耗的增加。压缩比随之升高也使电机输出能量升高，使得系统提高了有效效率。另外，增加质量可以提高系统频率，对引起电机输出能增加也有一定作用。

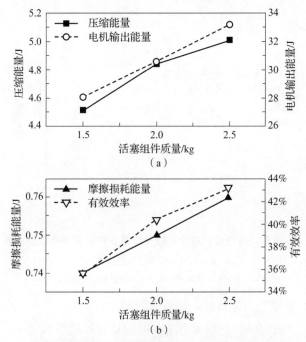

图 6 - 5　活塞组件质量变化对能量转换过程分布能量和有效效率的影响

（a）活塞组件质量变化对压缩能量与电机输出能量的影响；

（b）活塞组件质量变化对摩擦损耗能量与有效效率的影响

（3）节气门开度变化对能量转换过程的影响。

节气门开度是汽油机重要的运行控制参数之一。节气门开度变化对能量转换过程分布能量和有效效率的影响如图 6－6 所示。从图 6－6（a）可以看到，随着节气门开度的增加，压缩能量逐渐升高，而电机输出能量在节气门开度为 40% 时达到峰值后趋于平缓，并略微下降。从图 6－6（b）可以看到，摩擦损耗能量随节气门开度的增加而增加，增速逐渐加快。开度的增加也引起了有效效率的提升，但是有效效率在 40% 开度时达到峰值后迅速下降。其原因是，较大的节气门开度导致峰值压力升高，还加大了摩擦损耗，但是频率变化不大，电机输出能量略微下降，最终表现为有效效率明显下降。

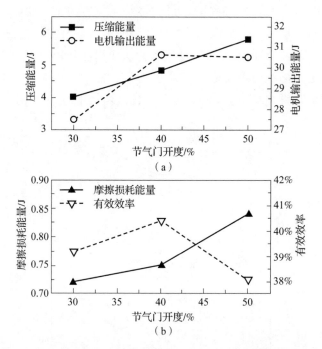

图 6－6　节气门开度变化对能量转换过程分布能量和有效效率的影响

（a）节气门开度变化对压缩能量与电机输出能量的影响；

（b）节气门开度变化对摩擦损耗能量与有效效率的影响

（4）点火位置变化对能量转换过程的影响。

点火位置即点火定时，是影响系统性能的重要控制参数之一。通常，过早点火会增加缸内压缩负功，过晚点火则会降低燃烧最大爆发压力即峰值压力。因此，选择合理、适当的点火位置对优化发动机性能至关重要。不同点火位置工况下的能量变化及转换有效效率如图 6－7 所示。

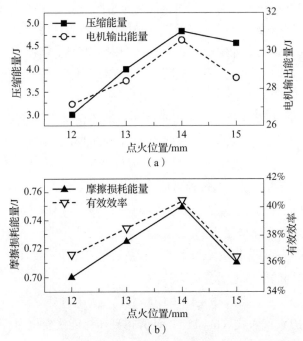

图 6-7　点火位置变化对分布能量和有效效率的影响

（a）点火位置变化对压缩能量与电机输出能量的影响；

（b）点火位置变化对摩擦损耗能量与有效效率的影响

从图 6-7（a）可以看到，随着点火位置的提前，压缩能量和电机输出能量均有所升高。当点火位置提前至 14 mm 后，随着点火位置继续提前，两者将有所下降。图 6-7（b）显示的摩擦损耗能量与有效效率变化趋势与图 6-7（a）中所示相似。其原因是，由于点火时间较晚，气缸内最大爆发压力降低引起摩擦损耗能量有所下降。在 14 mm 后继续提前点火位置，较大的电机输出能下降直接导致系统有效效率出现明显降低。

4. 连续周期能量传递过程分析

连续周期能量传递过程分析是深入开展运行稳定性机理研究的基础。直线电机式自由活塞式发动机在连续运行的过程中，两侧气缸交替点火。两个自由活塞通过电机动子直接固联组合成为一个活塞运动组件，于是，两侧气缸存在直接的能量传递作用关系。例如，在左侧气缸做功行程的后期，右侧气缸已经开始进行压缩，这一过程将影响下一次点火燃烧。从能量转换的角度来看，左侧气缸做功的部分能量被传递给右侧气缸作为压缩能量。如果将时间变量替换为周期变量，即将系统的时间域转换为周期域。那么，从完整周期的连续性角度来看，各周期能量传递处于离散状态，各能量就成为一种周期域内的典型离散变量。

在能量转换过程的研究中已经建立了周期内系统能量守恒方程。为了更加清晰地描述连续周期内的能量关系，重写式（6-7）为

$$E_i + E_c - E_f - E_s - E_e = 0 \tag{6-8}$$

从式（6-8）中可以看出，虽然能量转换和传递是通过活塞动能来实现的。但是，动能并没有直接体现出来，这是因为活塞动能作为中间过程量只体现在特定时刻上。因此，在考虑能量传递过程时可以忽略活塞动能。于是，第 n 和第 $n+1$ 两个连续周期的能量传递过程可以表示为

$$E_i(n) + E_c(n) - E_c(n+1) - E_e(n) - E_f(n) - E_s(n) = 0 \tag{6-9}$$

第 $n+1$ 周期的压缩能量为

$$E_c(n+1) = E_i(n) + E_c(n) - E_e(n) - E_f(n) - E_s(n) \tag{6-10}$$

连续两个周期的压缩能量变化为

$$\Delta E_c(n+1) = E_c(n+1) - E_c(n) \tag{6-11}$$

将式（6-10）代入式（6-11），计算得到压缩能量变化为

$$\Delta E_c(n+1) = E_i(n) - E_e(n) - E_f(n) - E_s(n) \tag{6-12}$$

由式（6-12）可以看出，连续周期的压缩能变化来自上一个周期的能量余值，如果将摩擦损耗和扫气箱压缩能量看成系统的能量耗散，并以一定比例方式计入电机输出能量，那么，式（6-12）就可以简化为

$$\Delta E_c(n+1) = E_i(n) - E_e(n) \tag{6-13}$$

从式（6-13）可以更加直观地看到，在连续周期运行过程时，上一个周期系统输入能量与输出能量的差就是压缩能量的变化。如果第 n 周期系统输入能量与输出能量不相等，就会出现能量差值，该差值能量将以活塞动能的形式传递到下一个周期，即第 $n+1$ 个周期。如果后续周期中系统继续出现能量差值，那么，这个差值就会持续累积，可能引起压缩能量增加或降低，导致压缩比和活塞行程发生变化。一旦压缩能量增加，行程增长，压缩比增大，就可能引起较大的缸内峰值压力，继而导致系统故障甚至撞缸。同样，如果压缩能量降低，行程缩短，压缩比降低，就可能会引起缸内失火，导致系统停机。利用对各性能指标进行参数化分析可以获得参数间的作用和影响规律，有助于降低系统失稳倾向。

通过周期能量传递过程分析可以发现，连续周期运行的稳定性与压缩能量及压缩能量变化密切相关。通过对结构参数和控制参数进行设计选择，合理匹配系统输入能量与输出能量及耗散能量的关系，有效地控制周期能量余值传递过程，

有利于提高系统运行稳定性。这就是后续稳定控制系统设计的基本思路。

5. 运行稳定性机理与性能参数化分析

良好的运行稳定性是直线电机式自由活塞式发动机产品化应用的前提，也是相关研究一直所追求的目标，自由活塞式发动机特殊的结构和运行原理给稳定运行提出了挑战。通过前述系统能量转换特性分析可以发现，系统的稳定运行与能量转换和传递过程密切相关。结构参数和控制参数变化对运行过程有直接影响。深入进行稳定性机理研究，开展参数化性能影响规律分析，可以为后续的稳定控制系统设计提供参考。

（1）系统运行稳定性机理深入探讨。

直线电机式自由活塞式发动机的稳定运行过程是系统能量的稳定转化与传递过程。从能量平衡角度来看，稳定运行过程是系统输入能量与输出能量的动态平衡过程。从活塞运动特性来看，它是活塞在两侧气缸交替点火情况下的连续往复直线运动。从内燃机热力学循环角度来看，它是自由活塞式发动机稳定燃烧做功的过程。从能量转换过程分析可以发现，系统稳定运行的基本条件可以认为是分层次的，而且各个相关条件及要素是相互关联的。系统稳定运行的基本条件及相互关系如图 6 – 8 所示。

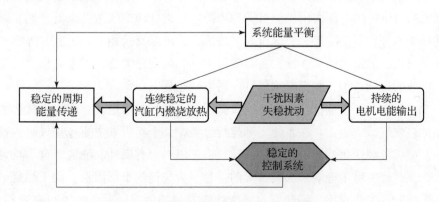

图 6 – 8　系统稳定运行的基本条件及相互关系

①作为一个能量转换装置，系统的输入能量和输出能量及耗散必须保持平衡。在直线电机式自由活塞式发动机中，系统能量输入的唯一来源是气缸内燃料燃烧释放的热量。输入能量与燃烧放热过程的各个参数有关，如压缩比、节气门开度、喷油量和点火位置等。在一定范围内，部分参数是可以通过控制系统进行调节的。电机输出能量是系统能量输出的主要部分，它的变化将直接影响能量平

衡状态。通过输出电路负载系数的调整等方法可以对电机输出能量进行适当控制。另外，摩擦损耗能量及传热等相关的能量损失虽然占据了系统总能量的大部分，但是，它们仍然可以看作是系统能量的耗散，并且通常是不可避免的，也是无法进行有效控制的。

②保持连续周期的能量稳定传递是系统稳定运行的基本条件。通过能量传递过程分析可以发现，连续两个周期之间存在能量传递。这个被传递的能量作为下一个周期的压缩能量直接作用在气缸内点火燃烧过程中。它是影响燃烧放热过程的重要因素，决定着气缸内爆发压力变化，也影响活塞运动。因此，通过相应的控制方法保持能量传递过程稳定也是获得缸内稳定燃烧、降低燃烧波动的重要途径。

③稳定的气缸内燃烧是系统连续运行的充分必要条件。活塞在两侧止点之间进行往复直线运动，气缸内气体爆发压力是其唯一的激励来源。很显然，当一侧气缸燃烧波动过大甚或是失火，必然会影响活塞运动。因此，气缸内燃烧过程是否稳定是影响系统是否能够稳定运行的关键因素。同时，活塞运动反过来又会影响燃烧过程。决定放热过程的相关参数需要进行合理的匹配，还要与活塞运动规律相结合进行有效控制。

④持续的电机能量输出是系统保持能量平衡的基础条件，直线电机式自由活塞式发动机以电机电能输出作为目标动力源。从能量转换的角度来看，电机是系统的耗能部分。由于电机感应电流等与外部负载电路直接相关。因此，外部负载的变化对电机能量的输出，特别是对磁阻力的影响十分关键，因为它将直接影响活塞组件的运动过程，继而影响气缸内的燃烧过程。

⑤作为一个连续运行的动态系统，必须具有较强的稳定性，即对干扰因素和扰动的自恢复适应能力。在系统实际运行过程中，干扰因素主要包括气缸内燃烧波动和电机负载变化。其中，燃烧波动是由于燃料固有属性、油气混合不均匀和进、排气过程不稳定等众多因素造成的，是最为关键的干扰因素。由于燃烧波动直接影响缸内燃烧过程，因此它对系统稳定性影响最大。对燃烧进行有效控制，降低燃烧波动也是自由活塞式发动机稳定控制系统设计的主要难点之一。对电机负载的变化进行跟随，通过系统能量平衡控制主动适应负载变化，也是降低干扰影响、保持自稳定状态的方法。总之，基于能量平衡的首要条件，合理匹配相关结构设计与控制参数，以连续的稳定燃烧和电能输出为外部表现，通过必要的控制系统来适应干扰因素，降低系统不稳定运行倾向，就能够获得稳定的能量转换与传递过程，最终实现直线电机式自由活塞式发动机稳定运行的目标。

（2）系统性能参数化分析。

直线电机式自由活塞式发动机包含有一系列众多的相互联系、相互影响和相互作用的参数。合理匹配的系统参数是稳定运行的前提。开展性能参数化研究，分析主要参数对系统性能影响是进行参数匹配的重要工作。系统运行性能指标主要包括压缩比、运行频率、最大缸内压力、活塞最大加速度和平均速度以及输出功率等。活塞组件质量、负载系数、节气门开度和点火位置是系统重要的设计与控制参数，它们的改变将直接影响系统性能，并表现在输出参数的变化上。

①活塞组件质量变化对性能的影响。活塞组件质量变化对系统性能的影响如图 6-9 所示。活塞组件质量变化对压缩比和频率的影响如图 6-9（a）所示。随着质量的增加，压缩比逐渐升高，并近似线性变化。运行频率则是先增加后逐渐降低，在质量为 2.0 kg 时达到峰值，并随着质量增加逐渐降低，到质量为 3.5 kg 时，频率降至 22.1 Hz，与频率最大值（30.5 Hz）相比降低约 25.2%。

从图 6-9（b）中所示的平均速度曲线可以看到，在总系统能量基本保持不变的条件下，随着质量的增加，势必导致活塞平均速度下降。质量变化对最大缸内压力和输出功率的影响如图 6-9（c）所示。随着质量的增加，最大缸内压力逐渐升高，不仅是因为压缩比升高引起缸内气体爆发压力增大，也因为较大的质量需要较大的回复力。但是，增加的峰值压力没有体现在活塞最大加速度的提高上，主要是因为峰值压力的增加比例远远小于质量的增加比例。

从图 6-9（c）所示的输出功率曲线可以发现，随着活塞质量的增大，输出功率逐渐升高并趋于平稳，但是在质量达到 3.0 kg 后，随着质量继续增加，功率将明显下降。这一现象与较高的峰值压力所引起的压缩能增加和摩擦损耗加剧有关，与图 6-4（b）和图 6-5（b）吻合。另外，活塞组件平均速度下降会降低电机换能效率，对电机输出功率降低也有影响。

以上分析说明，质量在 1.5~3.5 kg 范围内，活塞组件质量变化对系统各性能指标的影响趋势有差异，各参数之间存在紧密的耦合作用关系。

②负载系数变化对性能的影响。负载系数变化对性能的影响情况如图 6-10 所示。从图 6-10（a）可以看到，随着负载系数的增加，压缩比逐渐升高，增速逐渐趋缓。在负载系数为 100 N·s/m 时，压缩比数值与 80 N·s/m 时相比，增幅约为 16.0%。频率受负载系数变化影响不大，基本保持不变。负载系数变化对活塞最大加速度和平均速度的影响如图 6-10（b）所示。随着负载系数的增加，活塞最大加速度数值逐渐加速上升，而活塞平均速度随负载系数增加而增大，并近似呈线性关系。活塞平均速度与加速度变化趋势相似。随着活塞平均速度的升

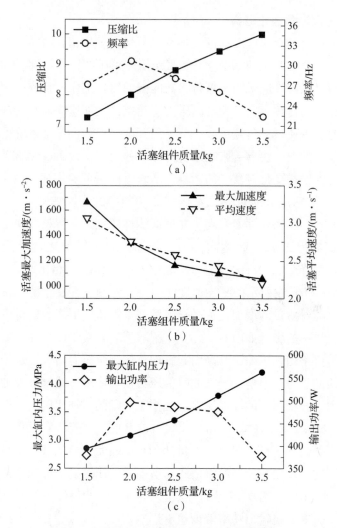

图 6-9　活塞组件质量变化对系统性能的影响

（a）活塞组件质量变化对压缩比和频率的影响；（b）活塞组件质量变化对活塞最大加速度和
平均速度的影响；（c）活塞组件质量变化对最大缸内压力和输出功率的影响

高，电机换能效率有所提高，也在一定程度上提升了系统输出功率。

负载系数变化对最大缸内压力和输出功率的影响如图 6-10（c）所示。随
着负载系数的增加，最大缸内压力逐渐上升，这与压缩比升高有一定关系。增大
的峰值压力也导致了活塞最大加速度的增加。同时，由于活塞组件质量保持不
变，因此压力峰值与加速度峰值的变化趋势一样。随着负载系数的提高，系统输
出功率逐渐增加，两者呈线性关系。

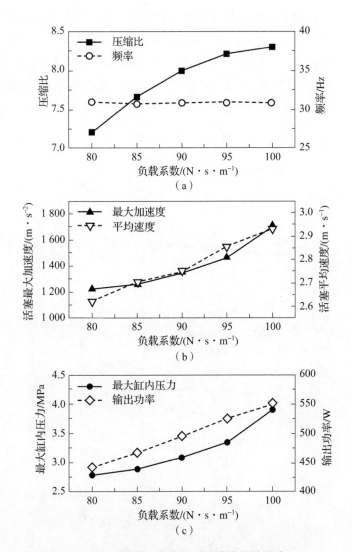

图 6 - 10　负载系数变化对系统性能的影响

（a）负载系数变化对压缩比和频率的影响；（b）负载系数变化对活塞最大加速度和平均速度的影响；

（c）负载系数变化对最大缸内压力和输出功率的影响

通过以上分析可以发现，负载系数在 80～100 N·s/m 范围内变化对系统各性能指标的变化影响是单方向的，并且活塞运动情况基本保持稳定。

③节气门开度变化对性能的影响。节气门开度决定着发动机的进气量，不同的节气门开度标志着发动机的不同运转工况。节气门开度变化对性能的影响情况如图 6 - 11 所示。

图 6 – 11（a）显示了节气门开度变化对应的压缩比和频率变化规律。随着节气门开度的增加，压缩比逐渐升高，增幅逐渐加大。运行频率也随开度的增大而上升，并呈线性增加趋势。这说明，随着节气门开度的增大，气缸内进气量增加，继而引起系统输入能量增加，最大缸内压力增大，发动机功率增加，系统输出功率和活塞平均速度均会出现不同程度的增长，图 6 – 11（b）和图 6 – 11（c）也印证了这一过程。

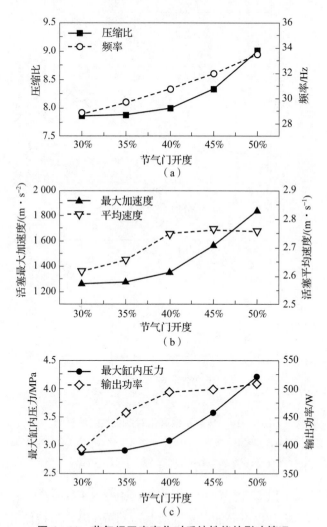

图 6 – 11　节气门开度变化对系统性能的影响情况

（a）节气门开度变化对压缩比和频率的影响；（b）节气门开度变化对活塞最大加速度和平均速度的影响；
（c）节气门开度变化对最大缸内压力和输出功率的影响

从图 6 - 11 （c）可以看到，随着节气门开度逐渐增加，最大缸内压力逐渐增大，在节气门开度超过 40% 后，随着气门继续开大，最大缸内压力增速明显上升。输出功率的变化却与此相反，在节气门开度超过 40% 后，尽管气门继续开大，但是，系统输出功率几乎保持不变。这是因为，虽然系统输入能量随着节气门开度的增大而加大，随着峰值压力的增加和活塞平均速度的上升，摩擦损耗逐渐增大，系统有效效率出现较大下降，如图 6 - 6 （b）所示，由此导致了输出功率在数值上表现出一种保持稳定的状态。

通过对节气门开度变化影响分析可以发现，在 30%~50% 节气门开度范围内，系统性能对节气门开度的变化十分敏感。对节气门开度进行有效控制是实施稳定性控制策略的关键手段之一。

④点火位置变化对性能的影响。点火位置是有效控制缸内燃烧过程的关键参数之一。通过控制点火位置，可以在一定程度上影响缸内燃烧放热过程，实现目标性能优化和系统输入能量控制。点火位置变化对系统性能的影响如图 6 - 12 所示。

从图 6 - 12 （a）中可以看到，随着点火位置的逐渐提前，系统压缩比变化不大，频率略微下降。当点火位置为 16 mm 时，活塞运行频率较 14 mm 点火位置时下降约 2.61 Hz。从图 6 - 12 （b）可以看到，随着点火位置的提前，活塞最大加速度和平均速度均有所下降，与图 6 - 12 （c）中显示的最大缸内压力变化情况相似。从图 6 - 12 （c）还可以看到，在点火位置 14 mm 时，获得了当前工况下的最大输出功率。随着点火位置继续提前，输出功率迅速下降。当点火位置为 16 mm 时，输出功率仅约为功率最大值（对应 14 mm 点火位置时）的 68.2%。

（3）运行过程主要参数匹配关系。

系统参数的合理匹配是实现系统稳定运行和满足性能指标的关键。参数匹配工作主要包含两个方面的内容：一是在产品设计阶段初期，以性能需求为目标进行系统各项参数的匹配设计，以系统中的内燃机部分参数和电机部分参数为对象。其中，内燃机部分参数包括缸径、有效行程、最大行程、扫气口和进、排气口位置及高度等，以及气缸内初始条件，如进气压力、温度和活塞运动组件初始位置等，电机部分参数包括电机反向电动势、电机磁阻力系数及负载系数等。二是在运行过程实施和性能优化期间，以输出指标最优为目标进行系统各项参数调整，包括控制系统参数，节气门开度和点火位置等。如前所述，我们研究的重点是稳定性控制策略，因此对系统的结构选型原则和参数匹配设计方法未进行阐述，具体的直线电机式自由活塞式发动机参数匹配设计方法在某些文献中有详细的介绍。

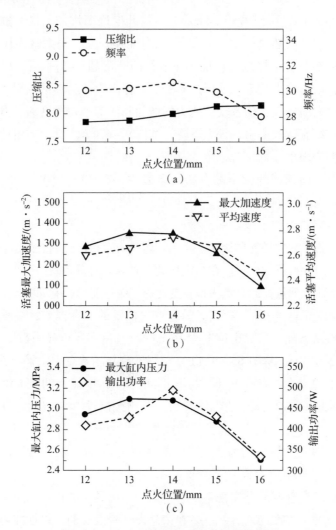

图 6–12　点火位置变化对系统性能的影响

（a）点火位置变化对压缩比和频率的影响；（b）点火位置变化对活塞最大加速度和平均速度的影响；
（c）点火位置变化对最大缸内压力和输出功率的影响

　　在运行过程中，直线电机式自由活塞式发动机系统表现出强耦合的特点。正是由于摒除了曲柄连杆机构的约束，"自由"的边界条件使得系统性能对参数变化较为敏感，对该多变量的复杂混合系统进行解耦是控制系统要解决的关键问题之一。基于实际的实验样机设计和后续的控制系统研究考虑，活塞组件质量、负载系数、节气门开度、点火位置和压缩比五个重要参数是本节研究的重点。通过前面的性能参数化分析可以发现，各参数不仅对系统性能有一定影响，而且它们之间存在明显的相互作用。这种相互影响或相互作用直接关系着系统性能，对系统稳定性至关重要，合理匹配运行参数也是建立运行过程稳定控制策略的基础。

为了更清晰地了解各主要参数变化与相互作用关系对系统性能的影响，以系统输出功率和有效效率为目标，通过输出值归一化建立等高线图并进行分析。

活塞组件质量与负载系数变化对系统功率和有效效率的影响如图 6 - 13 所示。从归一化的图 6 - 13（a）可以看到，功率随活塞组件质量与负载系数变化而变化。在图 6 - 13 所示参数数值变化范围内，没有出现功率极值封闭区域，相对功率较高

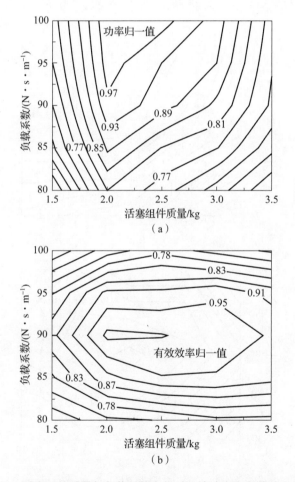

图 6 - 13　活塞组件质量与负载系数变化对系统功率和有效效率的影响

（a）活塞组件质量与负载系数对应输出功率等高线图；
（b）活塞组件质量与负载系数对应有效效率等高线图

的区域（功率归一值大于0.90）约占图示面积的30%。活塞组件质量与负载系数对应的有效效率等高图如图6-13（b）所示。有效效率等高线图出现极值封闭区域，区域对应边界的活塞质量为2.0~2.5 kg，负载系数为90 N·s/m附近。对比不同等高线围绕的区域分布情况，活塞组件质量在2.0~3.0 kg范围内，有效效率变化并不明显。其中，相对效率较高的区域（有效效率归一值大于0.90）占了图示面积的一半以上。对比图6-13（a）和图6-13（b）可以发现，功率峰值和有效效率峰值对应区域重合度较低。

节气门开度与压缩比变化对系统功率效率的影响如图6-14所示。图6-14（a）显示了压缩比与节气门开度对应的功率归一值等高线。从图6-14（a）中可以看

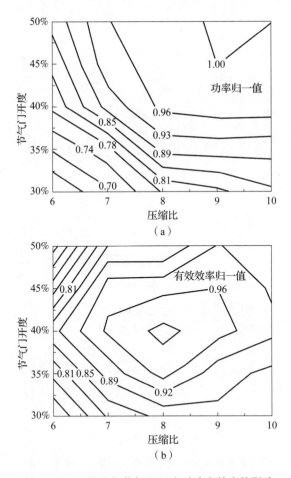

图6-14 压缩比与节气门开度对功率效率的影响

（a）压缩比与节气门开度对应输出功率等高线图；（b）压缩比与节气门开度对应有效效率等高线图

到，功率归一值等高线呈开口状态，即在图示范围内，未出现闭合区域。同时，开口方向也预示着，随着压缩比和节气门开度继续增大，功率还可能继续提升。但是，过高的压缩比可能会引起爆燃。观察等高线法向梯度还可以看到，沿压缩比方向功率归一值的变化小于沿节气门开度方向。在压缩比和气门开度较大的区域，即图中的右上角区域，功率变化梯度较小。相对功率比值较高（功率归一值大于 0.90）的区域约占总面积的 50.2%。节气门开度与压缩比变化对有效效率影响如图 6 - 14（b）所示。在图示数值范围内，存在一个等高线封闭区域，并且压缩比为 8，节气门开度为 40% 附近的区域出现有效效率归一绝大值封闭区域。对比等高线法向梯度可以发现，沿压缩比方向有效效率归一值的变化大于沿节气门开度方向。相对效率比值较大（归一值大于 0.90）的区域达到了总面积的 75.2%。

点火位置与压缩比对功率和有效效率的影响如图 6 - 15 所示。如图 6 - 15（a）所示，功率归一值等高线在图示范围内存在一个唯一的绝大值封闭区域。该区域范围边界压缩比为 7.9 ~ 9，点火位置为 13.6 ~ 14.2 mm。功率归一值在压缩比方向的梯度与在点火位置方向的梯度相近。较高的功率归一值区域（功率归一值大于 0.90）约仅占总面积的 15%，覆盖相对高功率的参数范围较小。在每一个等值区域里，压缩比相对可变范围大于点火位置相对可变范围，体现在等值封闭区域的横轴（压缩比）跨度比纵轴（点火位置）大。如图 6 - 15（b）所示，在压缩比为 7.9 ~ 9，点火位置为 13.8 ~ 14.1 mm 范围内，存在一个封闭的有效效率归一绝大值区域，而且有效效率归一绝大值封闭区域范围几乎被包含在功率归一绝大值区域内。与功率归一值相似，有效效率归一值在压缩比方向的梯度与在点火位置方向的梯度相近。对比图 6 - 13（b）和图 6 - 14（b）可以发现，压缩比与点火位置的有效效率归一值等高线形状与前述两个有效效率归一值等高线相似。

对比图 6 - 13（a）、图 6 - 14（a）和图 6 - 15（a）三个功率归一值等高线图可以发现，在图示范围内，压缩比和点火位置对功率归一值的影响可以获得等高线封闭区间，而另外两个功率归一值等高线图都是开放的。

综合以上分析可以认为，相比节气门开度，点火位置对系统能量的动态平衡过程影响较小。在进行控制系统初步设计时，对于目标输出执行器参数的选择，应该首先考虑节气门开度这一关键控制变量；其次考虑点火位置等其他变量。通过以上参数化分析可以发现，直线电机式自由活塞式发动机是一个多变量的非线性时变系统。主要参数的相互作用和影响关系示意如图 6 - 16 所示。从图 6 - 16

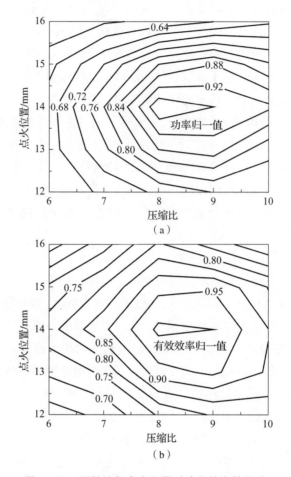

图 6 – 15 压缩比与点火位置对功率效率的影响

（a）压缩比与点火位置对应输出功率等高图；（b）压缩比与点火位置对应有效效率等高图

可以发现，各变量之间存在密切联系，构成了一个耦合的作用环。尽管相互影响流程可以看作是单向的，但是从前述性能参数化分析可以发现，各变量变化导致性能改变的趋势不是单调的。在参数设计过程中，必须针对明确的设计目标，综合考虑各参数之间的相互作用关系。

总之，通过系统性能参数化分析和匹配关系研究可以发现，直线电机式自由活塞式发动机是一个典型的多物理场非线性耦合系统，它拥有一系列相互关联和作用的参数。这些参数或变量通过多个控制方程的联系，构成了一个复杂的耦合系统。系统特性主要表现在两个方面：一是系统性能受到多个参数的影响，并且难以找到统一的影响规律；二是各个参数之间也存在相互作用，这些作用关系直

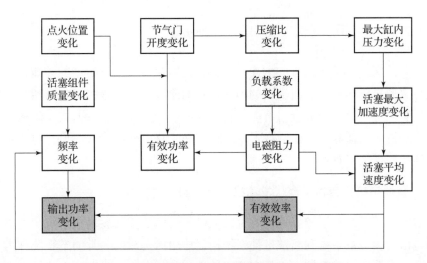

图 6 - 16　系统主要参数相互作用与影响关系示意图

接影响系统的运行情况和性能。这种特性为系统解耦和稳定性控制带来了难题。究其原因，正是由自由活塞式发动机的原理结构所造成的。具体就是，活塞往复运动的物理边界条件在没有曲柄连杆机构情况下成为自由状态。如果能够适当"约束"系统中的某些变量，通过控制方程建立稳定的"自由"边界，就可能会获得较稳定可靠的系统运行过程，这是解决直线电机式自由活塞式发动机的耦合系统稳定控制问题的一种尝试。

6.2　控制系统设计及策略研究

　　实现直线电机式自由活塞式发动机的运行过程稳定控制是系统深入研究和产品化应用的关键。通过前述对活塞运动特性和能量传递过程的分析，结合性能参数化研究可以发现，直线电机式自由活塞式发动机系统具有非线性强耦合的特点。本节以运行稳定性机理和能量传递规律为基础，针对起动后的系统，分析引起自由活塞式发动机稳定控制问题的原因及系统混成动态特性，提出自由活塞式发动机控制目标并进行任务分解，设计满足系统分层稳定条件的控制系统，建立混成系统稳定控制策略，并通过全周期性能仿真分析对控制系统性能进行研究。

6.2.1　自由活塞式发动机的控制问题

自由活塞式发动机没有曲柄连杆机构，它通过活塞往复运动的动能，将燃料燃烧释放的热能转换为非曲轴转动动能形式的能量。直线电机式自由活塞式发动机就是利用电机为负载装置，将能量转换为电能的一类自由活塞式发动机。虽然曲柄连杆机构的摒除为自由活塞式发动机带来了众多性能优势，但是也给系统的稳定性控制带来了难题。

1. 直线电机式自由活塞式发动机混成动态系统特性

混成动态系统可以较好地描述直线电机式自由活塞式发动机系统。通常，研究者将由连续变量系统和离散事件系统相互作用而构成的一类动态系统称为混成动态系统，简称混成系统。它具有分层结构，其状态、行为和输出特性由离散事件和连续变量相互作用而决定。混成系统具有一些典型的特点，主要包括系统由多个子系统构成，表现出不同的层次关系；系统由离散事件和连续变化过程混合构成，而且离散事件与连续变化过程存在相互作用关系；系统在时间尺度上可以划分为多个不同过程，各过程具有相同或相异的变化行为。混成系统可以定义并分解为三个部分，即连续变量系统、离散事件系统和交互作用系统。其中，连续变量系统可以通过微分方程或差分方程进行描述；离散事件系统表现为逻辑变量的演化规律；连续变量和离散事件之间的交互作用关系通过引入交互作用事件驱动与变量交换控制方程来体现在系统中。具体来说，在混成系统模型中，离散事件对连续变量的作用体现在通过微分方程引入离散输入状态变化，使系统包含一个或多个反映逻辑状态且受离散事件驱动的变量。连续变量对离散事件的作用则是通过变量判别条件，根据连续变量的在某时刻的值或该变量的状态事件函数的值，确定离散事件状态及状态值。

直线电机式自由活塞式发动机具有典型的混成动态系统特征。从结构构成角度来说，它由自由活塞式发动机、直线电机和控制系统构成，并且其运行过程和能量转化过程具有明显的分层结构。从运行原理可以看到，系统运行包含了活塞往复运动、发动机进排气、扫气、火花塞点火、气缸内燃烧和电机电磁转换等多个过程，最终实现了将燃料化学能向电机电能输出的换能。其中，发动机进排气、扫气、火花塞点火和燃烧等过程，如果不考虑它们受短时间动态变化的影响，可以被看作是离散的状态事件过程；而活塞往复运动和电机电能输出则可以被看作是变量连续的动态变化过程。系统运行过程交互作用关系如图 6-17 所示。

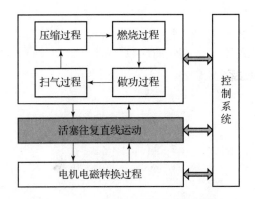

图 6 − 17 系统运行过程交互作用关系

从图 6 − 17 所示可以发现，各子系统及运行过程相互联系，连续变量与离散事件之间也存在密切的相互作用。具体表现是，发动机进排气口和扫气口的打开与关闭状态由活塞位移控制，即可以通过对比活塞位移与缸体结构尺寸的关系来判别发动机缸内热力循环状态。同时，气缸内燃烧由控制系统火花塞点火指令控制，每周期的燃烧过程可以认为是离散的系统能量输入，点火时间、活塞运动过程和扫气过程等变量又对燃烧性能有直接影响。综上所述，直线电机式自由活塞式发动机系统可以看作是一种混成动态系统。

为了更清晰地了解混成动态特性，提供有效的控制系统解决方案，并基于以上的介绍和分析，利用一般的数学模型描述混成动态系统。完整的混成动态系统包括三种类型的变量，可以定义为输入/输出和状态变量。每种类型的变量又可能是由分别具有离散性或连续性特征的参量构成的。它们之间存在一定的相互关联，这种关联可以通过相应的函数进行描述。假设一个一般的混成动态系统的输入/输出和状态变量分别为

$$\begin{cases} U_H = u_H(U_{HD}, U_{HC}) \\ Y_H = y_H(Y_{HD}, Y_{HC}) \\ X_H = x_H(X_{HD}, X_{HC}) \end{cases} \tag{6-14}$$

式中：下标 D 和 C 分别表示该变量为离散状态参数和连续过程参数。

假设研究目标的时间域为 T_H，则在完全的时间范围内，有

$$T_H = [t_i, t_f] \tag{6-15}$$

式中：t_i 和 t_f 是端点时刻。将 T_H 拓展到系统运行全过程时间范围，则系统运行总时间可以表示为

$$T_H = \{[\tau_0', \tau_1][\tau_1', \tau_2], \cdots, [\tau_{n-1}', \tau_n]\} \tag{6-16}$$

式中：对于所有 $i = n$，有 $\tau_n \in T$。

对于 $i = 1, 2, \cdots, n-1$，有 $\tau_n' = t_i$，$\tau_n = t_f$，且有 $\tau_n = \tau_n' \leqslant \tau_{n+1}$。此时，下标 i 可以看作是离散变量状态变化的次数。

于是，一般的混成系统动态过程可以表示为

$$\begin{cases} I_H \subset X_H \\ f_H : X_H \cdot U_H \\ E_H \subset X_H \cdot U_H \cdot X_H \\ h_H : X_H \cdot U_H \end{cases} \tag{6-17}$$

式中各参数说明如下：

（1）I_H 为初始状态集合。为了不失一般性，利用 q_H 表示离散变量与连续变量之间相互关联状态的函数，则

$$[q_H(\tau_0'), x_H(\tau_0')] \in I_H \tag{6-18}$$

（2）f_H 为在连续时间域内存在的由微分方程构成的连续函数，且对于时间域内的任意时间 $t \in [\tau_{n-1}', \tau_n]$，满足

$$\frac{dx_H}{dt} = f_H[q_H(t), x_H(t), u_H(t)] \tag{6-19}$$

（3）E_H 为状态变量集合，且对于任意时间 $t \in [\tau_{n-1}', \tau_n']$，满足

$$[q_H(\tau_i), x_H(\tau_i), u_H(\tau_i), x_H(\tau_i'), q_H(\tau_i')] \in E_H \tag{6-20}$$

（4）h_H 为一个确定的输出函数。对于时间域内的任意时刻，即 $t \in T_H$，满足

$$y_H(t) \in h_H[q_H(t), x_H(t), u_H(t)] \tag{6-21}$$

联立综合上述公式就可以构成一个完整描述混成动态系统的一般数学模型。从建立的一般模型可以看到，离散事件对连续变量的作用体现在将离散输入引入到部分微分方程中，使系统模型中包含有反映逻辑状态的变量。逻辑状态的演化又受离散事件驱动。连续变量对系统离散事件的作用是通过状态条件变换实现的。根据连续变量的某时刻的值或以这些变量为自变量的"事件函数"的值与预先定义好的条件作比较，从而判别是否形成"事件"状态变化，继而获得离散事件状态变量值。

利用一般混成动态系统模型可以对直线电机式自由活塞式发动机系统进行描述。通过分析两者之间的映射关系，可以说明所建立的一般模型对于分析系统动态性能具有一定的有效性。这种有效性及映射关系主要表现在以下四方面。

（1）在时间域内，即在直线电机式自由活塞式发动机运行过程中，时间区间下标 i 不仅是系统离散变量状态变化的次数，也可以看作是活塞往复运动的周

期数，每一个时间区间长度可以看作是活塞往复运动周期。

（2）初始状态由系统起动过程完成后的性能参量决定，包括缸内压力、活塞初始速度、电磁阻力和感应电流电压等。这些参量之间的相互作用关系遵守系统能量传递与转换规律，且各参量之间的变化过程可以由系统性能仿真模型描述，即为混成动态系统模型中的 x_H 及其微分方程 f_H。

（3）E_H 描述了混成系统的状态变量集合。在发动机和电机子系统中分别存在有限的状态变量集合，如发动机的压缩、扫气、进排气和燃烧放热及膨胀状态，电机的象限模式转换状态。同时，由于 E_H 与离散事件触发前后状态均有一定关系。因此，式（6-20）中必然包括两个相邻周期的参量。另外，这些状态变量的选择与判断条件可以通过实际工况决定，如由活塞位移判断发动机循环过程等，由此可以构成 q_H。

（4）直线电机式自由活塞式发动机系统的输出体现在能量转化过程中。它不仅与发动机运行情况有关，也与直线电机电磁转换过程有关。发动机能量输入的变化可能会改变系统输出，由控制系统实施的运行策略变化也会导致输出总功率或效率发生变化，这也体现了混成动态系统的输出项 y_H 与系统初始状态、输入变量和关联状态有关。

总之，通过建立一般的混成动态系统数学模型，能够较为完整地描述直线电机式自由活塞式发动机系统，有助于分析其动态特性，并从中发现多变量强耦合作用下的稳定控制规律。了解混成系统结构特点和动态特性，特别是归纳其特殊的分层结构和连续过程与离散变量相互作用关系，对继续研究直线电机式自由活塞式发动机控制问题具有重要的指导意义。通过对直线电机式自由活塞式发动机稳定控制问题的研究，也可以促进混成动态系统建模与控制理论的研究应用。

2. 系统控制问题分析

自由活塞式发动机的控制问题一直是研究人员关注的重点。对于单自由活塞式发动机来说，通过负载装置的精确控制可以获得较为可靠的连续运行。在液压式单自由活塞式发动机中，液压缸不仅作为负载功率输出装置，还作为回复装置。通过精确的液压控制，利用下止点活塞速度为零和压缩行程的起始由液压缸能量释放决定的运行特点，可以实现有效的频率控制。在理想条件下，可以利用一种称为"脉冲—暂停—调制"（Pulse - Pause - Modulation）的控制方法获得部分负载工况下的高效率运行。这种控制方法也被应用在以压缩气缸作为回复装置的直线电机式单自由活塞式发动机的研究中，并获得了良好的系统稳定性。尽管从活塞往复运动过程的"质量—弹簧阻尼"系统分析可以发现，无论是单自由活塞式发动机还是对置自由活塞式发动机，它们都具有相似的能量转换特性。但是，相比单自由活塞式发动机而言，对置自由活塞式发动机的控制问题变得更加复杂。这主要是因为，两个气缸的直接耦合作用关系使得系统对周期变化的敏感性更强，也对燃烧放热过程的稳定性提出了更高的要求。

研究人员在液压式对置自由活塞式发动机的控制系统的研究方面取得了一定成果。在液压式双对置自由活塞式发动机的研究中，Tikkanen 等利用简化的系统能量守恒模型对控制系统进行研究。通过精确的液压控制系统，对周期燃烧放热波动及其引起的能量平衡状态失稳进行干预，以抵消能量偏差余值。他们在一台液压式对置自由活塞柴油发动机上进行了实验，基本获得了连续的稳定运行。在周期波动的过程中，控制系统通过对喷油量和压缩比进行控制，促使系统主动适应变化波动引起的能量失衡，经过短暂振荡过程后恢复稳定状态。相应的性能及控制系统性能基本满足设计要求，这种方法也被国内研究者采用。他们的研究思路和方法可以有助于对直线电机式自由活塞式发动机的控制策略进行研究。

直线电机式自由活塞式发动机的稳定控制策略必须考虑负载即直线电机的动态性能。由于直线电机式自由活塞式发动机和液压式自由活塞式发动机的负载装置不同，特别是直线电机与液压缸具有明显不同的性能特性。因此，这种差异可能会对控制系统设计提出不同的要求。一般来说，直线电机的瞬态响应比液压缸要迅速，主要是因为液压缸内的液体流动存在一定的阻尼，相比电机电磁力及电磁作用在一定程度上要缓慢一些。另外，直线电机负载电路存在明显的"开—关"（On-Off）变化特点，表现在负载相关的性能参数的变化上就是出现明显的阶跃性波动。这种波动几乎没有延时，瞬间产生的电磁阻力变化将直接影响活塞组件的加速度，继而引起活塞运动规律发生变化，造成气缸内燃烧放热及峰值压力出现变化，或者说阶跃性的负载变化直接影响系统能量转换，引起能量失衡，产生失稳倾向。

利用对电机的状态进行有效控制可以获得活塞运动稳定控制。徐照平等在其开展的单缸四冲程直线电机式自由活塞式发动机研究中应用了这种方法，他们将自由活塞的往复运动控制近似看作是一类点到点的动力学控制问题，忽略动态运行过程对具体运动规律的要求，以电机状态切换的 Bang-Bang 控制器为基础，结合状态切换位置的迭代学习调整策略，建立了活塞运动控制器。在样机设计中，该控制策略应用在可控的电机四象限运行直流 PWM 变换器及其电能存储装置中，获得了较好的系统稳定性。由此可见，针对电机运行状态的电机控制系统及策略对系统性能的稳定运行十分重要。

　　综上所述，直线电机式自由活塞式发动机的控制问题是由其结构特点和运行方式引起的。具体来说，在实际运行过程中，燃烧或负载时常发生波动，引起活塞运动不稳定，系统产生失稳倾向。如果没有有效的稳定控制方法，燃烧波动或负载变化直接影响活塞运动，继而影响扫气和燃烧过程，那么造成的结果是，活塞或是无法达到预定止点，使得气缸内出现熄火导致停机，或是行程过长导致撞缸。虽然曲轴连杆的摒除带来了众多性能优势，但也带来了多变量控制的复杂性，提高了运行维持的难度。控制系统及策略是稳定运行的关键，也是当前研究急需解决的问题之一。另外，对直线电机式自由活塞式发动机的控制策略研究可以借鉴液压式自由活塞式发动机的相关方面的研究成果。

3. 控制系统设计目标与解决方案

　　直线电机式自由活塞式发动机控制系统设计的目标是实现系统连续稳定运转。通过前面的系统运行稳定性机理分析发现，系统稳定运行的基本条件是分层次的。对于每一个基本条件，需要有针对性地建立控制系统。为了综合地满足这些条件，采用分层的混合控制系统是一种较为适用的方法。分层的混合控制策略也是解决复杂的混成动态系统稳定问题的一种方式，控制系统设计目标可以采用分层结构。分层混合控制系统控制目标如图 6 – 18 所示。

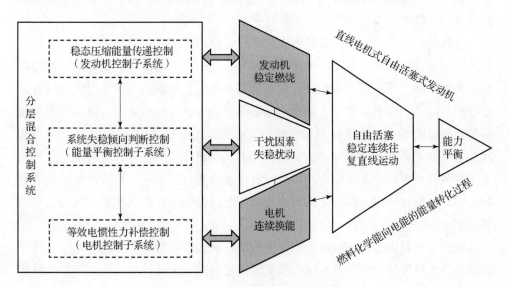

图 6 – 18　分层混合控制系统控制目标

从图 6 - 18 中可以看到，分层的系统稳定运行条件以发动机稳定燃烧和电机连续换能为基础，通过活塞稳定连续的往复直线运动实现最终的能量平衡。其中，干扰因素与失稳扰动存在于直线电机式自由活塞式发动机运行过程中，对系统稳定性产生影响。针对不同层次的稳定性控制目标，设计面向不同控制变量的控制子系统。例如，以发动机保持稳定燃烧为目标，设计发动机控制子系统实现稳态压缩能量传递控制；以电机维持连续换能为目标，设计电机控制子系统实现等效电惯性力补偿控制；以系统总体能量平衡综合控制为目标，设计实现系统失稳倾向判断控制，通过活塞运动规律对能量平衡状态进行有效判断，协调控制子系统形成有效的控制策略。根据上述控制系统目标和基本结构，结合实际系统或样机结构设计，就可以选择适当的控制参数，建立具体的控制策略，最终获得全面完善且有效的控制系统解决方案。

控制系统解决方案应以自由活塞式发动机控制子系统为主。自由活塞式发动机是直线电机式自由活塞式发动机的原动机。系统稳定控制的重要目标是获得稳定的燃烧放热和做功过程。作为唯一的系统输入能量，燃烧产生的气体爆发压力是影响活塞运动的关键。一旦气缸内燃烧波动超过一定范围，就可能会引起缸内失火或活塞撞缸，直接影响系统稳定运行并导致故障。另外，直线电机式自由活塞式发动机的众多性能优势也更多地体现在发动机性能方面。发动机运行过程稳定性和可靠性及其性能是系统总体性能的关键。因此，发动机子系统控制及其策略是直线电机式自由活塞式发动机控制系统的核心部分。

电机控制子系统是控制系统解决方案的重要组成部分。系统中的直线电机是能量输出装置，其性能直接影响系统总效率。其中，电机电磁阻力是连续作用在自由活塞组件上的，阻力系数与负载系数相互关联，对输出功率等性能指标有一定影响。虽然，电机经常以一种被动输出端口的角色存在系统中，但是它作为能量平衡的重要部分，体现在利用电磁阻尼活塞运动，通过电磁换能的方式"消耗"活塞动能，实现感应电能的输出。相对发动机子系统而言，电机子系统与电能负载的联系更加紧密，负载的波动即负载系数变化会对电磁阻力产生瞬间的影响。因此，通过一定方式对电磁阻力进行补偿以等效削弱负载波动，可以建立电机控制子系统。

控制系统解决方案还包括一个关键的子系统，即能量平衡控制子系统。该子系统的设计目标是总体上对系统的能量转换过程进行平衡控制，功能是监测系统动态性能，获得能量失稳倾向，判断其趋势及对稳定性的影响，并对发动机和电机控制子系统进行控制指令调配及参数选择。当系统受到波动干扰时，无论是燃烧波动或是负载变化，能量平衡控制子系统通过对活塞速度等性能指标的实时监测情况来判断系统失稳倾向，确定波动所造成的能量失衡状态，并根据不同目标选择适当的控制策略，最后实施并应用决策。如果考虑到能量平衡控制子系统的判断、决策与选择功能，那么从分层控制系统构成上可以将它看作上层控制系统，将发动机与电机控制子系统看作下层控制系统。

根据控制目标和要求提出控制系统解决方案，设计的分层混合控制系统既和直线电机式自由活塞式发动机结构相匹配，也满足了分层的稳定性控制目标条件，还与混成动态系统的强关联参数解耦及稳定性镇定要求相适应。因此，在上述分层混合控制系统结构框架下，通过合理的控制策略设计和参数选择，可以较好地获得直线电机式自由活塞式发动机控制问题的解决方案。

6.2.2　分层混合控制系统设计与性能分析

直线电机式自由活塞式发动机系统是典型的混成动态系统，具有结构分层、连续的动态过程与离散控制事件相互作用的特点。通过前面分析可以发现，在系统稳定运行的过程中，自由活塞连续的往复直线运动过程是系统稳定性的外部表现，其内在本质是系统能量的稳定传递与转换过程。整体的闭环反馈控制系统框图如图 6 – 19 所示。

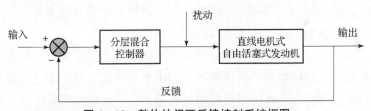

图 6 – 19　整体的闭环反馈控制系统框图

在图 6 – 19 所示的闭环反馈系统中，输入是指理想状态下稳定运行过程的设定参数。扰动是指影响系统稳定运行的因素，其中，既有来自系统外部的，如负载变化；也有来自系统内部的，如燃烧波动。建立分层混合控制系统及设计相应的控制策略是本节要着重进行的研究工作。

本节将对控制系统及策略进行全面的深入研究，以期建立初步的直线电机式自由活塞式发动机稳定性控制理论。

1. 控制系统模型结构设计

合理选择控制系统的控制对象是控制策略有效性的前提。对于直线电机式自由活塞式发动机的分层混合控制系统的设计，必须考虑实际样机结构形式。在实际样机设计中，摩擦力是固有的机械损耗，它虽然与活塞速度有关，但是其数值一般是不能够被主动控制的。另外，由于样机采用自然吸气的气口式扫气方式，气口位置和开度已经固定，因此扫气过程只与活塞运动规律有关。燃油供给方式采用进气道连续喷射，假设燃料混合情况良好，在不考虑喷油规律和燃油雾化对燃烧影响的前提下，实际可控制执行的参量只有节气门开度和火花塞点火时间。对实际的电机部分进行类似分析可以发现，由于采用了永磁型直线电机和相应的电机驱动器，在现有电机驱动和控制方式下，暂时无法实现通过改变电磁系数或电机状态对电机阻力及动态性能进行控制。因此，根据相似性假设和理论推导，决定采用一种等效电惯性力的方法实现电机控制子系统。在实际样机中，这种控制策略可以通过采用双动子电机形式来实现，在后续章节的实验研究中将会有详细介绍。

控制系统的控制对象与控制目标相互对应，前面分析获得的研究目标为选择控制对象提供了有效的依据。保持系统能量动态平衡就是要求每周期能量余值变化保持不变，连续周期的能量传递保持稳定就是要求保持传递的压缩能量稳定，稳定的燃烧过程明确要求了缸内燃烧放热规律基本保持不变，活塞组件稳定的往复运动也提出对上下止点位置和运动规律的稳定性要求。连续稳定运行的抗干扰性能要求系统对波动影响能够及时响应，并且能够快速恢复稳定。于是，结合上述获得的控制问题解决方案和实际样机控制、执行和测试系统的结构，建立了详细控制系统结构模型，其结构示意如图 6-20 所示。

从图 6-20 可以看到，上层的能量动态平衡控制子系统与发动机和电机控制子系统相连接。发动机控制子系统获得发动机子系统反馈的压缩比，通过调节节气门开度对其进行控制。电机子系统将电磁阻力反馈给控制系统，并受到控制系统通过调节电惯性力给予的作用。系统稳定运行过程中出现的波动与干扰直接作用在发动机和电机子系统上，并受到能量动态平衡控制子系统的监测，样机运行过程中的各性能参数通过测试系统采集分析后传递给控制系统。

2. 基于系统稳定失稳判断的上层控制策略

系统稳定运行过程是能量动态平衡的过程，当出现波动或干扰时，稳定控制系统必须能够有效消除偏差和抑制干扰。直线电机式自由活塞式发动机系统具有典型的混成系统特性，各个参数之间存在较强的耦合作用，并且发动机和电机两个子系统又有明显的不同运行特性，这为控制系统设计带来了困难。为了解决控

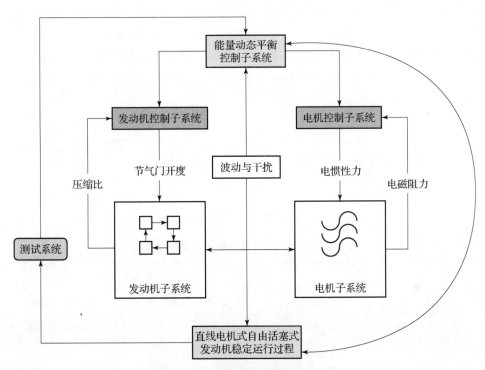

图 6 – 20　分层混合控制系统结构图

制系统复杂性的问题，根据混成系统分层结构特点，设计了分层混合控制系统，以期将系统控制目标分解，简化每一个子系统及其相互间的强耦合作用。能量动态平衡控制子系统是以保持动态的能量平衡为目标，基于系统稳定失稳判断来协调发动机和电机控制子系统进行具体控制执行。从控制系统分层结构可以看到，能量动态平衡控制子系统是上层控制系统，它并不直接对具体的发动机和电机运行过程进行控制，而是通过对系统运行状态进行监测，利用自身控制策略对系统失稳倾向进行研判，进而对下层的子控制系统进行协调，下达控制目标指令，这样的设计是由系统的发动机和电机强耦合特性决定的。通过上层控制策略对发动机和电机系统进行解耦，不仅能够减少控制系统的输入和输出参数数量，降低控制策略的复杂性，还可以较好地满足系统稳定运行分层目标要求。简单地说，就是通过能量动态平衡动态控制系统将直线电机式自由活塞式发动机"一分为二"，即在上层控制系统统一"调度"和"指挥"下，发动机和电机的控制子系统各自"独立"运行。

　　能量动态平衡控制子系统采用开环形式，其结构如图 6 – 21 所示。控制系统通过测试系统监测运行过程，获得运行状态的关键参数，包括对应活塞运动特性的活塞位移，对应发动机循环过程的峰值压力和对应电机电磁换能的感应电动势。通过与设定值进行对比判断，分析系统运行过程的失稳倾向，研判能量不平衡程度，根据指令库获得目标控制指令，并传送给发动机控制子系统和电机控制子系统。上层控制系统采用 If – Then 的控制策略，其输入变量、输出变量和基本控制策略如表 6 – 2 所示。

图 6 – 21　能量动态平衡控制子系统结构图

表 6 – 2　能量动态平衡控制子系统控制策略

输入变量	判断标准	输出变量	
		发动机控制使能	电机控制使能
活塞加速度	≤30%	TRUE	FALSE
	>30%	TRUE	TRUE
峰值压力	≤30%	TRUE	FALSE
	>30%	TRUE	TRUE
感应电动势	≤35%	TRUE	FALSE
	>35%	TRUE	TRUE
感应电流	≤35%	TRUE	FALSE
	>35%	TRUE	TRUE

控制系统根据输入变量与设定值之间的偏差判断系统失稳趋势，有选择地对发动机和电机控制子系统进行使能驱动。之所以选择这样的控制策略，主要是因为现有电机选型及相应的控制与驱动系统限制了控制策略的灵活性。在实验样机设计过程中，复杂的电机象限切换与励磁控制尚无法全面实现，因此首先选择以发动机为主的控制策略。通过后面的分析还可以发现，由于发动机燃烧波动对活塞运动规律十分敏感，如压缩比和止点位置变化会显著地影响发动机燃烧。因此，当扰动引起的能量不平衡或失稳倾向超过一定范围时，必须使用适当的电机控制来弥补单纯依靠发动机控制保持系统稳定的不足。

3. 基于稳态压缩能量传递的控制策略

建立发动机控制子系统是为了较为可靠地控制自由活塞式发动机运行过程，获得良好的稳定运行性能。通过能量转换过程分析可以看到，压缩能量和压缩能量变化不仅可以表征系统运行稳定性状态，还对系统保持连续稳定运行趋势至关重要。因此，稳态压缩能量传递是能量转换稳定性的基本要求。气缸内压力由燃烧放热决定，压缩过程产生的压强和温度直接影响燃烧。在压缩过程中，气缸内气体压强和温度逐渐升高，活塞动能转化为内能。为了获得稳定的燃烧放热和连续的能量传递平衡状态，必须控制压缩过程，即对压缩能和压缩比进行有效控制。

具体来说，被传递的压缩能量不仅影响活塞运动，还影响着下一个周期的燃烧情况。通常，如果传递的压缩能过小，则燃烧条件变差，容易出现失火；如果压缩能过大，则可能出现活塞撞缸。在压缩能的传递过程中，必然存在气体泄漏和散热损失。如果能够通过控制其他能量来弥补损失的压缩能量，就可以保持每周期各燃烧室压缩能的稳定，形成波动较小的燃烧，从而获得连续的能量转换与传递过程，即保持稳定运行状态。选择压缩比和节气门开度为控制变量，建立发动机控制子系统框图如图 6 – 22 所示。其中，纵向标识自由活塞式发动机的输入与输出是指与电机子系统的交互。

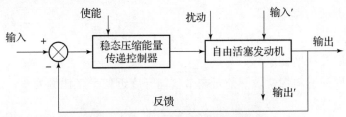

图 6 – 22　发动机控制子系统框图

为了更清晰地表明压缩能量与压缩比的关系，重写式（6 – 3）描述的压缩能量模型并将理想气体状态方程代入其中，可以得到

$$E_c = - \int_{x_{EX}}^{x_{TDC}} p_0 \left(\frac{V_0}{V} \right)^{\gamma_c} dV \tag{6 – 22}$$

式中：p_0 为压缩过程初始时刻的缸内压力；V_0 为压缩过程初始时刻缸内气体体积；γ_c 为压缩过程多变指数。

压缩比 R 可以表示为

$$R = \frac{V_0}{V} \tag{6 – 23}$$

将式（6-23）代入式（6-22）并积分得到压缩能量为

$$E_c = \frac{p_0 V_0}{\gamma_c - 1}(R^{\gamma_c - 1} - 1) \qquad (6-24)$$

由式（6-24）可以看到，压缩比可以用于表征压缩能量。通过对压缩比的有效控制可以实现对压缩能量的控制，建立稳态压缩能量传递控制策略。

系统运行过程中，压缩能量变化是由系统能量输入与输出的不平衡产生的，重写式（6-13）为

$$E_i(n) = E_e(n) + E_c(n+1) - E_c(n) \qquad (6-25)$$

假设系统稳态情况下压缩能量控制目标值为 E_{c0}。采用 PID 控制器进行控制，于是由式（6-25）可以得到第 n 周期的能量传递期望状态为

$$E_i(n) = E_e(n) + E_{c0}(n+1) - E_c(n) + u(n) \qquad (6-26)$$

式中：$u(n)$ 为 PID 控制器的输出量，且

$$\begin{cases} u(n) = P(n) + I(n) + D(n) \\ P(n) = K_P e(n) \\ I(n) = K_I e(n) + I(n-1) \\ D(n) = K_D [e(n) - e(n-1)] \end{cases} \qquad (6-27)$$

式中：$P(n)$、$I(n)$ 和 $D(n)$ 分别为控制器的比例项、积分项和微分项；K_P、K_I 和 K_D 分别为比例系数、积分系数和微分系数；$e(n)$ 为压缩能量与设定压缩能量的偏差项，可表示为

$$e(n) = K_c [E_{c0}(n+1) - E_c(n)] \qquad (6-28)$$

式中：K_c 为偏差项增益系数。

假设每周期燃料燃烧放热能量与节气门开度近似呈正比例关系，则

$$E_i(n) = K_i \theta \qquad (6-29)$$

式中：K_i 为节气门开度比例系数；θ 为节气门开度。

在设定参数小范围变化情况下，式（6-24）描述的压缩比与压缩能量可近似为正比例关系。假设 K_R 为近似的比例系数，则

$$E_c(n) = K_R R \qquad (6-30)$$

以节气门开度和压缩比为控制输出变量，联合式（6-25）～式（6-30）并通过数学推导获得控制系统的状态空间方程表达式为

$$\begin{cases} x(n+1) = \boldsymbol{A} x(n) + \boldsymbol{B} u(n) \\ y(n) = \boldsymbol{C} x(n) + \boldsymbol{D} u(n) \end{cases} \qquad (6-31)$$

式中：$\boldsymbol{A}$、$\boldsymbol{B}$、$\boldsymbol{C}$ 和 $\boldsymbol{D}$ 为状态空间系数矩阵。

根据式（6-31）建立的状态空间方程，将实际结构参数和控制系统参数代入系数矩阵 A，其特征值及根符合稳定性判据。因此，基于稳态压缩能量传递的发动机控制子系统在本文算例中的实际参数约定范围内是稳定的。

4. 基于等效电惯性力补偿的控制策略

活塞组件在往复运动过程中始终受到电磁阻力的作用。单纯考虑活塞的往复振荡运动特性，电磁阻力可以看作是系统的阻尼。通过电磁阻力的适当控制，可以直接对活塞运动规律进行控制。当电磁阻力发生波动时，活塞的加速度将瞬间发生变化，继而影响速度和位移。由于发动机性能对止点位置变化十分敏感，因此通过电磁阻力控制获得活塞稳定的止点是保证燃烧稳定性的重要手段。电磁阻力与电流、磁通及外部负载系数有重要的关系。为了清楚地说明如何对电磁阻力进行有效控制，这里简要回顾建立电磁阻力数学模型的过程。

直线电机式自由活塞式发动机通过电磁能量转换将活塞组件的动能转换为电能输出。在理想状态下，连接有外部纯电阻负载的电机电路可以近似为电阻电路。于是，根据欧姆定律，电机负载电路电压可以表示为

$$U_\varepsilon = R_\mathrm{r} i_\mathrm{i} \tag{6-32}$$

由法拉第电磁感应定律，有

$$U_\varepsilon = -\frac{\mathrm{d}\boldsymbol{\Phi}}{\mathrm{d}t} \tag{6-33}$$

式中：$\boldsymbol{\Phi}$ 为通过线圈的总磁通。

对于电机及负载，如果不考虑散热、漏磁等能量耗散损失，那么，电磁阻力的输入功率和负载电路的输出功率相等，则

$$F_\mathrm{e}\frac{\mathrm{d}x}{\mathrm{d}t} = U_\varepsilon i_\mathrm{i} \tag{6-34}$$

将式（6-33）代入式（6-34）可得

$$F_\mathrm{e} = -i_\mathrm{i}\frac{\mathrm{d}\boldsymbol{\Phi}}{\mathrm{d}x} \tag{6-35}$$

将式（6-32）代入式（6-35）可得

$$F_\mathrm{e} = \frac{1}{R_\mathrm{r}}\frac{\mathrm{d}\boldsymbol{\Phi}}{\mathrm{d}x}\frac{\mathrm{d}\boldsymbol{\Phi}}{\mathrm{d}t} \tag{6-36}$$

由式（6-36）可以发现，电磁阻力与磁通分布密度、磁通时间变化率和电路电阻有关。根据控制目标要求，通过改变相关变量，就可以对电磁阻力进行有效的控制。

在推导过程中还发现，将电磁阻力与机械转动惯量进行类比，两者在数学模型形式上存在某些相似。质量为 m_ω，半径为 r_ω 的机械转动惯量表达式为

$$M_\omega = m_\omega r_\omega^2 \frac{\mathrm{d}\omega}{\mathrm{d}t} \tag{6-37}$$

对式（6-36）进行简单的数学变换可得

$$F_e = \frac{1}{R_r}\left(\frac{\mathrm{d}\boldsymbol{\Phi}}{\mathrm{d}x}\right)^2 \frac{\mathrm{d}x}{\mathrm{d}t} \tag{6-38}$$

假设并定义等效质量 m_e 和等效半径 r_e 分别为

$$\begin{cases} m_e = \dfrac{1}{R_r} \\[2mm] r_e = \dfrac{\mathrm{d}\boldsymbol{\Phi}}{\mathrm{d}x} \end{cases} \tag{6-39}$$

于是式（6-38）可以简化为

$$F_e = m_e r_e^2 \frac{\mathrm{d}x}{\mathrm{d}t} \tag{6-40}$$

对比式（6-40）和式（6-37）可以发现，F_e 的数学模型表达构成与 M_ω 相似。深入类比分析可以发现，等效质量 m_e（电导）和转动质量 m_ω 都是固有属性，并且等效半径 r_e（磁通线性分布）和 r_ω（质量径向分布）也都相似地表征了物体"质量"的分布。为了区分主动控制过程中的电磁阻力变化，可以将通过控制系统获得的电磁阻力部分称为等效电惯性力。于是，当需要对电磁阻力进行控制或改变时，就可以利用技术手段实施等效电惯性力补偿。基于等效电惯性力补偿的电机控制子系统也由此得名。

建立初步的电机控制子系统，系统框图如图 6-23 所示。其中，直线电机的输入与输出表示与自由活塞式发动机子系统的交互。

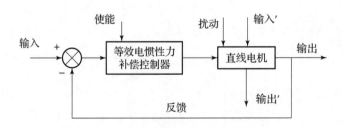

图 6-23　电机控制子系统框图

假设波动干扰瞬间，活塞位移的变化率即速度 $\mathrm{d}x/\mathrm{d}t$ 不发生变化。于是，对式（6-40）进行求导数可得

$$\frac{\mathrm{d}F_e}{\mathrm{d}t} = r_e^2 v \frac{\mathrm{d}m_e}{\mathrm{d}t} + 2m_e r_e v \frac{\mathrm{d}r_e}{\mathrm{d}t} \tag{6-41}$$

整理式（6-41）可以表示为

$$\frac{\mathrm{d}r_e}{\mathrm{d}t} = \left[\frac{1}{2m_e r_e v} \quad -\frac{r_e}{2m_e} \right] \cdot \begin{bmatrix} \dfrac{\mathrm{d}F_e}{\mathrm{d}t} \\[2ex] \dfrac{\mathrm{d}m_e}{\mathrm{d}t} \end{bmatrix} \tag{6-42}$$

由此获得了等效电惯性力补偿的基本控制方程，根据式（6-42）可以建立针对电磁阻力变化后的等效电惯性力补偿响应的有效控制策略。

6.2.3　控制系统性能仿真计算结果与讨论

在全周期性能仿真模型的基础上，通过 MATLAB/Simulink/Stateflow 建模工具建立上述分层混合控制系统，并计算获得系统性能仿真结果，对相关结果进行分析和讨论以验证控制系统的稳定性和有效性。

在控制系统性能仿真计算时，对七种不同控制器参数和干扰波动组合的工况进行了分析。各工况参数情况如表 6-3 所示。其中，设定干扰波动均以阶跃形式发生在系统稳定运行后的 1.50 s 时刻，并以电磁阻力增加的方式体现在运行过程仿真模型中。

表 6-3　控制系统性能仿真计算对应工况

工况	PID 控制器系数			压缩比	干扰波动 (1.50 s)／%
	K_P	K_I	K_D		
一	0.002	0.4	0.000 1	9	10
二	0.002	0.4	0.000 1	9	20
三*	0.002	0.4	0.000 1	9	30
四**	0.002	0.4	0.000 1	9	30
五	0.005	0.4	0.000 1	9	10
六	0.01	0.4	0.000 1	9	10
七	0.01	0.3	0.000 1	9	10
八	0.01	0.5	0.000 1	9	10

注：＊表示未应用电机控制子系统；＊＊表示应用电机控制子系统。

1. 压缩比响应

通过对压缩比响应分析可以获得控制系统稳定性及运行性能变化情况。工况一、工况二和工况三的压缩比响应情况分别如图 6 – 24 ~ 图 6 – 26 所示。根据设定工况，干扰波动将使电磁阻力增大，并阻碍活塞运动，引起压缩能下降，表现为紧邻周期中活塞运行无法到达原定上止点，导致压缩比降低。从图 6 – 24 可以看到，在工况一条件下，随着电磁阻力 1.50 s 时刻的阶跃升高，后续周期压缩比立即下降，最小值为 7.83，随后正向跃升至最大值 9.62，经过短暂振荡后逐渐恢复到设定值，并保持稳定。这一过程表现出明显的二阶振荡特性，压缩比经过近 16 个周期、约 0.45 s 后恢复稳定状态。

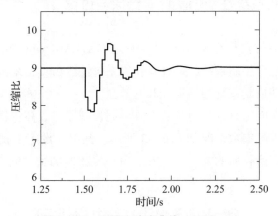

图 6 – 24　压缩比响应曲线（工况一）

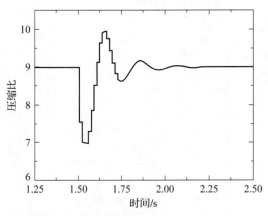

图 6 – 25　压缩比响应曲线（工况二）

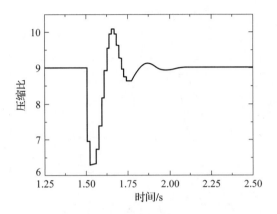

图 6 - 26　压缩比响应曲线（工况三）

　　随着干扰波动的增加，阻碍活塞运动的趋势加大，紧邻周期的压缩比降低幅度也将加大，压缩比波动过程的最小值将继续降低。图 6 - 25 和图 6 - 26 所示的工况二和工况三的压缩比响应情况验证了这一分析：当波动增大到 20% 时，压缩比波动最小值下降至 6.95；当波动继续增大到 30% 时，压缩比最小值降至 6.12，同比下降约 12.2%。对于压缩比振荡过程中出现的正向跃升，必须考虑最大超调量即压缩比峰值引起的缸内峰值压力的剧增。图 6 - 25 和图 6 - 26 中所示的最大压缩比增幅较小，最大值达到了 10.1。结合图 6 - 24 还可以发现，压缩比响应过程均表现出二阶振荡特性。

　　从压缩比响应曲线的变化可以看到，如果负载波动引起的电磁阻力继续增大，那么，压缩比就会继续下降。设想阻力增加的极限状态就是增至无穷大并直接导致活塞立即停止运动。由于压缩比或压缩能对燃烧性能影响作用明显，因此为了有效减小波动，对于较大的负载波动或干扰扰动，必须对电磁阻力进行补偿，即进行等效电惯性力补偿。

　　施加有电机控制子系统后的压缩比响应情况如图 6 - 27 所示。从图 6 - 27 可以发现，等效电惯性力的补偿减弱了压缩比的下降幅度，通过控制策略，可以有效控制波动引起的后续紧邻周期的压缩比剧降，但是施加等效电惯性力补偿后，正向超调量明显增大，而且稳定调整的振荡次数有所增加。这主要是因为，等效电惯性补偿使得系统补充了少许能量，虽然减少了相邻周期的压缩比下降幅度，但是增加了压缩能，从而引起较大的压缩比超调量增幅。过高的压缩比可能会引起缸内峰值压力剧增甚至爆燃，对此必须予以一定的重视。

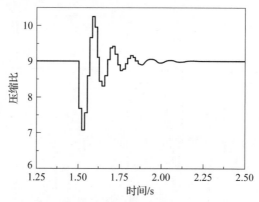

图 6 - 27　压缩比响应曲线 （工况四）

　　另外，由于电机控制子系统对电磁阻力持续施加补偿，也在一定程度上影响了压缩比的稳定平稳性。但是，总的调整时间变化并不十分明显。这不仅反映出系统表现一种以发动机性能为主的较强的参数耦合性，也说明目前设计的基于等效电惯性力补偿的控制策略还需要深入完善和优化。

2. 止点变化

　　止点偏差变化曲线如图 6 - 28 所示。从图 6 - 28 可以看到，在 1.50 s 时刻后的第一个周期，活塞左侧止点位置出现 0.612 mm 的偏差，随即进入振荡过程，并经历约 0.41 s 后恢复稳定。两侧活塞的止点偏差变化相似，过程相差半个周期。这种相似的变化过程也表现出系统中的两个自由活塞式发动机具有运行状态的对称性。上止点位置使活塞与燃烧室顶部存在一定的间隙。虽然，各工况获得

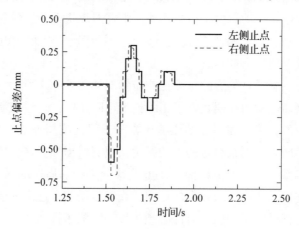

图 6 - 28　止点偏差变化曲线 （工况一）

的止点偏差振荡过程超调量较小，符合间隙尺寸范围要求，不会出现撞缸。但是，必须对止点变化过程中的超调量进行有效控制，避免出现过大超调引起活塞撞缸。

3. 峰值压力变化

系统运行过程在控制系统作用下，压缩比的响应出现振荡过程。随着压缩比的升高，压缩能增大，燃烧室内峰值压力也随之升高，过大的峰值压力可能会引起系统结构性故障。燃烧室内峰值压力变化曲线如图 6 – 29 所示。对比图 6 – 24 可以看到，峰值压力变化趋势与压缩比响应类似。不同之处在于，压力终值稳定在 3.38 MPa，比初值 3.15 MPa 略微升高。这是因为，阻尼的增大需要较多的输入能量才能维持系统。在压缩比峰值的运行周期中，气缸内最大压力已经接近 3.67 MPa。对比压缩比响应曲线，峰值压力稳定时间略长，其调整过程经历了至少 0.52 s 后才基本稳定。

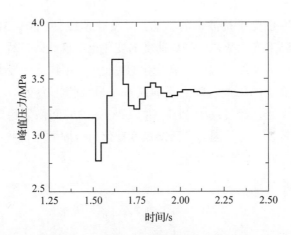

图 6 – 29　峰值压力变化曲线（工况一）

4. 频率变化

活塞往复运动的频率变化曲线如图 6 – 30 所示，与峰值压强的振荡稳定过程相似，其终值较初值有所增加，并稳定在 32.1 Hz。频率最小值为 30.1 Hz，最大值为 32.9 Hz。

频率波动范围在 – 3.83%~5.11% 之间，对电机感应电流品质影响并不十分明显。

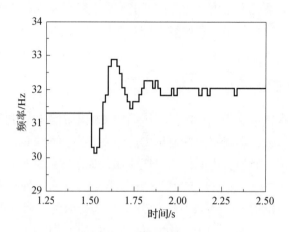

图 6 – 30　活塞运动频率变化曲线（工况一）

5. 活塞平均速度变化

活塞平均速度也受干扰波动的影响，其变化曲线如图 6 – 31 所示。与压缩比、峰值压力和频率变化类似，平均速度的变化也出现振荡过程，并在上升的终值上恢复稳定，终值增加 2.31%。在变化的过程中，平均速度最小值为 2.09 m/s，出现在压缩比为低值的周期。随后反向跃升至最大值，为 2.41 m/s，相对增幅 7.11%。平均速度变化经过约 18 个周期、0.51 s 的时间恢复稳定，较压缩比响应稳定过程略微较长。这是因为，活塞速度变化与全周期运行状态有关，与压缩比响应过程相比存在一定的滞后性。

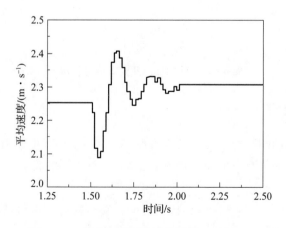

图 6 – 31　活塞平均速度变化曲线（工况一）

综上所述，从系统运行过程性能参数的变化规律可以看到，控制系统以能量平衡和动态平衡为目标，通过分层混合控制策略，实现对波动扰动变化的有效响应和稳定控制。在干扰波动发生后，系统经过多个周期的振荡和调整后重新建立并保持稳定状态。止点位置、峰值压力、频率和活塞平均速度变化均与压缩比响应变化相似。这一现象不仅说明在直线电机式自由活塞式发动机中，发动机运行状态稳定对保持系统稳定性非常重要，也说明了电机控制子系统对大波动干扰的有效补偿是十分必要的。系统总体表现出多变量、强耦合的特点。

6.2.4　控制器参数对响应特性的影响

发动机控制子系统采用了稳态压缩比的控制策略，并应用了离散 PID 的控制算法。其中，PID 控制器中存在三个重要的系数，分别为 K_P、K_I 和 K_D。对这三个系数进行优选，可以获得较好的控制系统动态响应特性。考虑到 K_D 在其数值约定范围的变化对系统运行状态的影响并不明显，在此没有对其进行分析。

工况五和工况六的压缩比响应曲线分别如图 6 - 32 和图 6 - 33 所示。结合图 6 - 24 所示可以发现，工况六的调整时间约为 0.10 s，经历了约四个周期，较工况五和工况一的调整时间略短。同时，工况六的反向跃升最大值约为 9.22，超调量明显减小。但是，三种工况中的负载波动后临近 5 个周期变化相似，表现为压缩比响应曲线的显著下降，压缩比最低值均为 7.83。这说明，在负载跃升波动后的较短时间内，负载波动对压缩能的影响受控制系统作用较小，负载跃升后的

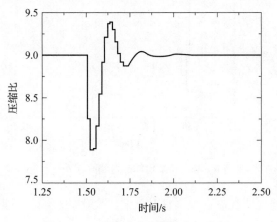

图 6 - 32　压缩比响应曲线（工况五）

相邻几个周期的压缩比下降不可避免。同时，由于压缩比下降对燃烧性能影响明显，因此，对于分析波动过程中的发动机性能变化，特别是可能引起的对排放性能的影响还需要进行深入研究。

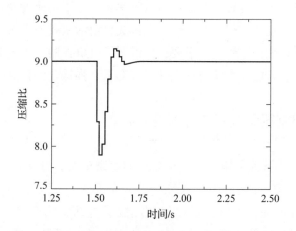

图 6 – 33　压缩比响应曲线（工况六）

工况七和工况八的压缩比响应曲线分别如图 6 – 34 和图 6 – 35 所示。通过对比可以发现，相比工况一和工况八，工况七运行过程的压缩比变化几乎没有反向跃升，且工况七和工况八的调整时间均比工况一略小。

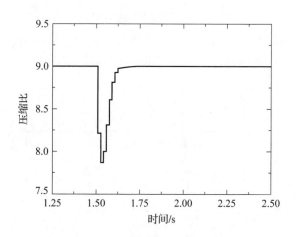

图 6 – 34　压缩比响应曲线（工况七）

为了更清晰地说明控制系数调整对压缩比变化的影响，根据上述曲线获得系统响应过程主要指标，如表 6 – 4 所示。

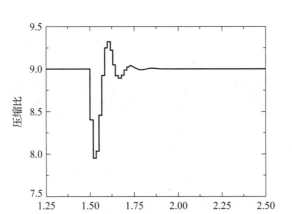

图 6 – 35　压缩比响应曲线（工况八）

表 6 – 4　压缩比响应过程主要指标

工况	控制器系数		压缩比 最低值	最低值 时间/s	压缩比 最高值	调整 时间/s	振荡 次数
	K_P	K_I					
一	0.002	0.4	7.83	0.094	9.62	0.662	3
五	0.005	0.4	7.88	0.030	9.39	0.360	2
六	0.01	0.4	7.90	0.029	9.15	0.302	1
七	0.01	0.3	7.87	0.032	9.01	0.191	1
八	0.01	0.5	7.95	0.027	9.33	0.263	2

　　通过表 6 – 4 所示的数据可以发现，随着控制器系数的变化，响应过程指标也有所改变。各工况运行过程相应指标均满足系统要求，综合考虑各项指标，在现有工况中可以优选工况六和工况七的控制系统。

　　通过控制器系数的变化对响应特性影响进行分析并选定了较优的系数值，控制系统性能直接决定了系统稳定性。对控制系统性能进行优化，除了采用对控制器系数整定优选以外，还可以通过改进控制策略进行性能优化。英国纽卡斯尔大学的 Rikard Mikalsen 博士在压燃式单自由活塞式发动机的控制系统及策略研究中，提出使用 PDF 控制器（Pseudo – Derivative Feedback Controller，伪微分反馈控制）及其改进算法（Plus Disturbance Feedforward），并获得了较好的系统响应性能。参考这种方法，对设计的控制系统进行结构优化，改进后的控制系统框图如图 6 – 36 所示。

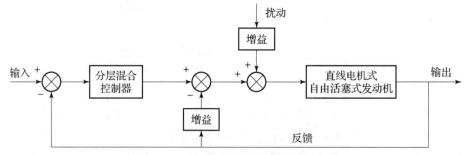

图 6 – 36　改进的闭环反馈控制系统框图

将图 6 – 36 所示的控制系统应用于性能仿真模型中，获得了相应的系统响应特性。对比计算结果发现，控制系统结构改进对压缩比响应特性影响并不明显，响应过程各项指标与改进前的指标相比十分相近。分析其原因可能是，研究对象采用较小缸径的发动机为原型机，在小功率低转速工况下，其性能指标和参数数值在较窄的控制参数变化范围内影响变化不是十分明显，这个现象从能量转换特性各分布能量的数值及变化上也可以清楚地看到。尽管如此，改进的控制策略及其方法对较大缸径的直线电机式自由活塞式发动机，特别是对后续的压燃式双活塞对置型自由活塞式发动机的控制系统设计仍然具有指导意义。

参 考 文 献

［1］ 王建昕，帅石金. 汽车发动机原理［M］. 北京：清华大学出版社，2011.

［2］ 孙柏刚，杜巍. 车辆发动机原理［M］. 北京：北京理工大学出版社，2015.

［3］ 袁雷，胡冰新，魏克银，等. 现代永磁同步电机控制原理及 MATLAB 仿真［M］. 北京：北京航空航天大学出版社，2016.

［4］ 王成元，夏加宽，孙宜标. 现代电机控制技术［M］. 北京：机械工业出版社，2014.

［5］ 李向荣，魏镕，孙柏刚. 内燃机燃烧科学与技术［M］. 北京：北京航空航天大学出版社，2012.

［6］ JIA B, ZUO Z, FENG H, et al. Effect of closed – loop controlled resonance based mechanism to start free piston engine generator：Simulation and test results［J］. Applied Energy, 2016, 164：532 – 539.

［7］ CHUNLAI T, HUIHUA F, ZHANGXING Z. Dynamics of a small – scale single free piston engine generator［J］. Journal of Beijing Institute of Technology（English Edition），2011，20：128 – 134.

［8］ CHUNLAI T，HUIHUA F，ZHANGXING Z. Load Following Controller for Single Free – Piston Generator［J］. Applied Mechanics and Materials，2012，157：617 – 621.

［9］ 田春来. 直线电机式自由活塞式发动机运动特性与控制策略研究［D］. 北京：北京理工大学，2012.

［10］ 贾博儒. 点燃式自由活塞内燃发电机起动与工作过程研究［D］. 北京：北京理工大学，2015.

第 **7** 章

燃烧系统工作特性

7.1 点燃式缸内直喷 FPEG 燃烧系统换气过程研究

点燃式缸内直喷 FPEG 的缸内气流组织对缸内物质和能量的输运起支配作用，具有强瞬变、可压缩、自旋性和各向异性的特点。其中，缸内气流组织中的湍流强度与火焰传播速度具有非线性关系，缸内大尺度滚流能提升压缩终了时刻的缸内湍流强度，提高燃烧效率、抑制循环变动、降低爆震倾向。因此，对换气过程特性的研究有助于提高点燃式缸内直喷 FPEG 整个系统的工作性能，而准确描述气流的产生和耗散的机理与过程也是流体力学研究中的核心任务。本章利用搭建的点燃式缸内直喷 FPEG 换气过程的工作模型，结合模拟 FPEG 运动过程的气流场测试平台，分析研究缸内直喷 FPEG 在不同气口结构下的气流组织对FPEG 换气过程的影响，探讨换气过程中关键结构参数的协同匹配和变化机理。

7.1.1 点燃式缸内直喷 FPEG 燃烧系统换气过程的理论分析

图 7－1 所示的是 FPEG 换气过程特性图，二冲程内燃机的换气过程时间短、

缸内残余废气系数大，无论是从宏观气流组织还是微观上缸内气体分子运动，都要求合理设计扫气系统的结构。一方面要求新鲜空气进入气缸后能形成一个旋转的气流"气垫"，使空气与废气不易掺混，促使燃烧后的废气及时排出缸外，高效率地完成缸内工质的更换；另一方面也要求点燃式 OPFG 内燃机的换气系统能够合理引导气流与燃料的混合，形成适宜的混合气浓度和分布。本节结合点燃式缸内直喷 FPEG 活塞运动特性，对不同方案下的换气系统进行分析，研究不同气流的组织方法及换气特性。

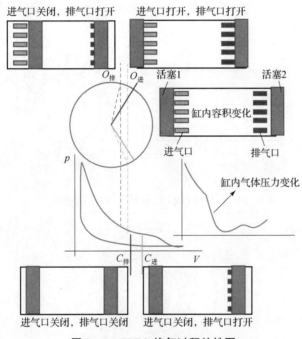

图 7 – 1　FPEG 换气过程特性图

1. 缸内气流运动的组织特性理论分析

缸内不同的气流组织对缸内喷雾、混合气的形成和燃烧过程具有不同的影响，缸内涡流组织的耗散较小，能够在缸内保持较长的时间，有助于维持混合气的分层分布；但是缸内涡流过大，液滴容易被甩向壁面而形成湿壁现象，反而不利于液滴的蒸发。缸内挤流运动虽然在活塞达到内止点前较弱，但可促使液滴的蒸发，尤其是在活塞达到内止点后，强烈的挤流运动可提高火焰传播速度，缩短燃烧时间。缸内滚流组织运动范围较大，持续时间长，有利于引导混合气在缸内的均匀分布，同时由于滚流的大范围自旋特性，能够提高气缸壁面附近的气流速度，促进壁面油膜的蒸发；但是缸内滚流组织耗散较大，容易退化为小尺度湍流，不利于混合气的稳定分层，然而在内止点附耗散成微小尺度湍流的滚流可增强缸内火焰的传播速度。

（1）缸内涡流组织。

对于点燃式 FPEG 燃烧系统，采用直流扫气的结构形式，可以依靠气口径向倾角的方式产生涡流组织，如图 7 - 2 所示。从图中可以看出，进气口端面有 12 个均匀分布的具有一定径向角度的气口。涡流产生原理如图 7 - 3 所示，气体沿与缸内中心线呈一定角度 α 的进气口进入缸内，气流随之在缸内沿所示方向旋转从而形成涡流组织。

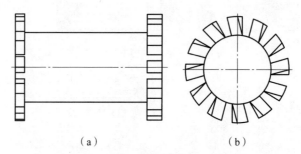

（a）　　　　　　　　（b）

图 7 - 2　FPEG 形成涡流组织的结构

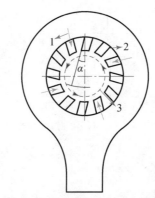

图 7 - 3　FPEG 缸内涡流组织的产生示意

1—进气方向；2—气口倾角；3—缸内气体运动方向

涡流强度可用涡流比衡量，由以下式确定：

$$\bar{\omega} = \frac{\sum\limits_{i=1}^{N} \rho_i V_i (v_i \boldsymbol{r}_i)}{\sum\limits_{i=1}^{N} \rho_i V_i (\boldsymbol{r}_i \boldsymbol{r}_i)} \tag{7-1}$$

式中：N 为该横截面上流体微元总数；V_i 为微元 i 的体积；ρ_i 为密度；$\boldsymbol{r}_i$ 为微元 i 的位置矢量；v_i 为微元 i 的速度。

横截面上第 i 个网格单元的坐标为 (x_i, y_i, z_i)，速度坐标为 (v_{xi}, v_{yi}, v_{zi})，因在三维模型中的活塞沿 Z 轴运动，则

$$|\bar{\omega}| = \frac{\sum_{i=1}^{N} \rho_i V_i (x_i v_{xi} - y_i v_{yi})}{\sum_{i=1}^{N} \rho_i V_i (x_i x_i + y_i y_i)} \qquad (7-2)$$

（2）缸内滚流和斜轴滚流组织。

对于缸内直喷 FPEG 燃烧系统，缸内滚流组织的产生可采用气口轴向仰角方式，如图 7-4 所示，通过对进气口设计出沿轴向方向呈现一定角度的仰角，可在缸内形成绕气缸轴线的旋转的气流运动，即滚流运动。从图中可看出，气流沿具有一定轴向角度的气口，进气套内的气体沿与缸内轴向中心线呈一定角度 α 的进气口进入缸内，气流随之在缸内沿所示方向旋转从而形成滚流。

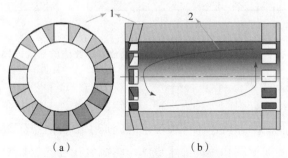

（a） （b）

图 7-4 FPEG 形成滚流组织的结构
1—气口方向；2—气流运动方向

若将缸内滚流在第 k 个循环下 t 时刻对应的滚流比定义为气体相对于质量中心的旋转角速度 ω 与缸内直喷 FPEG 运行当量转速的比值，则绕 Z 轴的滚流比可定义为

$$G_{Z(t,k)} = \frac{\omega_Z}{\omega} = \frac{\sum_{(x,y)} t_{(t,x,y,k)} u_{(t,x,y,k)}}{\omega \sum_{(x,y)} t_{(t,x,y,k)} t_{(t,x,y,k)}} \qquad (7-3)$$

式中：ω_Z 可通过计算角动量 L_Z 与惯性矩 I_Z 的比值得到，即

$$\omega_Z = \frac{L_Z}{I_Z} \qquad (7-4)$$

对于离散单元，绕 Z 轴的角动量 L_Z 可通过下式计算：

$$L_Z = \sum_{k=1}^{N} U_k [(x_k - x_0)\omega_k - (y_k - y_0)v_k] \qquad (7-5)$$

式中：U_k 为每个单元的质量；x_k 和 y_k 分别对应单元的坐标位置；ω_k 和 v_k 为相应的 x 方向及 y 方向瞬时速度分量；x_0 和 y_0 表示质量中心的坐标位置。

若这部分气流运动同时也受缸内涡流的影响而发生变化，此时的气流运动称为斜轴滚流。

（3）缸内挤流和逆挤流组织。

缸内直喷 FPEG 产生的挤流和逆挤流运动可由凹型活塞顶接近或远离内止点时产生的径向或横向气流运动生成。挤流速度主要取决于挤气面积和挤气间隙。在压缩行程，燃烧室容积不断减少，气流不断被压缩，气流不断向缸内凹槽区域流动，产生挤流运动。而在做功行程，燃烧室的容积不断增大，气流也不断膨胀产生逆挤流。图 7 - 5 所示为缸内直喷 FPEG 缸内挤流和逆挤流的形成过程。

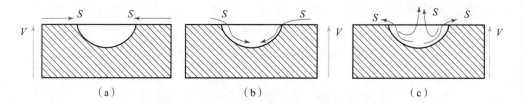

（a）　　　　　　　　　（b）　　　　　　　　　（c）

图 7 - 5　缸内直喷 FPEG 缸内挤流和逆挤流的形成过程

（4）缸内湍流组织。

湍流是内燃机气缸内的一种无规律、非定常运动，主要由在气流流过固体表面时所产生壁面湍流和在流体不同流速层之间产生的自由湍流组成，表征湍流的剧烈程度可通过湍流速度和湍动能来表示。湍流可在进气过程中由气流运动组织产生，也可利用燃烧室形状在压缩过程中进行定向引导产生，还可由在燃烧过程中的气体交换产生。湍流具有不规律性和随机性，因此可采用统计的方法描述湍流的特征参数：湍动能和湍流强度。

湍流强度可由任一方向上瞬时脉动速度的均方根值表示，即

$$u' = \lim_{t \to \infty} \left[\frac{1}{t} \int_{t0}^{t1} U^2(t) \, dt \right]^{0.5} \tag{7-6}$$

式中：缸内瞬时速度与脉动速度的脉动分量 $u(t)$ 和缸内气流平均速度的关系为

$$U(t) = \bar{U} + u(t) \tag{7-7}$$

式中：$\bar{U}$ 为缸内气流平均速度，可定义为

$$\bar{U} = \lim_{t \to \infty} \frac{1}{t} \int_{t0}^{t1} U(t) \, dt \tag{7-8}$$

式中：t 为时间；t_0 为起始时刻。

湍动能 κ 表示为

$$\kappa = \frac{1}{2}(u^2 + v^2 + w^2) \qquad (7-9)$$

式中：u、v、w 分别为 x、y、z 方向上的脉动速度。

2. 换气过程评价指标分析

换气过程是点燃式缸内直喷 FPEG 循环工作过程中较关键的一个过程，对缸内热、功转换及排放特性有强耦合联系。不同于四冲程内燃机所具有的独立吸气冲程，缸内直喷 FPEG 在压缩冲程内要短时间内完成换气过程，因此完善缸内直喷 FPEG 换气过程评价体系对于换气过程的研究具有重要意义。点燃式缸内直喷 FPEG 的换气过程可由平均流动速度、流量、给气比、捕获率、扫气效率及充量系数等表示。此外，表征换气过程的还有缸内气流运动的速度场、湍流强度、湍动能分布等指标。在实际的点燃式缸内直喷 FPEG 换气过程中，各种指标都可能被采用或综合利用，需要根据需求进行有针对性的设计和选用。因此选用扫气效率和给气比来评价缸内直喷 FPEG 的换气过程。

7.1.2　缸内气流场分布的试验研究

为深入研究点燃式缸内直喷 FPEG 在不同气流组织和倾角结构参数下对气流运动的影响，本节设计了能够深入、详细模拟循环运动中缸内气流场瞬变情况的气流场测试平台，研究 FPEG 在不同运行频率时的缸内气流场变化情况，为后续 FPEG 缸内喷雾过程、混合气形成过程以及缸内燃烧过程研究奠定基础。

1. 气流场测试平台的基本原理

点燃式缸内直喷 FPEG 换气过程的实验台架的基本工作原理如图 7-6 所示。以缸套为中心，缸套两侧各安装有一个活塞，而活塞由各自的曲柄连杆机构驱动。两侧的曲柄连杆机构采用中心布置的驱动电机共同驱动。由此，实现旋转电机拖动曲柄连杆机构，将电机的旋转运动转换为直线往复运动，从而实现模拟 FPEG 运动。

2. 气流场测试平台的搭建

气流场测试平台的基本结构如图 7-7 所示，主要由进气稳压系统、运动系统、控制系统和数据采集系统组成，系统运行的结构如图 7-8 所示，伺服电机

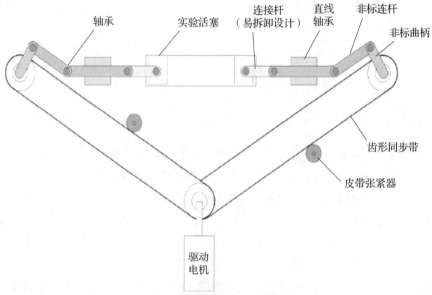

图 7 - 6　气流场测试平台的基本结构

通过双面圆弧平顶齿形同步带分别驱动左右两边的同步轮，从而带动左右两边的活塞实现 1 μm 内的运动误差精度。而数据采集系统主要通过安装在活塞顶的三个传感器，在实验台设计中，需要采集活塞运动位置、缸内实时压力（活塞顶部测量点）、进气温度和压力、进气流量等数据，数据通过信号采集后经过数/模转换处理，通过以太网将数据传输给终端计算机，采集系统集成为一个数据采集箱。由于活塞截面面积较小，而且传感器需要布置在活塞顶部，所以要求传感器体积尽可能小，同时要求传感器的采集速度和精度能够满足测试系统要求，采用的传感器规格如表 7 - 1 所示。

图 7 -7　气流场测试平台的基本结构

图 7 − 8　系统运行的结构

表 7 − 1　平台传感器选型

名称	型号	数量
温度测量模块	EM231 热电偶模块，测量范围 0 ℃~150 ℃	3
数据采集模块	USB286 采样速率 500 ks/s	1
进气流量计	CAF5019 测量范围 0~600 L/min	1
进气道压力传感器	绝压传感器 0~1 MPa，精度 ±0.25%f_s	1
缸内压力传感器	测量范围 0~5 MPa，精度 0.5%f_s	6

3. 不同转速下压力场分析

为研究活塞运行时缸内不同位置处的气流运动特性，在活塞顶的三个典型位置处安装有压力传感器，为了降低传感器高度对缸内气流的影响，三个传感器伸出高度与活塞表面持平。其中，压力传感器 1 安装在活塞顶正中心的凹型球贯内；压力传感器 2 安装在避让槽的中心位置；压力传感器 3 安装在活塞顶平面处。传感器安装的更多细节如图 7 − 9 和图 7 − 10 所示。

图 7 − 9　活塞顶形状和传感器安装孔正面图

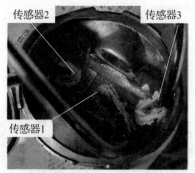

图 7 - 10　活塞顶传感器安装背面图

　　图 7 - 11 ~ 图 7 - 13 分别显示了在进气压力为 2 bar 时，转速分别为 1 000 r/min、2 000 r/min 和 3 000 r/min 时缸内三个不同位置处的压力变化曲线，结合图 7 - 14 所示的缸内峰值压力变化图，对比看出以下问题。

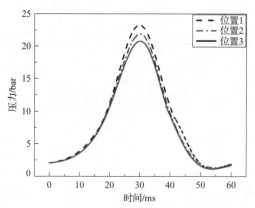

图 7 - 11　1 000 r/min 下不同位置缸内压力变化图

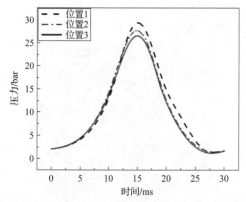

图 7 - 12　2 000 r/min 下不同位置缸内压力变化图

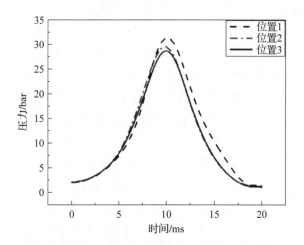

图 7 - 13　3 000 r/min 下不同位置缸内压力变化图

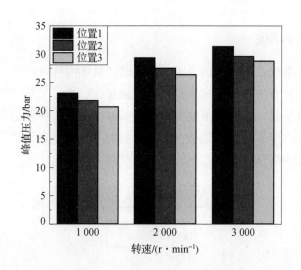

图 7 - 14　不同转速下峰值压力对比图

（1）随转速的升高，同一位置处的峰值压力也随之升高，但在位置 3 的峰值压力变化最大。从 1 000 r/min 提高到 3 000 r/min，位置 1 的峰值压力提高了 34.9%，位置 2 的峰值压力提高了 35.4%，而位置 3 的峰值压力提高了 38.2%，这缘于随转速的升高，凹坑处的气流碰撞强度和内部摩擦增加值低于活塞平面处造成的。

（2）在同一转速下，位置 1 的峰值压力最大，位置 2 的峰值压力次之，位置 3 的峰值压力最小，峰值压力变化高达 23.6%；且这种变化随转速的升高而升高，由 2 000 r/min 时的最高26.98% 变化为 3 000 r/min 时的38.05%。可以解释为，在位置 1 和位置 2 的凹坑结构导致气流场流入和流出的变化梯度高，气流分子之间碰撞、摩擦运动激烈，造成此区域气流流动速度较慢。因此，即使位置 2 和位置 3 离缸壁的位置一样，位置 2 的压力也要明显高于位置 3。同样，由于凹形球冠的作用，进一步降低了位置 1 的气流速度，因而使得此处的气体压力明显高于位置 2 和位置 3；而且随运动转速的提高，位置 1 压力升高率要高于位置 2 和位置 3。

综上所述，活塞运动时气流运动场在不同时刻、不同位置的压力分布不是均匀一致的，而是具有瞬态变化的特性，而且随转速的变化而变化，这种现象和变化规律对后续分析缸内喷雾和燃烧具有非常重要的指导意义。

7.1.3 换气过程的试验分析及验证

1. 换气过程模型的搭建

为了直观、准确地研究缸内直喷 FPEG 燃烧系统内气流的运动情况、燃油的喷射、油滴的雾化蒸发过程和火焰形成及传播规律，本节采用三维数值模拟较为精细的模型进行阐述。三维数值模型模拟过程如图 7 - 15 所示。一方面提供残余废气系数、新鲜空气系数、燃油捕捉率等参数对零维模型进行修正；另一方面便于研究燃烧过程中燃烧放热率、燃烧室内温度等参数变化情况，为缸内直喷 FPEG

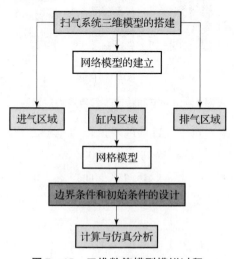

图 7 - 15 三维数值模型模拟过程

物理样机的试验提供指导。三维数值模拟的前提是对模拟对象几何形状进行精确描述。因此，根据点燃式缸内直喷 FPEG 实际结构搭建了如图 7 – 16 所示的三维模型，由于网格质量对计算速度和计算精度影响较大，其中主要是网格数量和网格体积大小，当然网格体积越小，计算精度越高，但是这样容易造成网格数量过多，影响计算效率。因此，为了兼顾模拟效率和模拟精度，采用结构化六面体网格，基本长度为 2 mm，同时对进排气口流动区域进行局部的网格细化。网格模型如图 7 – 17 所示。

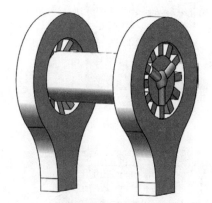

图 7 – 16　根据点燃式缸内直喷 FPEG 实际
结构搭建的三维模型

图 7 – 17　网格模型

2. 换气过程模型的验证

采用三维数值模拟研究点燃式缸内直喷 FPEG 的气流运动特性、气流组织规律及换气效果，首先要确保研究中所采用的数值模拟方法能够精确地描述实际扫气的过程。因此，为了验证数值模拟结果的准确性，搭建了缸内直喷 FPEG 样机平台，测试了点燃式缸内直喷 FPEG 在进气压力为 2.6 bar，运行频率为 18 Hz，不同运动行程（不同压缩比）时缸内压力的变化过程，实际的扫气测试系统如图 7 – 18 所示，测试结果如图 7 – 19 所示。从图中可看出，在不同行程下，数值模拟得出的缸内压力变化曲线与试验采集得到的缸内压力变化曲线基本上都能够保持一致。尤其在扫气口已经关闭的状态下，数值模拟的缸内压力曲线与试验测试的缸内压力曲线完全一致，在 FPEG 进、排气口开启的换气过程当中存在微小波动。这是因为实际进气稳压阀的灵敏度及开闭滞后问题，同时考虑到进气管道流动及弯管效应所导致的正常气流波动现象，但气体压力仅在 3% 小范围内波动，不影响数值模拟模型的有效性。

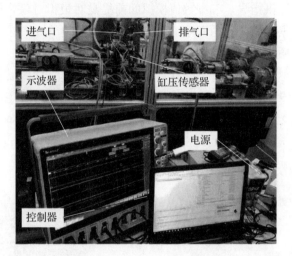

图 7-18 缸内压力测试系统

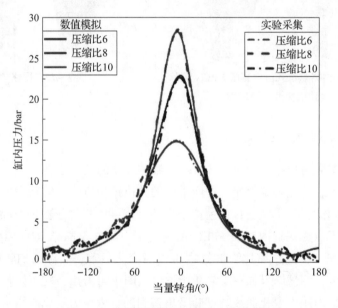

图 7-19 不同压缩比缸内压力曲线对比

7.1.4 缸内不同气流组织对 FPEG 换气过程的分析

不同的气流结构直接影响缸内流场的组织形式和流量，也决定了缸内混合气的形成过程和分布，因此缸内气流流动特性对气口结构敏感度较高，略微差异的气口结构可导致完全不同的换气过程和换气效率。布置在气缸壁上的点燃式缸内直喷 FPEG 使燃油蒸发过程、燃烧过程与缸内的气流流动具有强耦合关系。研究表明，从缸内气流运动形式对混合气形成及燃烧角度考虑，合理组织缸内气流运动能有效促进缸内燃烧进程，提高 10% 的热效率。尤其对于缸内喷注式汽油发动机（GDI），限制其大规模推广使用的一个重要原因是因为其燃烧室结构需要配合喷油器和火花塞，且必须经过特殊设计和优化，以致开发和制造成本较高。

因此，研究点燃式缸内直喷 FPEG 缸内气流的组织形式对于简化燃烧室设计，降低混合气对燃烧室形状和气流运动的敏感性具有十分重要的意义。

1. 气流组织对换气过程的方案研究

FPEG 采用直流扫气方式，缸内气流的组织形式主要是受到气口结构和活塞顶形状的影响，可通过进气口的径向倾角、进气腔结构以及活塞顶面形状实现缸内不同流动形式的组织，从而配合混合气的形成。气口径向形成的倾角可促使缸内形成涡流组织；气口轴向形成的仰角可促使缸内形成滚流组织。同时，穿顶式活塞可增强缸内挤流作用，凹顶式活塞可加强缸内滚流作用。

因此，为了分析不同的进气系统结构和燃烧室形状对 FPEG 气流运动过程的影响，本节基于所建立的耦合模拟模型，在确保不同燃烧室结构运动到同一个内止点位置处具有相同压缩比的条件下，结构参数如表 7 – 2 所示。采用对比分析的方法，利用物理样机的活塞顶形状和汽油机常用的活塞顶形状，搭建了三种不同活塞顶形状，即平顶式活塞、穿顶式活塞和凹顶式活塞，全面分析不同燃烧室结构对气流运动的影响，如图 7 – 20 所示。

表 7 – 2　不同活塞顶结构参数配置　　　　单位：mm

指标	平顶式活塞	穿顶式活塞	凹顶式活塞
缸径	56.5	56.5	56.5
穿顶高度	—	3	—
凹顶深度	—	—	6
凹顶直径	—	—	30
槽深	—	—	3
槽宽	—	—	12

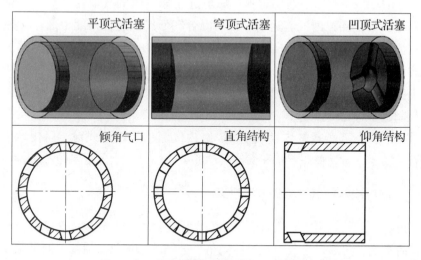

图 7 - 20 不同活塞顶形状和气口配置示意

根据分析，设计如表 7 - 3 所示的研究方案，对平顶式活塞、穹顶式活塞和凹顶式活塞分别在 15°CA 倾角进气口、15°CA 仰角进气口和 90°CA 直角进气口下，在运行频率为 18 Hz 下进行了仿真研究，研究不同活塞结构在不同进气结构下对气流组织和气流运动特性的影响。其中研究的条件如表 7 - 4 所示。

表 7 - 3 研究方案

方案	活塞顶形状	进气口形式
1		倾角进气
2	平顶式活塞	仰角进气
3		直角进气
4		倾角进气
5	穹顶式活塞	仰角进气
6		直角进气
7		倾角进气
8	凹顶式活塞	仰角进气
9		直角进气

表 7 −4　边界条件和初始条件

条件	参数	数值
边界条件	进气温度/K	303
	进气压力/kPa	260
	排气温度/K	330
	排气压力/kPa	101
	活塞顶面温度/K	450
	缸盖表面温度/K	470
	缸壁表面温度/K	430
初始条件	缸内压力/kPa	101
	缸内温度/K	303
	进气道压力/kPa	120
	进气道温度/K	303
	排气道压力/kPa	101
	排气道温度/K	330

2. 倾角进气对换气过程的分析

图 7 –21 所示为不同活塞顶下的倾角进气过程图，从图中对比可看出以下现象。

（1）对于平顶式活塞，刚刚进入的新鲜气流被明显分成两股，造成缸内轴向截面中心处的废气被新鲜空气裹挟在中心处，而且随换气过程的进行，新鲜空气和废气在缸内轴向截面的中心出现一定程度的混杂，使得缸内中心处和进气口附近的缸壁表面处出现部分混合气不能被顺利排出的现象。

（2）对于穹顶式活塞，进入的新鲜气流没有出现显著的"分叉"现象，缸内中心处的混合气随换气过程进行而顺利被排出，仅在倾角背侧的缸壁处存在部分混合气短路现象。

（3）对于凹顶式活塞，刚刚进入的新鲜气流略微出现"分叉"现象，缸内中心截面的废气被新鲜气流包裹，但二者混杂程度较低，而且随后续活塞的继续运行，废气都能被完全排出缸外；更重要的是，在缸壁表面几乎无残留废气。这种现象正是由于活塞顶结构不同而引起的，也是本书研究的重要内容。

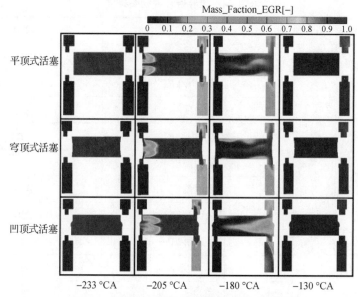

图 7 - 21　不同活塞顶下的倾角换气过程图

　　因此，对于倾角进气方式，平顶式活塞容易在缸内中心处使新鲜空气和废气出现混杂；同时在进气口对面的缸壁附近存在一定的扫气"死角"。对于穹顶式活塞，缸内中心处出现新鲜空气与废气混杂的现象明显得到改善，但是会在进气口对面的缸壁附近存在扫气"死角"。对于凹顶式活塞，扫气效率最高，更适宜 FPEG 结构。

　　从图 7 - 22 展示的扫气效率变化图可看到，在换气结束后，凹顶式活塞的扫气效率达到 90%，而平顶式活塞和穹顶式活塞的扫气效率仅达到 85%。这是由于在倾角进气模式下，凹顶式活塞的新鲜空气和废气掺混较低，扫气因而更加高效。特别地，凹顶式活塞的扫气效率曲线要早于穹顶式活塞和平顶式活塞，这主要是凹顶式活塞的凹槽结构导致气口打开较早产生的。

　　从图 7 - 23 所示的气流运动曲线看出，凹顶式活塞的峰值扫气速度峰值达到 70 m/s，平顶式活塞的峰值扫气速度为 75 m/s，而穹顶式活塞的峰值扫气峰值速度为 80 m/s。但是，在扫气初始阶段（- 200°CA 以前）和扫气末期（- 160°CA 以后），凹顶式活塞的扫气速度要高于穹顶式活塞和平顶式活塞；在扫气中期阶段（- 200 ~ 160°CA），凹顶式活塞的扫气速度要低于穹顶式活塞和平顶式活塞。这是凹顶式活塞和平顶式活塞增强了气流碰撞摩擦甚至产生阻滞效应的结果，这种由本身结构引起气流流动速度差是一个很重要的现象，对分析不同气口结构引起扫气特异性奠定了基础。

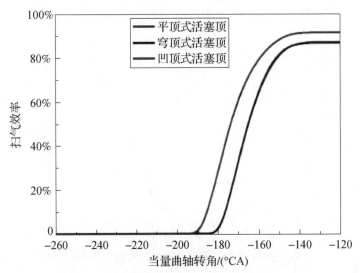

图 7 – 22 倾角结构下扫气效率变化图 （见彩插）

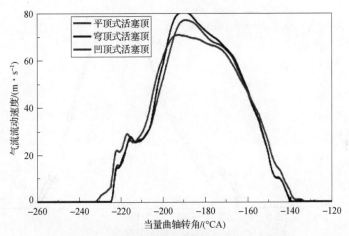

图 7 – 23 倾角结构下气流流速变化图 （见彩插）

图 7 – 24 展示的是不同活塞顶结构下的给气比曲线图。从图中可看到，在换气结束后，凹顶式活塞的给气比达到 1.5，穹顶式活塞的给气比达到 1.33，而平顶式活塞的给气比仅达到 1.3。在倾角进气模式下，凹顶式活塞由于凹槽结构的作用，促使气流流动时间长、速度高，这一现象也可从图 7 – 25 所示的不同活塞顶结构下的瞬时气流流量随曲轴转角变化图得到印证。因此，凹顶式活塞的凹槽结构相对于穹顶式和平顶式结构，具有"早开、晚关"的特性，促使换气过程气流量大。

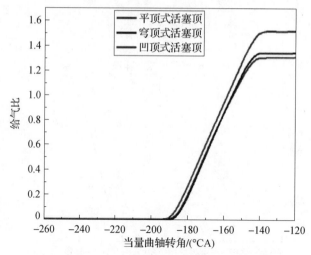

图 7-24　倾角结构下给气比变化图（见彩插）

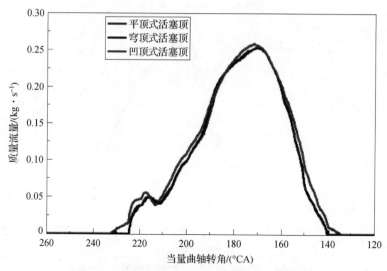

图 7-25　倾角结构下气流流量变化图（见彩插）

3. 仰角进气对不同燃烧室结构缸内换气过程分析

图 7-26 显示的是不同活塞顶结构在仰角气口进气方式下的缸内新鲜空气和废气的换气过程在轴向截面的运动图。从图中可对比看到，在平顶式活塞结构下，更多的新鲜气流在缸内轴向截面中心处汇聚成一体，而仅在气体运动前端中心处的气流运动速度稍微低于两侧，略微出现"分叉"现象，造成缸内轴向中心处的废气可被顺利排出缸外，而在缸壁表面处出现"死角"而不能被及时排

出缸外；对于穹顶式活塞，进入缸内的新鲜气流在缸内轴向截面中心处完全汇聚成一体，同样造成缸壁表面废气处出现"死角"，不能被及时排出缸外；对于凹顶式活塞，新鲜气流偏离中心，大部分新鲜气流偏向进气口对侧，改善了缸壁附近废气残留现象。这正是仰角进气产生的缸内短路气流的典型现象。因此，对于仰角进气方式，不论是平顶式活塞、穹顶式活塞还是凹顶式活塞，都不同程度地导致了缸内壁面废气残留现象。这种现象对于平顶式活塞最为严重，对穹顶式活塞次之，而对于凹顶式活塞由于凹槽结构，使得气流运动方向偏离中心，废气残留最轻。

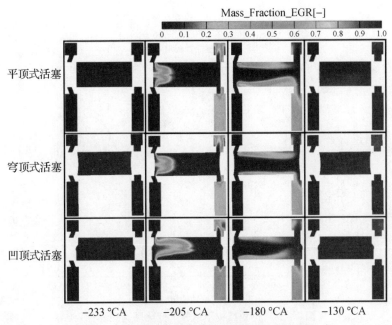

图 7-26 不同活塞顶下的仰角换气过程示意

从图 7-27 展示的扫气效率图可更清晰地看到，在换气结束后，凹顶式活塞的扫气效率达到 80%，远高于平顶式活塞和穹顶式活塞的 70%。特别地，从图中可以看到，平顶式活塞和穹顶式活塞的扫气效率曲线在进气口关闭后出现了特殊的废气倒流现象，这是由于仰角进气下平顶式活塞和穹顶式活塞的排气过程不顺畅，因而在进气口关闭时，缸内压力低于排气背压造成了部分废气倒流的现象。

这种现象也可从图 7-28 展示的仰角结构下的给气比曲线图看到，在换气结束后，凹顶式活塞的给气比达到 1.8，而穹顶式和平顶式活塞的给气比均为 1.7。因此，凹顶式活塞在换气过程中产生的进气阻力较小，更有利于气体流动。

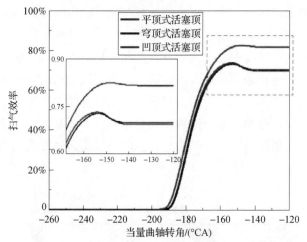

图 7 - 27 仰角结构下扫气效率变化图（见彩插）

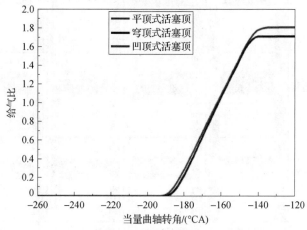

图 7 - 28 仰角结构下给气比变化图（见彩插）

因此，在仰角进气模式下，凹顶式活塞对气流流动的阻力较小，更有利于气流流动，而穿顶式活塞和平顶式活塞在倾角模式下对气流的运动产生一定阻力，不利于气流的运动。

4. 直角进气对不同燃烧室结构缸内换气过程分析

通过图 7 - 29 显示的不同活塞顶结构在直角气口进气方式下的缸内新鲜空气和废气的换气过程在轴向截面的运动图可对比看到以下现象。

（1）对于平顶式活塞，气流流动状态呈现出新鲜气流在缸内轴向截面中心处汇聚成一体，气流前端出现"分叉"现象，这导致缸内中心处的废气不能被完全排出，而且在缸壁处的废气也由于气流速度较慢而出现一定程度的残留。

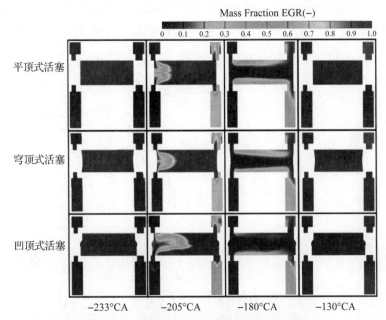

图 7 – 29　不同活塞顶下的直角换气过程图

（2）对于穹顶式活塞，气流在缸内轴向中心截面处呈现出标准的"圆弧形"曲线，使得缸内中心处的废气可以完全排出，而只在缸壁处出现一定程度的废气残留。

（3）对于凹顶式活塞，气流被"吹偏"，即新鲜气流被吹向缸内轴向一侧。这是由于缸内进气不均匀所致，大部分新鲜空气从靠近进气口处的缸内一侧进入，而远离气口处的新鲜空气流量少，而且气流速度也较低。这促使缸内废气都能被完全排出，而且在缸壁附近几乎无废气残留。

总之，对于直角进气方式，平顶式活塞自身结构容易在缸内中心处存在扫气"短路"现象，同时也会在进气口对面的缸壁附近存一定的扫气"死角"。对于穹顶式活塞，缸内中心处扫气"死角"的现象得到改善，仅在缸壁附近出现废气残留。对于凹顶式活塞，虽然缸内扫气气流偏向一侧，但相对于平顶式活塞和穹顶式活塞，在缸内中心处和缸壁附近没有存在明显的扫气"死角"。

从图 7 – 30 展示的扫气效率可看到，在换气结束后，凹顶式活塞的扫气效率达到 85%，而平顶式活塞和穹顶式活塞的扫气效率仅为 70%。这表明在直角进气模式下，凹顶式活塞的扫气仍然更加高效。从图 7 – 31 展示的直角结构下的给气比曲线图也可看到相同的结论，在换气结束后，凹顶式活塞的给气比达到 1.74，穹顶式活塞的给气比也达到 1.69，而平顶式活塞的给气比同样达到 1.64。

这是由于在直角进气模式下，凹顶式活塞自身结构对气流流动的阻力较小，更有利于增加气流流动；其次是穹顶式活塞；而平顶式活塞对气流的阻碍最大。

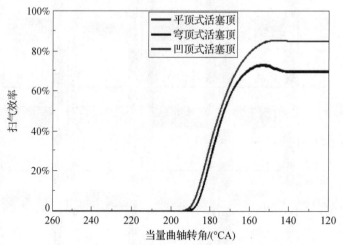

图 7 – 30　直角结构扫气效率变化图（见彩插）

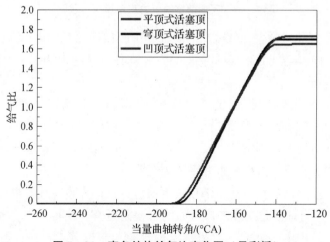

图 7 – 31　直角结构给气比变化图（见彩插）

（4）缸内气流组织对 FPEG 换气过程的评价与分析。

为了更便于研究不同活塞顶形状和气口对换气过程的耦合影响，图 7 – 32 展示了不同活塞和气口结构对扫气效率的影响的对比图。从图中可以看到以下现象。

①在倾角进气结构下，凹顶式活塞的扫气效率达到 91.4%，在三种活塞顶形状中具有最高扫气效率，相对于平顶式活塞顶和穹顶式活塞顶，至少提高了 5% 的扫气效率，而平顶式活塞顶和穹顶式活塞顶的扫气效率差异较低。

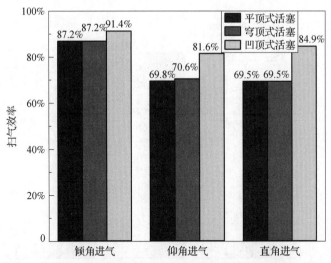

图 7 – 32 不同活塞和气口结构对扫气效率的影响

②仰角进气结构下，凹顶式活塞的扫气效率同样在三种活塞顶形状中达到最佳，扫气效率为81.6%，相对于相应平顶式活塞顶和穹顶式活塞顶，仍然提高了约20%的扫气效率。但是，相对于倾角进气结构，凹顶式活塞的扫气效率降低了11%。

③直角进气结构下，凹顶式活塞的扫气效率同样在三种活塞顶形状中达到最高扫气效率，扫气效率为84.9%，相对于平顶式活塞顶和穹顶式活塞顶，扫气效率提高了约22%。但是，相对于凹顶式活塞倾角进气结构，扫气效率降低了7.7%；相对于凹顶式活塞仰角进气结构，扫气效率提高了4%。

从图7–33所展示的给气比可以看到以下现象。

①在仰角进气结构下，相比于倾角进气和直角进气，不管是平顶式活塞、穹顶式活塞，还是凹顶式活塞，都能够相应提高5%~31%的给气比。同时，相对于平顶式活塞顶和穹顶式活塞顶，凹顶式活塞提高了5.3%的进气效果。

②在倾角进气结构下，凹顶式活塞的给气比虽然仅有1.52，但仍然具有最高的给气比。相比于仰角进气结构，降低了16%的进气效率。但是，相对于相应结构下的平顶式活塞和穹顶式活塞，分别提高了16%和13%的进气效率。

③而在直角进气结构下，凹顶式活塞仍然具有最高的给气比，达到了1.74。相比于仰角式进气结构，其降低了3.5%的进气效率；相比于倾角式进气结构，则提高了14.5%的进气效率；同时，相对于相应结构下的平顶式活塞和穹顶式活塞，分别提高了6.1%和3%的进气效率；而穹顶式活塞相对于平顶式活塞，提高了3%的进气效率。

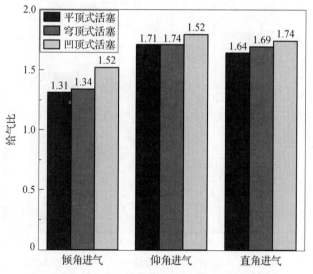

图 7 – 33 不同活塞和气口结构对给气比的影响

7.1.5 倾角结构对 FPEG 缸内气流运动的影响

根据前面的分析，活塞顶采用凹顶结构、气口采用倾角进气方式有利于提升扫气效率。因此本小节结合选定的凹顶结构，根据倾角气口参数对换气过程的影响，选择进气口高度、进气口宽度、进气口径向倾角、进气压力和运动频率作为研究对象，对气口关键参数进一步进行全面、综合性的分析，研究不同关键结构参数以及关键参数之间的耦合作用对 FPEG 换气过程的影响。进气口参数的选择如表 7 – 5 所示，气口宽度为圆周方向气口的弧长；气口高度为轴向方向气口的长度。

表 7 – 5 进气口参数

因素	水平 1	水平 2	水平 3
进气口高度 A/mm	6.8	7.8	8.8
进气压力 B/bar	1.5	2	3
进气口倾角 C/(°)	7.5	15	25
进气口宽度 D/mm	7.6	8.6	9.9
运行频率 E/Hz	15	35	55

1. 气口结构参数影响的研究策略

FPEG 的换气过程极其复杂，涉及多因素、多变量的影响，而且多个因素之间，多个变量之间还存在强烈的交互耦合作用，需要通过科学、合理的实验方法才能全面、准确地获得各因素之间的影响规律，这其中涉及的实验方法有析因分析法、正交分析法、均匀分析法、拉丁超立方分析法及响应面分析法等。其中，正交分析法是一种按照相应待考察因素和水平的标准化正交表设计实验策略的一种方法，具有"均匀分散、整齐可比"的特性，提高了工作效率，大大减少了实验次数。因此，借助正交分析法，计算方案中考虑了倾角、宽度、高度、压力和运行频率五个因素，每个因素考虑了三个水平变化值，分别对倾角和运行频率、压力和运行频率的交互作用进行了综合考察。特别地，还综合考察了倾角、运行频率和压力三个因素之间的交互作用。采用了 L27（3^{13}）标准正交表，所设计的正交表头如表 7 – 6 所示。

表 7 – 6　正交表头设计

表头设计	A	B	C	D	E	AE	AE	ADE	ADE	DE	DE
列号	1	2	3	4	5	6	7	8	9	10	12

2. 优化计算结果及分析方法

利用正交试验设计和分析的方法较多，最容易的是采用极差分析，较为复杂的是采用方差分析。

（1）极差分析。

极差分析即直观分析法，简单通过比较各个因素间极差的大小来分析对试验指标影响的先后次序。在极差分析中，极差的大小可表示为

$$R_m = \max(k) - \min(k) \tag{7 – 10}$$

式中：R_m 表示第 m 列的极差大小；k 为 k_{mn} 所在平均值，即第 m 列因素 n 水平所对应的评价指标。

（2）方差分析。

方差分析法中各因素及其交互作用和误差对试验的影响主要通过分析其相应的离差平方和 Q_T 作为数据分析的一种方法。可由下式定义：

$$Q_T = \sum_{i=1}^{n} x_i^2 - \frac{1}{n} \left[\sum_{i=1}^{n} x_i \right]^2 \tag{7 – 11}$$

式中：x_i 为参与正交试验的各个实例的分析结果；n 为正交试验的分析次数。

因素离差平方和 Q 可表示为

$$Q = \frac{1}{n} \sum_{i=1}^{n} K_i^2 - \frac{1}{n} \left(\sum_{i=1}^{n} x_i \right)^2 \qquad (7-12)$$

（3）因素显著性检验。

显著性检验是考察不同因素对实验指标影响的权重大小，它根据对应的置信水平、因素自由度和误差自由度查表所得到的标准 F 值与计算得出的 F 值大小进行判断。当计算得出的 F 值大于标准 F 值时，说明对实验指标的影响是显著的。其公式为

$$F = \frac{因素平均差方和}{误差平均差方和} \qquad (7-13)$$

（4）偏 Eta 平方。

按照 J. Cohen 提出的标准，当 Eta≤0.06 时为小效应；0.06≤Eta≤0.14 时为中等效应；当 Eta≥0.14 时为大效应。极差分析虽然仅仅通过直观的比较可得出最优参数，简单直观、工作任务轻，但不能区分实验指标的变化是因为因素水平还是试验误差而引起的，因此需要方差分析法和极差分析法相互配合对指标变化作出更加准确的分析。本小节采用极差分析、方差分析、因素显著性检验和偏 Eta 平方相结合的方法，针对点燃式缸内直喷 FPEG 汽油机换气过程的主要评价指标进行研究。不仅可确定因素之间的主次效应顺序，还可应用方差分析对实验数据进行分析，研究各因素对指标的影响程度，从而找出优化条件或最优组合（表7-7）。

表 7-7　正交试验表及计算结果

编号	A	B	C	D	E	给气比	扫气效率
1	6.8	1.5	7.5	7.6	15	2.6	85.6%
2	6.8	1.5	7.5	7.6	35	1.47	60.0%
3	6.8	1.5	7.5	7.6	55	0.66	45.9%
4	6.8	2	15	8.6	15	5.4	92.9%
5	6.8	2	15	8.6	35	2.13	74.6%
6	6.8	2	15	8.6	55	0.25	20%
7	6.8	3	22.5	9.9	15	6.29	96.6%
8	6.8	3	22.5	9.9	35	1.29	66.0%
9	6.8	3	22.5	9.9	55	1.16	65.6%

编号	A	B	C	D	E	给气比	扫气效率
10	7.8	1.5	15	9.9	15	4.15	94.6%
11	7.8	1.5	15	9.9	35	1.56	78.1%
12	7.8	1.5	15	9.9	55	0.13	12.9%
13	7.8	2	22.5	7.6	15	6.9	97.5%
14	7.8	2	22.5	7.6	35	1.16	67.6%
15	7.8	2	22.5	7.6	55	0.48	41.2%
16	7.8	3	7.5	8.6	15	3.75	96.0%
17	7.8	3	7.5	8.6	35	1.52	80.3%
18	7.8	3	7.5	8.6	55	0.85	62.8%
19	22.5	1.5	22.5	8.6	15	5.6	95.0%
20	22.5	1.5	22.5	8.6	35	0.79	53.9%
21	22.5	1.5	22.5	8.6	55	0.35	31.4%
22	22.5	2	7.5	9.9	15	3.16	91.9%
23	22.5	2	7.5	9.9	35	1.41	74.1%
24	22.5	2	7.5	9.9	55	0.69	53.3%
25	22.5	3	15	7.6	15	5.9	96.2%
26	22.5	3	15	7.6	35	1.85	82.9%
27	22.5	3	15	7.6	55	0.26	25.5%

3. 气口结构对气流运动的影响

（1）进气口高度对气流运动的影响

从表 7-8 所示的进气口高度对换气指标影响分析中可以看出以下现象。

①对于给气比，随气口高度由 6.8 mm 逐渐变为 7.8 mm 和 8.8 mm 时，气口高度对给气比的影响却逐渐减少，即随气口高度的增加，不能增强 FPEG 气流的流动性。当气口高度为 6.8 mm 时，给气比达到 2.43，为最优高度。

②对于扫气效率，当气口高度从 6.8 mm 逐渐变为 7.8 mm 和 8.8 mm 时，扫气效率极差分别为 67.5%、70.1% 和 67.1%，呈现出先增大后减小的变化规律，

即当气口高度为 7.8 mm 时，可使扫气效率达到最佳。重要的是，从显著性分析中可看出，气口高度对于扫气效率和给气比的影响都不大；而相对于扫气效率，气口高度对于给气比的影响较高。

表 7-8　进气口高度对换气指标影响的分析

方法	指标	给气比	扫气效率
极差分析	K_2	2.43	67.5%
	K_2	2.27	70.1%
	K_3	2.12	67.1%
	R	0.31	3%
方差分析	平方和	0.426	0.479
	自由度	2	2
	均方	0.213	0.239
	F	0.23	0.151
	偏 Eta 平方	0.028	0.019
主因素效应	Sig.	0.797	0.861

（2）进气压力对气流运动的影响。

从表 7-9 所示中可以看出，对于给气比和扫气效率，当进气压力从 1.5 bar 依次变为 2 bar 和 3 bar 时，进气压力对给气比和扫气效率的影响都逐渐增大；当进气压力为 3 bar 时，给气比和扫气效率分别达到 2.51 与 74.6%。重要的是，从显著性分析中可以看出，进气压力对于给气比和扫气效率都有一定的影响，但相对于给气比，进气压力对于扫气效率的影响更大。从工程实际上，扫气压力在可选范围内，选择的扫气压力越高越有利于给气比和扫气效率。

表 7-9　进气压力对换气指标影响的分析

方法	指标	给气比	扫气效率
极差分析	K_2	1.92	61.9%
	K_2	2.39	68.1%
	K_3	2.51	74.6%
	R	0.59	12.7%

续表

方法	指标	给气比	扫气效率
方差分析	平方和	1.75	7.28
	自由度	2	2
	均方	0.875	3.64
	F	0.945	2.29
	偏 Eta 平方	0.106	0.223
主因素效应	Sig.	0.409	0.133

（3）进气口倾角对气流运动的分析。

从表 7 - 10 中可以看出，对于给气比，当气口倾角从 7.5°变为 15°和 22.5°时，气口倾角对给气比的影响逐渐增大，当气口倾角为 22.5°时，给气比达到 2.73，为最优角度。而对于扫气效率，当气口倾角从 7.5°变为 15°和 22.5°时，气口倾角对扫气效率的影响呈现出先减少后增大的趋势，即倾角在 7.5°~15°时，扫气效率随倾角的增加而逐渐减少。而倾角在 15°~22.5°时，扫气效率随倾角的增加而逐渐增大。重要的是，从显著性分析中可看出，进气口倾角对于给气比和扫气效率都有较大的影响，但相对于扫气效率，进气口倾角对于给气比率的影响更大。从工程实际上，对于给气比，气口倾角为 22.5°时可取得相对最优解；而对于扫气效率，气口倾角为 7.5°时可取得相对最优解。

表 7 - 10　进气口倾角对换气指标影响分析

方法	指标	给气比	扫气效率
极差分析	K_2	1.79	72.2%
	K_2	2.3	64.2%
	K_3	2.73	68.3%
	R	0.94	8%
	误差	0.04	0.005
方差分析	平方和	4.061	2.89
	自由度	2	2
	均方	2.03	1.44
	F	2.192	0.914
	偏 Eta 平方	0.215	0.103
主因素效应	Sig.	0.144	0.421

（4）进气口宽度对气流运动研究。

从表7-11中可以看出，对于给气比和扫气效率，当气口宽度从7.6 mm变为8.6 mm和9.9 mm时，气口宽度对给气比和扫气效率的影响都无明显变化，相应的变化幅度分别仅有0.03和3.4%，即气口宽度对给气比和扫气效率的影响较小。但是，相对于给气比，气口宽度为8.6 mm时可取得相对最优解，而对于扫气效率，气口宽度为9.9 mm时可取得相对最优解。

表7-11 进气口宽度对换气指标影响分析

方法	指标	给气比	扫气效率
极差分析	K_2	2.26	66.9%
	K_2	2.29	67.4%
	K_3	2.27	70.3%
	R	0.03	3.4%
方差分析	平方和	0.004	0.61
	自由度	2	2
	均方	0.002	0.31
	F	0.002	0.19
	偏 Eta 平方	0	0.02
主因素效应	Sig.	0.998	0.82

（5）运行频率对气流运动影响。

从表7-12中可看出，运行频率对于给气比和扫气效率都有显著的影响，随运行频率的降低，给气比和扫气效率都发生了明显的改善，相应的极差变化分别高达4.3和54.2%，而且运行频率对扫气比和扫气效率的偏 Eta 平方分别为0.86和0.84，远远大于0.14，显示出强效应量。这主要是缘于运行频率越低，缸内气流组织可利用的时间越多，也越利于改善气流换气过程。

表7-12 运行频率对换气指标影响分析

方法	指标	给气比	扫气效率
极差分析	K_2	4.83	94%
	K_2	1.46	70.8%
	K_3	0.53	39.8%
	R	4.3	54.2%

续表

方法	指标	给气比	扫气效率
方差分析	平方和	91.91	133.1
	自由度	2	2
	均方	45.96	66.5
	F	49.61	41.98
	偏 Eta 平方	0.86	0.84
主因素效应	Sig.	0	0

（6）耦合参数对气流运动研究。

独立分析单个因素独立起作用时对缸内气流运动情况的影响，不能更形象、直观地表述。因此，本节对比分析了各个因素不同水平对扫气效率和给气比的效应，如图 7 - 34 所示。从图中可以看出，对于给气比，运行频率对其影响最大；其次是进气口倾角，两者都处于大效应区，而进气压力的影响处于中效应区，高度和宽度的影响都处于小效应区。对于扫气效率，同样是运行频率对其影响最大；其次是进气压力，两者都处于大效应区；而进气倾角的影响处于中效应区，高度和宽度的影响仍然处于小效应区，且宽度的影响高于高度。

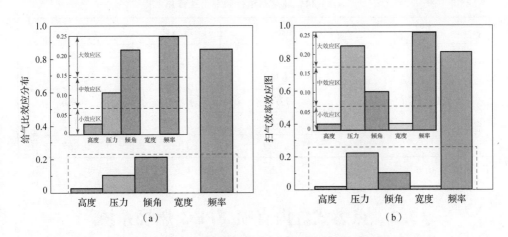

图 7 - 34　各个因素不同水平对换其过程影响图

对于给气比，气口结构参数的影响顺序是：运行频率 > 进气口倾角 > 进气压力 > 进气口高度 > 进气口宽度；对于扫气效率，气口结构参数的影响顺序是：运行频率 > 进气压力 > 进气口倾角 > 进气口宽度 > 进气口高度。

表 7 – 13 和表 7 – 14 分别展示了宽度与运行频率、高度与运行频率的交互作用对给气比和扫气效率影响的研究。从表中可以看出，宽度与运行频率的交互作用对扫气比和扫气效率的偏 Eta 平方分别为 0.008 和 0.015，远远小于 0.06。虽然，单个运行频率因素对给气比和扫气效率具有显著影响，但宽度与运行频率的交互作用对给气比和扫气效率均为小作用量，没有显著影响。同理，高度与运行频率的交互作用对扫气比的偏 Eta 平方为 0.006，也远小于 0.06；而高度与运行频率的交互作用对扫气效率的偏 Eta 平方为 0.067，略高于 0.06。虽然，单个运行频率因素对给气比和扫气效率具有显著影响，但宽度与运行频率的交互作用对给气比和扫气效率为中等效应。

表 7 – 13　宽度和运行频率交互作用

方法	指标	给气比	扫气效率
方差分析	平方和	0.119	0.35
	自由度	4	4
	均方	0.03	0.09
	F	0.016	0.03
	偏 Eta 平方	0.008	0.015

表 7 – 14　高度和运行频率交互作用

方法	指标	给气比	扫气效率
方差分析	平方和	0.084	1.68
	自由度	4	4
	均方	0.021	0.42
	F	0.012	0.145
	偏 Eta 平方	0.006	0.067

7.2　点燃式缸内直喷 FPEG 燃烧系统喷雾过程及混合气形成特性分析研究

点燃式缸内直喷 FPEG 的燃烧过程主要由进气参数、喷油参数、燃烧室结构等多因素互相协同影响。其中，喷油参数对燃烧过程的影响可占到 70% 以上。

特别是采用二冲程工作模式的 FPEG，存在换气效果差、缸内混合气形成时间短的问题；再加上采用缸内直喷技术，对缸内稀薄混合气的形成和分层提出了更高的要求，需要通过对缸内气流组织和燃油喷雾进行合理匹配设计，实现缸内混合气的合理形成和当量比的理想分布。因此，结合第 2 章描述的喷雾模型和蒸发模型，首先利用喷雾试验平台研究了燃油通过喷油器在不同喷雾压力下的喷雾形态、喷雾贯穿距和喷雾锥角等宏观喷雾特性，根据相应工况建立了定容弹数值模拟模型，对相关射流喷雾模型的关键参数进行了标定和修正。将换气过程和喷雾过程进行耦合，研究了喷油方向、喷油正时和喷油压力对燃油和空气之间的宏观混合过程和微观蒸发特性，总结了 FPEG 缸内混合气形成的机理，探索出了适应点燃式 FPEG 汽油缸内直喷的混合气形成及燃烧放热规律的单次喷射策略和二次喷射策略。

7.2.1　点燃式 FPEG 缸内直喷系统喷雾特性理论分析

燃油喷射理论特性分析的主要目的是研究燃油喷射流束中气相流场和液相流场随时间和空间变化的规律，但射流束本身是由大量尺度各异的油滴组成，不同尺度的油滴蒸发量不一致，而且射流束的发展要经历一系列的雾化、破碎、碰撞、聚合、碰壁、吸热、蒸发和混合等极其复杂的变化过程，很难对其进行准确的描述。因此，本小节采用直观实验、测试测量和数值模拟相结合的方法，先通过高速摄像机拍摄喷雾的过程，直接观察和研究喷雾形态、喷雾贯穿距和喷雾锥角等射流束的宏观变化规律，再结合数值模拟深入分析射流束生成和燃油雾化的微观机理。

1. 喷雾特性参数的定义

为了准确地描述射流束的变化过程，对喷雾特性参数作如图 7-35 所示的定义。

（1）喷雾锥角：图中的外廓线 C 和 D 之间的夹角。

（2）喷雾贯穿度：图中喷油器到喷雾外廓线 A 和 B 的最大距离。

（3）喷雾外廓长度：图中红色曲线所围绕的喷雾外廓线的长度。

（4）喷雾廓线面积：图中红色曲线喷雾外廓线内的面积。

（5）锥角变化率：后一张图像中喷雾计算出的锥角 θ_{i+1} 减去前一张喷雾图像的锥角 θ_i 的差与两张图像间隔时间 T 的比值。

（6）贯穿度变化率：后一张图像中喷雾计算出的贯穿度 L_{i+1} 减去前一张喷雾图像的贯穿度 L_i 的差与两张图像间隔时间 T 的比值。

（7）喷雾外廓长度变化率：后一张图像中喷雾计算出的喷雾外廓长度 C_{i+1} 减去前一张喷雾图像的喷雾外廓长度 C_i 的差与两张图像间隔时间 T 的比值。

（8）廓线面积变化率：后一张图像中喷雾计算出的廓线面积 S_{i+1} 减去前一张喷雾图像的廓线面积 S_i 的差与两张图像间隔时间 T 的比值。

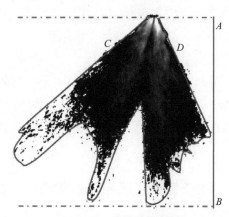

图 7-35 喷雾特性参数

2. 喷雾粒径

喷雾的一个重要特性是射流的平均直径，射流的平均直径受到的射流的破碎及雾化过程的影响，是射流雾化结果的一个最直接的反映。燃油雾化所需的时间与平均直径的平方成反比，因此雾化粒径直接影响缸内混合气的形成，进而影响到内燃机的冷起动以及其他工况下的性能。缸内喷雾的粒径变化可由能量守恒方程给出，即

$$\rho_{\mathrm{d}}^{\frac{2}{3}}(r_{\mathrm{p}}^{v})^{2}c_{1}(T_{\mathrm{d_p}}^{v})\frac{T_{\mathrm{d_p}}^{v+1}-T_{\mathrm{d_p}}^{v}}{\sigma t_{\mathrm{ev}}}$$

$$=K_{\mathrm{air}}^{v}(T_{ijk}-T_{\mathrm{d_p}}^{v+1})V_{\mathrm{Nu}}^{v}\frac{\ln[1+B_{\mathrm{d}}(T_{\mathrm{d_p}}^{v+1})]}{B_{\mathrm{d}}(T_{\mathrm{d_p}}^{v+1})}-L(T_{\mathrm{d_p}}^{v})(\rho_{\mathrm{D}})_{\mathrm{air}}^{v}V_{\mathrm{Sh}}^{v}\ln[1+B_{\mathrm{d}}(T_{\mathrm{d_p}}^{v+1})]$$

$$(7-14)$$

式中：σ 为燃油蒸汽在空气中的扩散率；V_{Sh} 为传质速率；ρ_{D} 为油滴气相密度；ρ_{d} 为油滴液相密度；V_{Nu} 为传热速率；上标 v 表示计算蒸发后的值。

V_{Sh}^{v} 和 V_{Nu}^{v} 可以表示为

$$V_{\mathrm{Sh}}^{v}=2.0+0.6\mathrm{Re}_{\mathrm{d}}^{\frac{1}{2}}SC_{\mathrm{d}}^{\frac{1}{3}} \qquad (7-15)$$

$$V_{\mathrm{Nu}}^{v}=2.0+0.6\mathrm{Re}_{\mathrm{d}}^{\frac{1}{2}}\mathrm{Pr}_{\mathrm{d}}^{\frac{1}{3}} \qquad (7-16)$$

3. 喷雾贯穿距

喷雾贯穿距是喷雾特性的重要参数，最早对单液滴运动中受到的阻力进行分析而推导出贯穿距公式后，又先后使用了紊流射流混合理论、动量守恒定律、试验曲线拟合、量纲分析、高速摄影等方法和手段。但影响喷雾贯穿距的因素很多，包括喷油压力与环境压力的压差、环境温度、喷孔直径及燃油黏度和气流运动等。因此，喷射的雾注形状比较复杂，若以单纯的一个公式来表示雾注顶端贯穿度是较困难的。而其中的广安博之公式是从理论出发，经过大量的实验修正、提取而得，具有较强的代表性和普适性。它认为，喷雾贯穿距可分为喷孔处到油束开始破裂的阶段，由下式表示：

$$D = \begin{cases} 0.39\sqrt{\dfrac{2\Delta p}{\rho_f}}\,t & (0 \leqslant t \leqslant t_b) \\[3mm] 0.39\left(\dfrac{\Delta p}{\rho_a}\right)^{0.25}\sqrt{t \cdot d_0} & (t \geqslant t_b) \end{cases} \qquad (7-17)$$

式中：Δp 为喷射压力相对于喷射环境的压差；ρ_f 为燃料密度；ρ_a 为空气密度；d_0 为喷孔直径；t 为喷射时间；t_b 为油束分裂时间，可表示为

$$t_b = 28.65\frac{\rho_f d_0}{\sqrt{\rho_a \Delta p}} \qquad (7-18)$$

4. 喷雾锥角

喷雾锥角的定义有不同方法，本小节选择了与喷雾面积相等的三角形的顶角作为喷雾锥角，函数表示为

$$\theta = f\left(\frac{\rho_f}{\rho_a}, \frac{u_0 d_0 \rho_t}{\mu_a}\right) \qquad (7-19)$$

由于从喷嘴喷射出的燃料最初为油注状态，因而喷雾锥角大致为零，而后喷雾锥角增大，至油注分裂完结，从贯穿度与时间的 1/2 次方成比例时起，即认为喷雾锥角恒定，此时所求的喷雾锥角即为恒定部分的喷雾锥角，用下式表示：

$$\theta = \delta\left(\frac{\rho_f}{\rho_a}\right)^m\left(\frac{u_0 d_0 \rho_f}{\mu_a}\right)^n \qquad (7-20)$$

式中：ρ_f 为燃料密度；ρ_a 为空气密度；d_0 为喷孔直径；u_0 为喷雾初速度；μ_0 表示空气黏度。

5. 燃油蒸发量

假设在任意瞬时，油滴周围的温度及蒸气浓度均沿以油滴中心为原点的球面

均匀分布，同时传热和传质过程也仅沿球面的法线方向进行，则工质的组分及其状态均可表示成球面半径 r 的函数。则油滴的蒸发质量可用下式表示：

$$m_f C_{pf} T_f = Q + m_f H_v \qquad (7-21)$$

式中：H_v 为燃油的蒸发焓；C_{pf} 为油滴定压比热容；T_f 为油滴的温度；m_f 为油滴的质量；Q 为油滴的吸热速率。

油滴的蒸发速率与油滴直径的变化率可用下式表示：

$$d_f = \frac{2m_f - \dfrac{\pi d_f^3 T_f}{3} \dfrac{d\rho_f}{dT_f}}{\pi d_f^3 \rho_f} \qquad (7-22)$$

式中：d_f 为油滴直径；ρ_f 为油滴密度。

根据能量守恒方程，同时结合式（7-21）和式（7-22），油滴的温度变化率和传质速率可分别表示为

$$\frac{dT_f}{dt} = \frac{1}{m_f C_{pf}} \Big[\pi d_{f0}^2 (T_\infty - T_f) + H_v \frac{dm_f}{d\tau} \Big] \qquad (7-23)$$

$$\frac{dm_f}{dt} = \pi d_{f0}^2 k \frac{C_s - C_\infty}{1 - (1 + \psi) C_s} \qquad (7-24)$$

式中：C_s 为油滴表面的蒸发浓度；d_{f0} 为喷孔直径；C_∞ 为离油滴足够远处的燃油蒸发浓度；T_∞ 为离油滴足够远的温度；ψ 为油滴表面空气的流速比率，其由下式计算：

$$\psi = \frac{\rho(1 - C_s)}{\rho_1 + \left(\dfrac{d_f}{3} \cdot \dfrac{d\rho_f}{d\tau} \right) \Big/ \dfrac{dd_f}{d\tau}} \qquad (7-25)$$

6. 混合气均匀度

为合理评价缸内混合气的空间分布均匀性，本文引入了混合气均匀度 β，由下式定义：

$$\beta = 1 - \left(\frac{\sum\limits_{i=1}^{n} (\phi_i - \bar{\phi})^2 V_i}{\sum\limits_{i=1}^{n} V_i} \right)^{0.5} \qquad (7-26)$$

式中：ϕ_i 为单个网格的燃空当量比；$\bar{\phi}$ 为缸内平均燃空当量比；V_i 为单个网格的体积。

从式（7-26）中可以看出，β 越接近于1，表明缸内混合气分布越均匀。

7. 混合气当量比

混合气当量比为燃料完全燃烧所需的理论空气量和实际空气量的比值，其值越大，混合气浓度越高，即

$$\phi = \frac{m_{air}}{m_{air}} \tag{7-27}$$

式中：m_{air} 为完全燃烧时，理论所需空气质量；m_{air} 为实际缸内空气质量。

7.2.2　喷雾系统的总体结构及工作原理

FPEG 缸内实际射流喷射过程的影响因素众多、相关实验条件的可控性和可测量性比较差，受到技术条件与成本控制的综合考虑。目前，针对内燃机缸内工作过程的实验装置主要有可视化内燃机、快速压缩机和定容弹三种。其中，定容弹的功能应用相位广泛，本身结构也相对简单，其既可用于模拟内燃机工作过程中活塞处于内止点附近时燃烧室的内部环境，以模拟缸内的燃烧过程；又可用于喷雾试验，而且可承受一定的高温、高压负荷。由于定容弹的制造、维护成本较低，能够方便地对温度、压力进行有效调节和控制，因而成为国内外众多高校和研究机构研究喷雾特性变化规律的首选。本小节的喷雾研究也是借助于定容弹进行。

喷雾定容弹系统主要由定容弹本体、喷雾系统、进排气系统、同步信号触发系统、图像采集系统、高速摄像机、光源系统、油箱等组成。喷油器采用顶置布置，喷雾系统可根据试验工况调整相应的喷油压力、喷油量、喷油时间等参数。光源系统安置在定容弹两侧面为定容室提供明亮的空间，便于图像采集系统工作。定容室内安装有压力传感器、温度传感器、气体管路接口等设备，其本体开有石英玻璃窗。系统工作的原理框图如图 7-36 所示。系统工作时，柱塞油泵首先从油箱抽取燃油；然后压入稳压箱内。当稳压箱内的燃油压力达到所需的压力时，喷射系统

图 7-36　喷雾定容弹系统控制结构的工作原理框图

工作的同时触发高速摄像系统，通过采样频率为 5 000 f/s，分辨率为 512 × 512 的高速摄像机透过两端装有石英玻璃的定容室记录下燃油的喷射形态。同时，数据采集与存储系统也对系统运行状态进行实时监测、记录，燃油喷射系统工作台和系统控制原理分别如图 7 - 37 和图 7 - 38 所示。

图 7 - 37　燃油喷射系统工作台

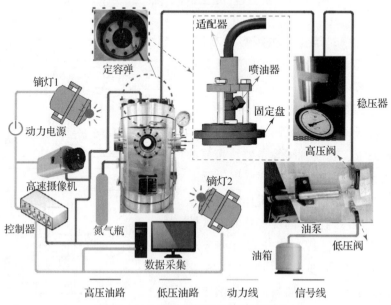

图 7 - 38　燃油喷射系统控制原理图

1. 定容弹本体

定容弹本体作为定容弹系统的核心部分，有效观察直径为 100 mm，有效容积为 15 L，承受压力最高为 6 MPa，温度为 1 000 K，主体结构半径为 265 mm、高度为 810 mm 的圆柱形。内部为圆柱形的空腔，空腔内壁包裹有绝热石棉，在腔体的下半部内置电热阻丝和温度传感器，可实现腔内温度在 0 ~ 1 000 K 内任意连续调节；紫外光学石英玻璃窗成正交分布在定容弹的四周，厚度为 80 mm，抗压达到 800 MPa，最高工作温度为 1 100 K。特别地，为了达到定容弹工作时的高密封要求，在定容弹本体与石英玻璃视窗的接触面有环形凹槽和耐高温的垫片，法兰盘以一定均匀大小的力矩将盖板和石英玻璃固定保证密封效果。定容弹的外观实物图和结构示意分别如图 7 – 39 和图 7 – 40 所示。

图 7 – 39　定容弹实物图

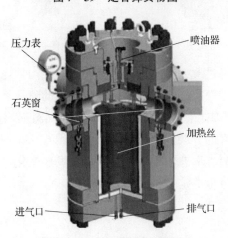

图 7 – 40　定容弹结构示意

2. 燃油喷射系统

搭建的燃油喷射系统连接图分别如图 7 – 41 和图 7 – 42 所示，采用 6 孔不均匀分布、喷孔孔径为 0.22 mm 的喷油器，喷油器结构和喷孔分布分别如图 7 – 43 和图 7 – 44 所示。

图 7 – 41　油泵与稳压器连接图

图 7 – 42　喷油器与定容室连接图

图 7 – 43　喷油器结构图

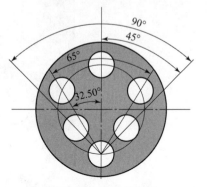

图 7 – 44　喷孔分布图

喷油器一方面可通过改变喷射方向，促使混合气均匀地分布在缸内而实现优良的燃烧特性；另一方面应确保从每个小孔喷射出的喷雾具有很小的锥角，燃油雾化率更高，油滴的 SMD（索特直径）更小，在燃料喷出喷油器之后能更快地与空气混合，形成良好的分层混合气。因此，利用 6 孔喷油器，在不同喷射压力下对燃油喷射过程中喷雾形态的锥角和贯穿距的发展变化过程进行了研究，为数值模拟计算缸内喷雾过程奠定基础。

3. 数据采集系统

本试验是定容弹本体内的喷雾可视化试验，主要用相机对试验对象进行图片信息采集，如图 7-45 所示，相机主要包括一台 CMOS 高速数码相机及若干滤光片。该相机的分辨率为 1 344 × 1 024，CCD 相机芯片物理尺寸为 6.45 μm × 6.45 μm，拍摄速度为 20 000 f/s，曝光时间最短可达 200 ns。高速相机的光圈和曝光时间分别设置为 2.8 和 45 μs、3.5 和 48 μs，高速相机的分辨率可选为 512 × 512。

图 7-45　高速相机实物图

4. 控制系统

图 7-46 和图 7-47 所示分别为电子控制单元实物图和控制与监测设备实物图。控制单元同时连接高压油泵控制阀、高压油泵压力传感器、高速相机、计算机，从而同时控制燃油喷射系统和高速相机，精确控制喷油过程并记录数据。

图 7-46　电子控制单元实物图

图 7-47　控制与监测设备实物图

5. 进、排气系统

进、排气管路设计有电磁阀控制、手动控制两套独立的控制系统，从而提高试验系统的可靠性、安全性。试验中，通过旋转进、排气开关调节进、排气量，从而控制定容弹内的气体压力。进、排气系统为流动式结构，气瓶外接压缩机、稳压罐等，使定容弹内的气体处于稳定流动状态，及时清理上次试验时残留的气体，从而提高试验的精确度，并将进、排气压力误差控制在 ±0.2 bar 之内。

7.2.3　喷雾数据处理及验证

喷雾的发展过程是一个快速运动的过程，而且喷雾的形态、喷雾的贯穿距和喷雾的面积都在不停地发生改变。因此，对于喷雾试验的数据处理，可划分为读入图像、显示图像、处理图像和存储图像，图像处理流程如图 7-48 所示。本节采用直拍法，高速摄像机布置在中间，光源与摄影机呈 90° 两侧布置，将拍摄的图片通过二值化方法，实现图像内容的分割。考虑到前后两张图片的变化较小，首先采用后一张图片对前一张图片做差；然后将所有的差值累加，得到喷雾的基本形态。利用具有边缘检测功能的 Canny 算法对油束轮廓进行精确确定，获得连续的喷雾形态边际，处理前和处理后图片分别如图 7-49 和图 7-50 所示。

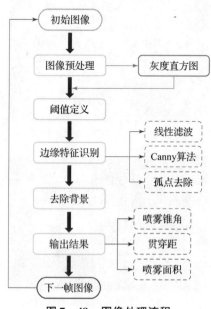

图 7-48　图像处理流程

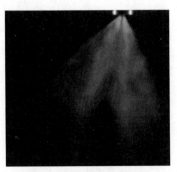

图 7 - 49　处理前图片

图 7 - 50　处理后图片

特别地，在实验过程中，每一次调相机都要对相机进行标定，即确定每一个像素所对应的实际尺寸，如图 7 - 51 所示，板的上、下边缘之间的实际尺寸为 50 mm，根据板的上、下边缘所对应的像素即可得到单位像素所对应的实际尺寸。

1. 模型的校核及分析

为了验证数值模拟喷雾过程所采用的模型和选用参数的正确性，搭建了与喷雾试验平台相同的定容室数值模拟模型，如图 7 - 52 所示。同时，为了保证仿真模型的准确性，全局采用正交六面体网格，网格基本尺度为 1 mm，网格总数目达到 85 万，如图 7 - 53 所示，喷雾试验和数值模拟所采用的参数如表 7 - 15 所示。

图 7 - 51　像素尺寸标定尺

图 7 - 52　定容室模型图

图 7 - 53　定容室网格图

表 7 - 15　喷雾测试参数

参数	值
喷射压力/MPa	7/12/15
喷射时间/ms	1.02

续表

参数	值
燃油温度/K	300
喷射背压/bar	1.01
环境温度/K	300
环境气体	N_2
喷雾模型	Huh – Gosman 模型
蒸发模型	Dukowicz 模型

利用搭建的喷雾实验平台和数值模拟模型，在喷雾压力分别为 7 MPa、12 MPa 和 15 MPa 下进行了喷射形态实验和数值模拟，实验结果和数值模拟结果如图 7 – 54 所示。在不同的喷雾压力下，数值模拟结果和实验结果的形态都相一致，充分验证了数值模拟结果的准确性。特别是从图 7 – 55 所示的喷雾贯穿距曲线中可看出，不同喷雾压力下的实验测得的贯穿距变化过程与数值模拟情况下得

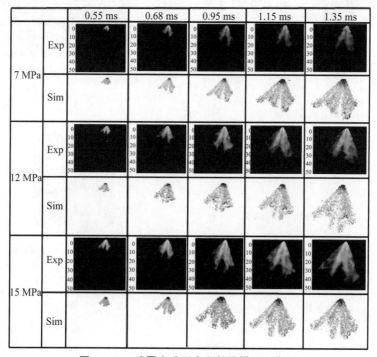

图 7 – 54　喷雾实验形态和数值模拟形态图

到的贯穿距变化过程都保持一致，也充分说明了数值模拟模型和数值模拟参数选用的正确性。因此，可使用数值模型进一步进行混合气形成过程和燃烧特性的研究。当然，在喷雾初始阶段，实验显示的贯穿距曲线和数值模拟得到的曲线存在略微差异，但误差在 5% 以内。可解释为这是由实际喷油器针阀开启需要一定时间从而产生滞后效应引起的。同时还看到，相对于喷射锥角，喷射压力对喷射贯穿距影响更大。

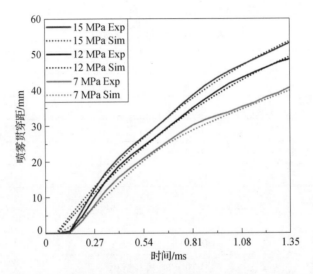

图 7 – 55　喷雾实验贯穿距和数值模拟贯穿距图（见彩插）

7.2.4　喷油参数对 FPEG 喷雾过程的影响与分析

1. 喷孔分布对喷雾过程的影响

缸内直喷的喷油器直接伸入到缸内，工作环境恶劣，要面对高温、高压和湿热的环境，还要遭受空化破碎、烧蚀、腐蚀等破坏，更要促使燃油在短时间内雾化、蒸发。这要求喷油器结构强度高、工作可靠性好和良好的雾化特性（SMD）。因此，对喷油器的研究直接体现在喷油器本身的结构上，对于相同喷孔面积下，不同喷孔数目和不同喷孔直径的燃油喷射对缸内燃烧情况的影响。宋豫等提出喷孔直径小、喷孔数目多可提高混合气均匀度，进而提高燃烧品质。本小节针对 6 孔喷油器在喷射压力为 7 MPa 时不同的喷孔分布和孔径大小进行研究。喷孔分布如图 7 – 56 所示，喷孔分布方案如表 7 – 16 所示。

图 7 – 56 6 孔喷油器不同喷孔分布图

（a）圆周分布图；（b）中心分布图；（c）对称分布图

表 7 – 16 喷孔分布方案表

案例	孔径/mm	喷孔分布
A1	0.28	圆周
A2	0.28	中心
A3	0.28	平行
B1	0.22	圆周
B2	0.22	中心
B3	0.22	平行
C1	0.16	圆周
C2	0.16	中心
C3	0.16	平行

图 7 – 57 显示的是不同数值模拟案例下喷雾过程的俯视图和正视图。从俯视图中可以看出，喷雾图像与喷孔分布完全相同，验证了喷雾模型的精确性，为后续研究燃油喷射和雾化过程奠定了基础。

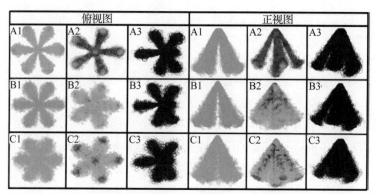

图 7 – 57 不同数值模拟案例下喷雾过程的俯视图和正视图

图 7 – 58 和图 7 – 59 分别显示的是不同案例下油滴索特直径的变化图和喷雾锥角的变化图。从图中可看出，对于索特直径，喷孔直径越小，喷射后燃油的平均索特直径越小，而与喷孔分布无相关性；对于喷雾锥角，由于喷孔空间分布的特异性，圆周分布的喷孔可取得最大喷雾锥角，其次是中心分布的喷油器，而喷孔采用对称分布的喷油器取得的喷雾锥角最小。这是缘于喷孔包络面积的差异和视图方位产生的。

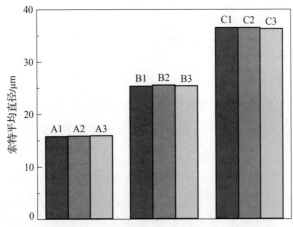

图 7 – 58　不同案例下油滴索特直径的变化分布

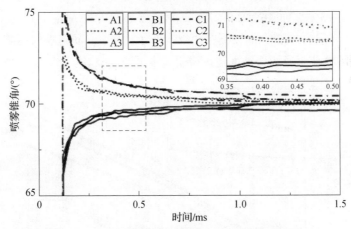

图 7 – 59　不同案例下喷雾锥角的变化图（见彩插）

图 7 – 60 显示的是不同案例下的燃油蒸发过程曲线。从图中可看出，喷孔直径越小越有利于燃油蒸发。在同一喷孔直径下，喷孔采用圆周分布时，燃油蒸发量由于空间利用率更高而最高，喷孔采用中心分布的次之，而喷孔采用对称分布的最低。

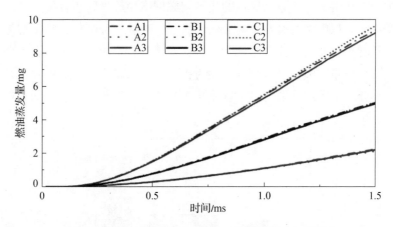

图 7 - 60 不同案例下燃油蒸发过程曲线图（见彩插）

对于喷雾贯穿距，在同一个喷孔直径下，虽然喷油喷孔分布在不同点处，但由于不同的点仍然位于同一截面处（见图 7 - 61）。因此，在同一个孔径下，不同的喷孔分布对于喷雾贯穿距的影响也没有较大差异。而在不同的喷孔直径，同样由于相同的喷油压力和经过相同的喷雾时刻，孔径越大，喷雾贯穿距也相对越长。在孔径为 0.16 mm 时，喷雾贯穿距基本上在 0.15 ms 达到 55 mm；孔径为 0.22 mm 时，喷雾贯穿距基本上在 0.15 ms 达到 65 mm，相对于孔径 0.16 mm，贯穿距提升了 18%。而孔径为 0.28 mm 时，喷雾贯穿距基本上在 0.15 ms 达到 70 mm，相对于孔径 0.28 mm，贯穿距仅提升了 7.7%，即随喷射提前角的增加，喷雾贯穿距随喷孔直径的增加而逐渐降低（见图 7 -61）。

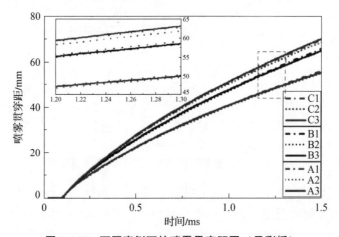

图 7 -61 不同案例下的喷雾贯穿距图（见彩插）

在同一喷孔直径下，喷雾贯穿距与喷孔的分布无明显相关性。但是，在相同的喷孔分布下，喷雾贯穿距随喷孔直径的增加而增加，但这种增加量随喷射提前角的增加而逐渐减少。

2. 喷油压力对喷雾过程的分析

图 7－62 显示的是利用喷雾实验平台拍摄的不同喷射压力下，孔径为 0.22 mm 的 6 孔喷油器的喷雾形态变化图。从图中可看出，在喷射后的相同时刻下，喷雾锥角没有随喷油压力的不断增加而出现显著变化，但喷雾贯穿距随喷射压力的升高而不断增长。

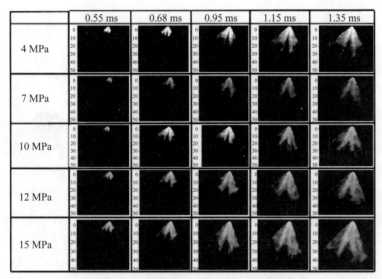

图 7－62　不同喷射压力下的喷雾试验形态变化图

从图 7－63 所示的不同压力下喷雾贯穿距曲线图可以看出以下现象。

（1）在喷射早期阶段，如图 7－63 中 A 标记所示。喷雾贯穿距随喷雾压力的升高而几乎呈现出线性升高，但当喷雾压力达到 12 MPa 和 15 MPa 时，喷雾贯穿距几乎无差别。这缘于在一定喷射压力时，液滴初次破碎蒸发的速度和油滴扩散的速度相一致，这对于指导缸内直喷内燃机喷射压力的选择具有重要意义，尤其对小缸径的缸内直喷内燃机。

（2）喷雾发展的中期，如图 7－63 中 B 所示的范围。此范围内，不同喷雾压力下的贯穿距曲线不再呈现出简单的线性变化，而呈现出"抛物线形"变化；这是因为在此阶段内，燃油与空气的接触轮廓线面积逐渐增大，更多的燃油开始雾化蒸发。

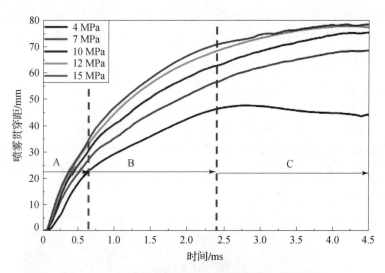

图 7 - 63 不同压力下喷雾贯穿距曲线图（见彩插）

（3）喷雾发展的末期，如图 7 - 63 中 C 所示的范围。在此阶段范围内，喷油器已经停止喷射，而燃油由于惯性继续运动。从图中可以看出，这一阶段内，不同压力下的喷雾贯穿距都已经出现了最大贯穿距。随喷射压力的升高，最大贯穿距由喷雾压力 4 MPa 时的 45 mm，到喷雾压力为 15 MPa 时的 75 mm，贯穿距相应提高 71.1%；但是提高量随喷射压力的升高而逐渐变小。同时还可以看到，喷油压力为 12 MPa 和 15 MPa 时的喷雾贯穿距出现相同现象，这主要是因为喷雾发展的后期，油滴开始以二次破碎和蒸发为主导作用导致的，而且喷射压力高，油滴雾化破碎的速度也更快。特别地，在喷雾压力为 4 MPa 时，贯穿距曲线已经出现降低的现象，这是由于在喷雾末期，喷射压力已不足以提供油滴前进的动力，更多油滴开始进行二次破碎蒸发；这种现象出现的时间随喷射压力的升高而出现不同程度的延迟。这对于缸内直喷内燃机燃油喷射形态的分析具有很大的指导意义。

7.2.5 单次喷射策略对 FPEG 混合气形成过程的分析

对于缸内直喷内燃机的喷射策略，传统的四冲程汽油直喷内燃机大部分都采用了在压缩行程后期采用一次喷射来形成所需要的稀薄分层混合气的喷射策略。这对于结构本身原因导致的扫气效率远远不如四冲程内燃机的缸内直喷 FPEG，更需要深入考虑喷射提前角、喷油器位置以及喷油压力和燃烧室结构，以保证在点火时刻能够在火花塞周围形成合适的可燃混合气，满足火焰传播时所要求的条件。因此，下面主要讲解单次喷射策略对缸内直喷 FPEG 燃烧放热及燃烧特性的影响。

1. 对缸内直喷 FPEG 混合气形成过程的影响

喷射策略直接影响缸内直喷 FPEG 混合气的形成，对缸内直喷 FPEG 的动力性和经济性有着至关重要的作用。对于单次喷射策略，主要涉及当量比、喷射提前角和喷油器相对火花塞的安装角度（相对夹角）这些关键因素。采用较大的当量比可改善双缸对置自由活塞发电机的燃烧品质，降低失火频率，从而在一定程度上降低循环燃烧波动。但是，对于采用周向火花塞布置方式的缸内直喷 FPEG，极大地增加了火焰的传播距离，需要重新研究当量比对缸内直喷 FPEG 稳定运行的影响。因此，根据前面的研究结果，采用孔径为 0.22 mm 的 6 孔对称分布喷油器在喷射压力为 12 MPa 时，按照如表 7-17 所示的单次喷射策略，全面分析不同燃空当量比、喷射提前角和相对夹角对缸内分层混合气形成的影响。

表 7-17　单次喷射策略

案例	燃空当量比 φ	喷射提前角	相对夹角/(°)
A1	1.25	135°CA BTDC	50
A2	1.25	100°CA BTDC	25
A3	1.25	40°CA BTDC	10
B1	1	135°CA BTDC	25
B2	1	100°CA BTDC	10
B3	1	40°CA BTDC	50
C1	0.85	135°CA BTDC	10
C2	0.85	100°CA BTDC	50
C3	0.85	40°CA BTDC	25

注：①BTDC 表示点火提前角，是 Before top dead center 的简称。

2. 单次喷射策略对 FPEG 缸内燃油蒸发的研究

图 7-64 和图 7-65 分别显示的是点火时刻 Z 方向和 X 方向缸内燃空当量比分布图。从图中也可看出，缸内混合气总体上形成"浓稀分层"的特性，这种

分层混合气在 A1、B1 和 C1 中更加明显，而在 A2、B2 和 C2 中次之，在 A3、B3 和 C3 中显现得最不显著。

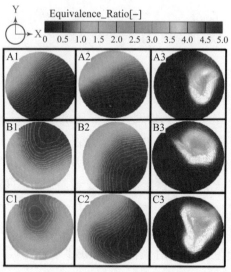

图 7 – 64　点火时刻缸内 Z 方向燃空当量比分布图

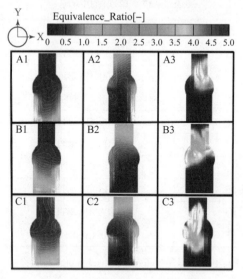

图 7 – 65　点火时刻缸内 X 方向燃空当量比分布图

（1）喷射提前角早，混合气可充分混合到缸内各个区域，但混合气较浓的区域多集中在缸内避让槽和缸壁处，这是由于燃油在喷射后一段时间内，缸内大尺度气流场带动混合气在整个缸内区域运动，而在避让槽和缸壁处气流运动较低，造成混合气在此处运动速度降低而造成集聚现象。

（2）喷射提前角推迟 35°CA BTDC 时，混合气均匀度低于喷射提前角为 135°CA BTDC。此时，混合气更多地集中在缸壁处；这可解释为喷射时刻晚，缸内气流场平均速度降低，无充足时间和动力带动全部的射流场在缸内的整个区域运动，因而更多射流场聚集在缸壁区域。

（3）喷射提前角在 40°CA BTDC 时，此时燃油还来不及与缸内空气充分混合，只在缸内燃油喷射的区域蒸发而形成了局部较浓的混合气；而在缸内其他区域，由于蒸发的燃油还未扩散到，混合气浓度几乎为 0。

从图 7-66 显示的不同案例下燃油喷射量和蒸发量柱状图可以看出，喷射提前角为 135°CA BTDC 时，蒸发率达到了 97.8%，在喷射提前角为100°CA BTDC 时，蒸发率为 99%，而在喷射提前角为 40°CA BTDC 时，蒸发率为 73.4%。燃油蒸发率与燃空当量比无关，仅与喷射提前角相关；但喷射提前角过早，缸内强烈的气流组织过于强烈而将部分燃油甩向缸壁和避让槽处，反倒不利于燃油蒸发。而喷射提前角晚，缸内气流组织被削弱，降低了燃油雾化蒸发，且燃油也没有足够时间用来蒸发而是参与了燃烧。这意味着，对于缸内直喷 FPEG，并不是喷射提前角越早越好，这对于优化缸内直喷 FPEG 的喷射提前角具有重要的指导意义。

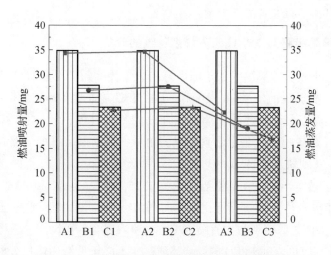

图 7-66　不同案例下燃油喷射量和蒸发量的柱状图

对于评价缸内混合气整体分布情况的混合气均匀度指标，从图 7-67 所示的柱状图中可看出，喷射提前角在 135°CA BTDC 的混合气均匀度最高可达到 81%，其次为喷射提前角 100°CA BTDC，最高达到 67.5%；而喷射提前角在 40°CA

BTDC 时，混合气均匀度仅有 35.6% 。这是由于喷射提前角早，强烈的气流运动可促进缸内蒸发的燃油和空气充分混合。

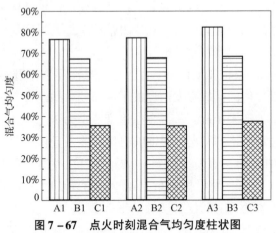

图 7 - 67　点火时刻混合气均匀度柱状图

因此，喷射提前角早，强烈的气流运动虽然导致部分燃油可能被气流甩向缸壁而不利于燃油蒸发，但可提高缸内混合气的均匀度；而且这种现象随当量比的升高而表现更加明显。而喷射提前角晚，虽然缸内温度也高，但燃油无足够的时间蒸发而使蒸发率和混合气均匀度都偏低。这些现象对于指导缸内直喷 FPEG 喷射提前角的研究具有非常重要的意义。

3. 单次喷射策略对 FPEG 缸内燃烧特性的分析

从图 7 - 68 显示的单次喷射策略下缸内火焰传播图中可以看出以下现象。

（1）对于喷射提前角，A1、B1 和 C1 缸的燃烧滞燃期和燃烧持续期都较短，短时间内火焰就已经迅速传遍整个缸内并完成燃烧过程；A2、B2 和 C2 缸次之；A3、B3 和 C3 缸最短。这是由于喷射提前角早，缸内混合气均匀度高，有利于缸内直喷 FPEG 实现快速燃烧。

（2）对于燃空当量比，燃空当量比为 1.25 时，A1、A2 和 A3 缸的燃烧品质分别都高于相应条件下燃空当量比为 1 时的 B1、B2、B3 缸和燃空当量比为 0.85 时的 B1、B2、B3 缸。说明缸内直喷 FPEG 对较浓混合气更敏感，适当增加混合气浓度有助于提高缸内直喷 FPEG 的燃烧品质。这不同于传统内燃机分析出的理想混合气有利于燃烧过程的理念，对于指导缸内直喷 FPEG 的运行参数设计非常重要。

（3）对于相对夹角，不同夹角下，燃烧过程无明显差异，因此，相对夹角相对于喷射提前角和燃空当量比是次要因素，对缸内直喷 FPEG 的燃烧过程作用较小。

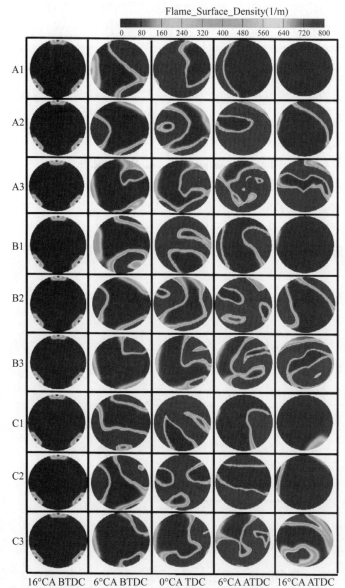

图 7 - 68　单次喷射策略缸内火焰传播图

TDC—上止点；ATDC—上止点后

　　总之，相对于燃空当量比和相对夹角，喷射提前角由于直接影响缸内混合气的均匀度而对缸内直喷 FPEG 燃烧过程呈现主导作用，其次是燃空当量比，而相对夹角影响最小；合理设计喷射提前角有利于提高缸内燃烧品质，降低缸内直喷 FPEG 的循环燃烧波动率，对缸内直喷 FPEG 实现稳定循环燃烧有重大作用。

上述分析结论也可从图 7-69 所示的累积放热曲线和瞬时放热率中看出以下现象。

(1) A1 取得案例中最大累积放热量，在 30°CA ATDC 时达到 1 118 J，而 B1 缸和 C1 缸此时仅分别为 1 006 J 和 933 J，分别低了 10% 和 16.5%。但是，瞬时放热率所占据的曲轴转角相差不大，也验证了火焰传播图中的特性，即在喷射提前角为 135°CA BTDC 时，虽然当量比和喷射夹角不相同，但都能确保混合气可迅速引燃，使火焰迅速传播至整个缸内。

(2) 从累积放热率曲线中看出，A2、B2 和 C2 缸在燃烧过程中的总累积放热量相差不大，都在 30°CA ATDC 时达到最大值 817 J。这在一定程度上表明喷射提前角为 100°CA BTDC 时：一方面，燃烧放热过程与喷油器夹角和燃油喷射量无明显相关性，也意味着此时的燃烧特性与燃空当量比无关；另一方面，此时的喷射提前角能够降低循环燃烧波动，有利于缸内直喷 FPEG 稳定循环燃烧。

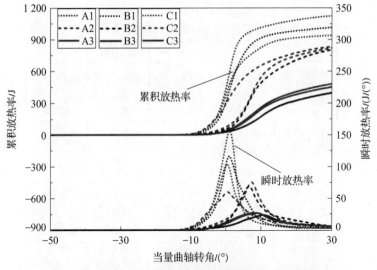

图 7-69　缸内累积放热和瞬时放热曲线图（见彩插）

(3) 从瞬时放热率曲线可看出，虽然三者的燃烧持续期都在 20°CA，但相对于 A2 缸和 B2 缸，C2 缸的燃烧滞燃期最短；而对于 A3、B3 和 C3 缸，不仅累积放热率显著降低，而且从瞬时放热曲线可看出，燃烧滞燃期明显滞后，燃烧持续期也变长。因此，从燃烧特性来看，喷射提前角为 40°CA BTDC 时，不利于缸内直喷 FPEG 实现等容燃烧。

从图 7-70 显示的缸内压力和温度变化图可更形象地看到，在所有案例中，A1 缸在 5.7°CA ATDC 时刻取得最大峰值压力 p_{max} 为 11.5 MPa；而 B1 缸次之，在 8.3°CA ATDC 时刻取得峰值压力 p_{max} 为 10.5 MPa，相对于 A1 缸，峰值压力降低了 8.7%；C1 缸在 8.3°CA ATDC 时刻取得峰值压力 p_{max} 为 9.8 MPa，相对于 A1 缸，峰值压力降低了 14.8%。但对于传统内燃机，为了获得最佳动力性能，最佳峰值压力点应该在曲轴转角后 10~5°CA。从此总体上，A1 缸可能由于工作粗暴，不利于 FPEG 的稳定运行。同时，A1 缸内峰值温度最高达到 2 379 K，远高于其他案例，这同样不利于缸内污染物的降低；而 C1 缸案例既能保证 FPEG 循环稳定运行，又具有较高的动力特性，因此，C1 缸是 FPEG 运行的最佳选择。

　　综上所述，喷射位置和喷射量对缸内燃烧无显著影响，随喷射提前角的增大，燃烧滞燃期和燃烧急燃期都随之相应提前；缸内最大爆发压力和压力率也随之呈现逐渐增加的趋势。根据研究结果，喷射提前角约为 135°CA BTDC 且当量比为 1.25 时，缸内直喷 FPEG 可取得兼顾动力性和循环燃烧稳定性的最佳喷射策略。

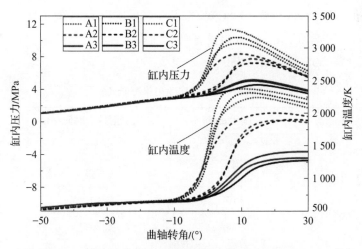

图 7-70　缸内压力和温度变化曲线图（见彩插）

7.2.6　两次喷射策略对缸内直喷 FPEG 混合气形成过程的研究

　　多次喷射策略可有效减小燃油湿壁现象，但三次及以上喷射策略存在油滴反复碰撞、降低混合气时间、喷射控制复杂等问题，因此，广泛采用二次喷射的喷射策略，即第一次先早期喷射定量燃油中的部分燃油，使其在缸内能够形成均质的能够被火焰顺利引燃的稀薄混合气；而在接近点火时刻，再次喷入一定燃油，利用燃烧室的结构和缸内气流组织的运动，将这一部分燃油迅速蒸发后，卷吸到火花塞附近，使火花塞在跳火之后能够容易点燃其周围的混合气。因此，结合喷雾模型，针对单次喷射策略形成分层混合气对缸内直喷 FPEG 运行参数敏感度高的问题，研究两次喷射的喷射策略对缸内直喷 FPEG 混合气形成过程和燃烧过程的影响。

1. 两次喷射策略对混合气形成的分析研究

从上述的单次喷射策略看出，若喷射提前角较早，点火时刻在火花塞周围形成的是总体比较稀薄的混合气；喷射提前角晚时，缸内燃油来不及蒸发扩散，只在局部形成浓度较高的混合气，而其余区域混合气浓度几乎为零。而且两次喷射策略可大幅度提高缸内平均压力和燃烧指示热效率，降低 NO_x 的排放。因此，对于缸内直喷 FPEG，采用两次喷射策略对其进行研究更具有研究价值和实际工程意义。本小节根据对喷油参数的匹配分析，选取运行频率为 33 Hz，喷油压力为 12 MPa，第一次喷油时刻为 135°CA，在燃空当量比为 1.25 的条件下，研究二次喷油时刻和二次喷油量对 FPEG 缸内直喷汽油机混合气分层的影响规律。设计了如表 7 – 18 所示的二次喷射方案。

表 7 –18　二次喷射策略研究

二次喷射提前角	二次喷射占比/%	二次喷射持续时间/ms	气缸
20°CA BTDC	20	0.204	A1
	15	0.153	A2
	10	0.102	A3
26°CA BTDC	20	0.204	B1
	15	0.153	B2
	10	0.102	B3
32°CA BTDC	20	0.204	C1
	15	0.153	C2
	10	0.102	C3

2. 两次喷射策略对 FPEG 缸内燃油蒸发的影响

图 7 –71 显示的是二次喷射策略的燃油蒸发量曲线图和二次蒸发占比图，从

图中可以发现以下现象。

（1）在两次喷射策略中，二次喷射的燃油蒸发量占比越少，则在整个阶段中，总体的燃油蒸发质量越高；而且随二次喷射提前角的增加，这种现象越显著。这主要是，在二次喷射阶段，由于所喷射的燃油蒸发量所占比例越小。

（2）在不同的二次喷射时刻。第二次喷射时刻越早，燃油蒸发量越高；反之亦然。这可解释为：一方面，第二次喷射时刻越早，就越有充足的时间让燃油蒸发；另一方面，第二次喷射时刻越晚，就越接近于压缩后期。此时，燃烧室容积进一步缩小，增加了燃油碰壁现象，而且缸内区域的气流运动速度较小，也不利于雾化蒸发。

（3）不同的二次喷射比例。二次喷射占比为 10% 时在点火时刻，燃油蒸发量最高；二次喷射占比为 20% 的次之；二次喷射占比为 15% 的最低；而且这种现象随二次喷射提前角的增加而增加。

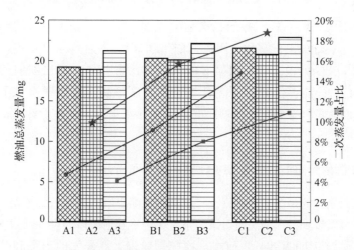

图 7 - 71　二次喷射策略的燃油蒸发量曲线和二次蒸发的占比

从图 7 - 72 显示的二次喷射策略下缸内混合气的均匀度曲线可以看出以下现象。

（1）采用二次喷射策略的缸内混合气均匀度最低为 90.1%，最高达到 93.2%，不仅均匀度保持在较高值，而且波动范围也稳定在 3.4% 以内。相对于单次喷射策略来说，缸内混合气的均匀度不仅高而且更加稳定。

（2）当二次喷射提前角相同时，二次喷射质量占比越小，混合气的均匀度越高；而在二次喷射燃油质量相同时，二次喷射的提前角越早，混合气的均匀度越高。

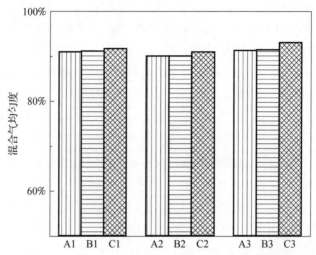

图 7-72 二次喷射策略下缸内混合气的均匀度曲线

同单次喷射策略一样，缘于二次喷射提前角越早，二次喷射的燃油质量越小，越有利于燃油的蒸发雾化。因此，C3 缸取得的混合均匀度最高。对于点燃式缸内直喷 FPEG 来说，当二次喷射的质量占比为 10%，二次喷射的提前角为 32°CA BTDC 时，能够保证稀薄混合气的均匀度最高。这些规律对于缸内直喷 FPEG 的燃油喷雾和蒸发量具有非常重要的指导意义，为合理设计喷油器喷射策略奠定了基础。

3. 两次喷射策略混合气在 FPEG 缸内的分布与分析

图 7-73 显示的是在点火时刻，二次喷射策略下缸内混合气的燃空当量比分布云图。由图可以看到，在两次喷射策略下，第一次喷射阶段的燃油经过雾化蒸发后在缸内分布情况无明显差异；而在二次喷射阶段，混合气的形态和分布却差异巨大。

（1）二次喷射比例不同时。当二次喷射比例为 10% 时，相对于二次喷射比例为 20% 和 15%，混合气在火花塞附近更容易形成"中心浓度高，边缘浓度低"的分层现象，而且局部混合气过浓现象也得到降低，这是二次喷射比例低的缘故。

（2）二次喷射时刻不相同时。在二次喷射时刻为 32°CA BTDC 时，相对于二次喷射时刻为 20°CA BTDC 和 26°CA BTDC，混合气在局部过浓现象进一步得到缓解，而且混合气在火花塞附近形成更加明显的"中心浓度高，边缘浓度低"的分层现象。

因此，相对于单次喷射策略，二次喷射策略可促使缸内混合气分布得更加合理，更容易实现分层燃烧。而且随二次喷射时刻的提前和二次喷射比例的降低，缸内混合气过浓区域逐步减少，整体分布趋向均匀。正如图中方案 C3 所示的喷油策略，即二次喷射时刻为 32°CA BTDC、二次喷油量为总喷油量的 10% 时，混合气分层分布较为合理。这些结论不仅对于缸内直喷 FPEG 的设计优化混合气分布具有非常重要的意义，而且对指导缸内直喷 FPEG 火花塞位置的设计具有里程碑的意义。

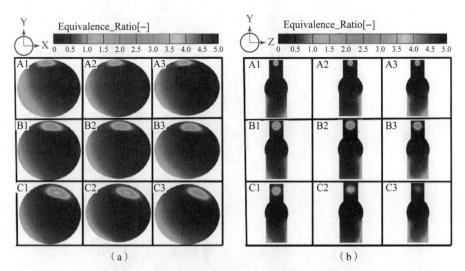

图 7 - 73　二次喷射策略下缸内混合气的燃空当量比分布云图

4. 两次喷射策略对 FPEG 缸内燃烧特性的影响

图 7 - 74 表示的是在二次喷射策略下的火焰传播云图。从图中可以清晰地看出，火花塞顺利跳火后，缸内混合气基本上完全参与燃烧，而且火焰传播速度较快，在 32°CA 曲轴转角内可顺利实现完全燃烧，同时可以看到以下现象。

（1）在不同的喷射比例。二次喷射比例为 10% 时，相对于二次喷射比例为 20% 和 15%，在火花塞顺利跳火之后，火焰可更加迅速引燃周围的混合气，出现较短的火焰滞燃期和快速的火焰急燃期。

（2）在不同的喷射时刻。在二次喷射时刻为 32°CA BTDC 时，相对于二次喷射时刻为 26°CA BTDC 和 20°CA BTDC 时，火焰的滞燃期更短，急燃期更加短，火焰在更短的时间内传遍整个燃烧室。

因此，相对于单次喷射，二次喷射策略下火焰具有更短的滞燃期和更快的急燃期。正如图 7 - 74 中方案 C3 所示的喷油策略，即二次喷射时刻为 32°CA

BTDC、二次喷油量为总喷油量的10%时，火焰存在短的滞燃期和快速的急燃期。这些结论对于缸内直喷 FPEG 的设计优化点火时刻指明了方向。

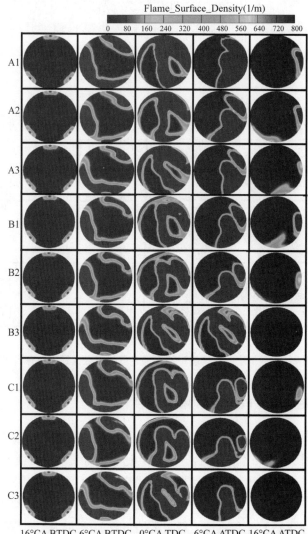

图 7 - 74　二次喷射策略下的火焰传播云图

图 7 - 75 展示的是在二次喷射策略下的缸内压力曲线。从图中可以看出，随着二次喷射时刻的提前和二次喷射比例的降低，缸内压力曲线和温度曲线都呈现出先上升后下降现象。尤其是相对方案 A1，方案 C3 对应的缸内压力有了明显提高。因此，采用合理的两次喷射策略，可显著提高峰值压力，而且峰值位置也提高了约 2°CA。

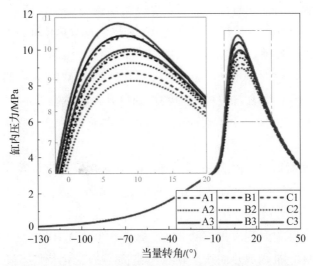

图 7 – 75　二次喷射策略下的缸内压力曲线（见彩插）

　　从图 7 – 76 所示的不同喷射策略下的峰值压力变化图看到，在二次喷射质量相同的条件下，缸内峰值压力随二次喷射时刻的提前而升高。在二次喷射时刻，相同的条件下，缸内峰值压力随二次喷射质量的降低而升高。尤其是，相对于单次喷射策略，方案 C3 的峰值压力提高率达到了 12.6%。因此，通过控制与优化二次喷射时刻和二次喷射比例，可提高燃烧过程，进而有效提高指示热效率，增强缸内直喷 FPEG 的动力性。

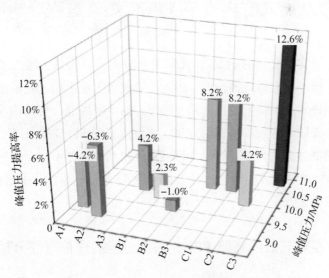

图 7 – 76　二次喷射策略下的峰值压力变化图

总之，结合双缸配置的自由活塞发电机的结构特点，设计了二次喷射策略，对不同策略下的燃油蒸发特性、混合气形成和燃烧及放热特性进行了对比分析研究，结果发现以下现象。

（1）随二次喷射时刻由 20°CA BTDC 提高到 32°CA BTDC，缸内局部混合气过浓现象得到降低，混合气整体均匀性得到提升，总体燃油蒸发量由 89% 提高到了 96%。因此，提高二次喷射时刻，可增大燃油蒸发量，提高整体混合气的均匀度。

（2）随二次喷射比例由 20% 降低到 10%，二次喷射燃油蒸发率却呈现出增大趋势，缸内混合气在点火时刻的分层现象更加显著。因此，二次喷射的燃油越少，越有利于形成分层混合气。

（3）随二次喷射时刻由 20°CA BTDC 提高到 32°CA BTDC，二次喷射比例由 20% 降低到 10%。缸内放热曲线呈现"窄且高"的变化特性。随二次喷射时刻的提前和二次喷射比例的降低，放热更加集中，也更加接近于等容燃烧。但是，随二次喷射时刻的不断提前，不同二次喷射比例导致的放热差异现象也在逐渐减少。

（4）随二次喷射时刻由 20°CA BTDC 提高到 32°CA BTDC，二次喷射比例由 20% 降低到 10%，缸内峰值压力提高了 14%，峰值位置也提高了约 2°CA。

7.3　点燃式缸内直喷 FPEG 燃烧过程分析研究

火花塞布置在缸套壁的 FPEG，无形中使着火核心偏移，增大了火焰传播距离，也加大了循环稳定燃烧的难度，因此需要兼顾气流组织、喷油策略、点火策略等因素对燃烧室及燃烧系统进行耦合匹配，实现缸内混合气的快速燃烧。本节通过多循环全流域耦合数值模拟的方法，将缸内直喷 FPEG 换气过程、燃油喷雾蒸发过程和燃烧过程耦合成一体，分析不同火花塞数目、不同点火时刻、不同轨迹对 FPEG 缸内燃烧过程的影响，基于 BP 神经网络进一步优化了缸内直喷 FPEG 高效燃烧的运行参数。

7.3.1　点燃式缸内直喷 FPEG 燃烧过程的理论特性分析

缸内直喷 FPEG 燃烧过程是其工作环节的一个重要内容，因此分析和判断

FPEG 内燃机的工作状态、放热规律、燃烧规律及其基本性能是 FPEG 燃烧策略分析的一个重要环节。燃烧过程可分为以下三个时期。

（1）火焰滞燃期。从火花塞跳火开始至燃烧放热量累计达到 10% 的燃烧放热量的过程，也称为 CA10，此阶段由开始燃烧进入到快速燃烧。

（2）快速燃烧期。从 10% 的燃烧放热点至 90% 的燃烧放热点，也称为 CA90，是做功的主要阶段，其燃烧相位和燃烧速度影响内燃机的热力学性能。

（3）燃烧后期。此阶段的做功较少，燃烧过程的不可控度较大，严重影响着污染物的排放。

此外，评价 FPEG 燃烧过程的指标主要有缸内压力变化、缸内温度变化、$p-V$ 图，燃烧瞬时放热率、燃烧累积放热率、燃烧持续期、指示热效率、指示功率、峰值压力对应的位置、CA50、有效膨胀比、燃烧放热率曲线中心位置的面心值、压力升高率等典型的评价燃烧特征的参数。当最高爆发压力发生在 10° ～ 15°CA ATDC 时，内燃机的热功转换效率最高，通过 50% 放热量对应的位置，即 CA50 与内止点的相对关系，可间接反映燃烧放热率曲线的相位，而压力升高率主要表征缸内压力的变化程度，它直接影响着缸内直喷 FPEG 各构件的结构强度和工作过程中的噪声强度。

它们之间的关系可通过下式表示：

$$\gamma \propto \left[P_{max} \left(\frac{dp}{dt} \right)_{max} \right]^2 \qquad (7-28)$$

式中：γ 表示燃烧噪声强度；p_{max} 表示峰值压力；dp/dt 表示燃料密度。

平均燃烧反应速率为

$$\overline{\rho \dot{r}_{fu}} = -\Sigma \sum_{r=1}^{2} v_{i,r} \omega_{fu,r} \qquad (7-29)$$

式中：Σ 为火焰面密度；$v_{i,r}$ 表示组分为 i 的在第 r 个反应中的化学计量数。

火焰速度根据当地压力新鲜空气的温度和当地的燃空当量比为

$$S_L = S_{L0}(1 - 2.1y_r)\left(\frac{T_f}{T_r} \right)^{a_1} \left(\frac{p}{p_r} \right)^{a_2} \qquad (7-30)$$

而火焰厚度是根据沿着火焰前锋面法线方向的温度特征定义的，即

$$\delta_L = (T_{max} - T_{min})/(dT/dx)_{max} \qquad (7-31)$$

因此，基于经过验证的燃烧数值模型，借助缸内压力变化、缸内温度变化、$p-V$ 图、燃烧瞬时放热率、燃烧累积放热率、燃烧持续期、指示热效率、指示功率、压升率等指标在喷射时刻为 130°CA BTDC、喷射压力为 7 MPa 展开对缸内直喷 FPEG 燃烧过程的研究。

7.3.2 点火分布形式对 FPEG 燃烧性能影响

研究表明，在采用缸内直喷燃烧条件下，内燃机的循环变动较为严重；对于采用周向点火形式的缸内直喷 FPEG，若采用单火花塞点火时，面临着着火核心偏移，火焰传播距离长、火焰前锋面传播速度慢等不利于缸内直喷 FPEG 实现快速稳定燃烧的因素；而火核的位置与发展过程对稀燃内燃机负荷变动有重要影响。因此本小节针对火花塞布置形式对缸内直喷 FPEG 燃烧特性的影响进行详细分析研究（表 7 – 19）。

表 7 – 19 FPEG 工作参数配置

参数	数值
运行频率	33 Hz
火花塞个数	1/2/3/4/5
压缩比	8
点火时刻	16°CA BTDC

1. 点火分布对火焰的形成及发展过程研究

图 7 – 77 所示为不同火花塞数目下的火焰传播过程图。从图中可以看出随火花塞数目的增加，缸内火焰燃烧持续期也逐渐缩短。这是由于随火花塞数目的增多，相当于缩短了火焰传播距离，因而间接缩短了燃烧时间。当火花塞数目大于 2 时可看到，相邻火花塞产生的火焰前锋面严重干涉，有的甚至和相邻的火焰面形成了一个火焰前锋面，这种现象随火花塞数目的增加而更显著；因此在 0°CA TDC，两个火花塞的火焰面面积反而更大，燃烧也更集中。这是因为，两个火花塞的火焰前锋面的干涉较少，单个火焰前锋面的面积更大，有利于火焰的维持和从气缸壁面向中心推进时的速度。

2. 点火分布对燃烧放热特性分析

从图 7 – 78 显示的不同火花塞数目的累计放热量曲线可看出，累积放热量最高的为五火花塞结构下的 1 084 J，随火花塞数目由 4 降为 1，累计放热量分别降低了 1%、2.3%、3.8% 和 6%；基本上，随火花塞数目增加到两个时，累计放热量降低也仅在3%以内。这进一步表明随火花塞数目的增加，火焰面相互干涉严重，不利于燃烧传播速度的增加。

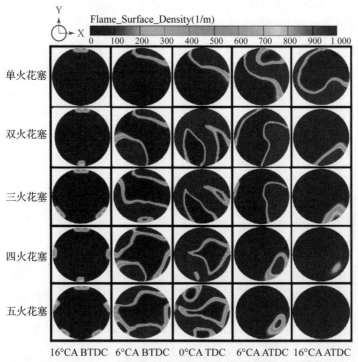

图 7-77　不同火花塞数目的火焰传播过程图

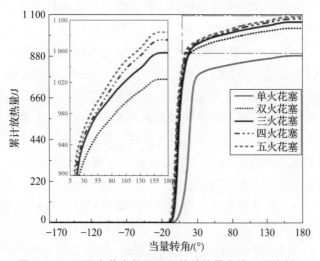

图 7-78　不同火花塞数目累积的放热量曲线（见彩插）

从图 7－79 显示的不同火花塞数目下的缸内压力曲线图看出，随火花塞数目由 5 个依次变为单个时，峰值压力也由 10 MPa 依次变为 9.8 MPa、9.7 MPa、9.5 MPa 和 7.3 MPa。从总体上，虽然随火花塞数目由两个增加到 5 个，缸内峰值压力也仅在 5% 以内波动；但当火花塞数目降为一个时，峰值压力降低了 27%，峰值时刻也滞后了约 14.3°CA。这些现象对于指导缸内直喷 FPEG 火花塞的配置极为重要，为缸内直喷 FPEG 火花塞的选择提供了有力支撑。

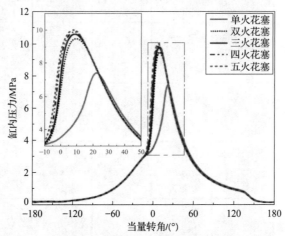

图 7－79　不同火花塞数目下的缸内压力曲线图（见彩插）

3. 点火分布对燃烧效率的影响

图 7－80 展示的是不同火花塞数目下的缸内压力 p 相对于排量 V 的变化曲线图。从图中可知，采用单火花塞点火时的 p－V 图相对扁平，而采用双火花塞数目以上时的 p－V 图基本上都呈现出"尖而窄"的变化趋势，即在压缩做功冲程中，采用单火花塞造成燃烧持续期长，缸内压力上升缓慢，而采用双火花塞数目以上点火时，燃烧持续期显著缩短，缸内压力迅速得到提高，且从局部放大图中仍可看出，压缩冲程的峰值压力点仍按照火花塞数目由 5 到 1 顺序依次降低。

从图 7－81 所示的不同火花塞数目下的指示热效率和指示功率可更清晰地看出，单火花塞的指示热效率为 27.1%；而随火花塞数目由两个依次增加到 5 个时，指示热效率也依次达到了 27.8%、27.9%、28% 和 28.1%。随火花塞数目由两个变为 5 个，指示热效率仅仅提高了 0.3%；相对于单火花塞结构，指示热效率却提高了 1%。

因此，对于采用不同火花塞数目的点火策略，随火花塞数目的提高，有助于提高火焰的传播速度，进而提高缸内直喷 FPEG 的指示热效率和指示功率。但是，当火花塞数目达到两个以上时，对燃烧过程影响作用有限，指示热效率和指示功率也分别仅提高了 0.3% 和 0.5%，很难再通过这种方式进一步提高燃烧品质。

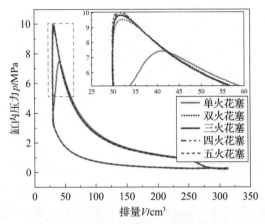

图 7 – 80 不同火花塞数目下的 p – V 的变化曲线（见彩插）

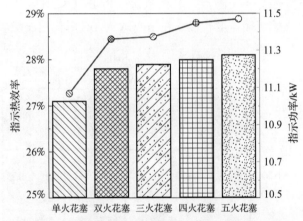

图 7 – 81 不同火花塞数目下的指示热效率和指示功率

7.3.3 点火时刻对缸内直喷 FPEG 燃烧的特性及影响

点火时刻对燃烧过程具有重要影响，直接决定了缸内直喷 FPEG 的输出功率。若点火过早，则不能使混合气进行充分燃烧，造成缸内燃烧压力上升缓慢，燃烧效率降低；若点火过晚，则造成缸内燃烧压力和温度的急剧升高，增加缸内直喷 FPEG 爆震的倾向，影响缸内直喷 FPEG 循环稳定运行。下面就通过表 7 – 20 对缸内直喷 FPEG 不同点火时刻下的燃烧特性进行对比、分析及研究。

表 7 - 20   点火时刻策略表

参数	值
运行频率	33 Hz
火花塞个数	3
压缩比	8
点火时刻	24/20/16/12/8°CA BTDC

1. 点火时刻对火焰传播过程的分析

从图 7 - 82 所示的不同点火时刻下的火焰传播图可以看出，不同点火时刻下的缸内火焰虽然都可顺利传播至整个缸内，但燃烧速率却差异明显。在点火时刻为 20°CA BTDC 时，缸内直喷 FPEG 的火焰传播速度相对较快，燃烧在 6°CA BTDC 以前已经基本完成；点火时刻为 24°CA BTDC 与 20°CA BTDC 相比，燃烧速率开始出现下降趋势；而随点火时刻依次变为 16°CA BTDC、12°CA BTDC 和 8°CA BTDC 时，火焰传播速度较慢，在 16°CA ATDC 时仍然没能燃烧完毕。

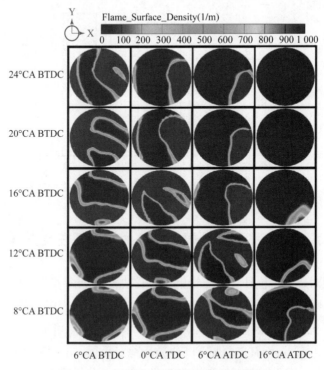

图 7 - 82   不同点火时刻下的火焰传播图

火焰传播速率差异的现象可从图 7 - 83 和图 7 - 84 显示的不同点火时刻下的累积放热量曲线图和瞬时放热率曲线图得到解释。从局部放大图中可看到，虽然在点火时刻为 8°CA BTDC 时，累积放热量由于点火时间最长而达到了案例中最高值 1 064 J，但在点火时刻 20°CA BTDC 时，累计放热率也达到了瞬时燃烧放热率峰值 1 052 J，而且瞬时放热率峰值达到最高值 103 J/°CA，比 8°CA BTDC 的 97 J/°CA 高出 6.2%，放热时间也更加集中。因此，在点火时刻 20°CA BTDC，促使火焰燃烧期更加集中，加快了急燃期燃烧放热过程和火焰的传播速率。

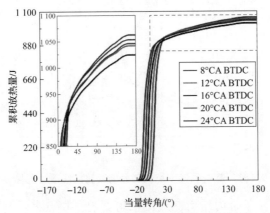

图 7 - 83　不同点火时刻下的累积放热量曲线图（见彩插）

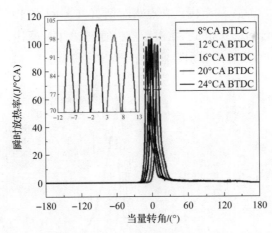

图 7 - 84　不同点火时刻下的瞬时放热率曲线图（见彩插）

2. 点火时刻对缸内压力的研究

图 7 - 85 所示的是缸内温度随点火时刻的变化曲线图。从图中可看出，缸内

峰值温度随点火时刻的提前而逐渐升高，缸内峰值温度最高值 2 285 K 出现在点火时刻 24°CA BTDC，而缸内峰值温度最低值 2 213 K 在点火时刻 8°CA BTDC；总体上峰值温度变化不大，仅仅提高了仅 72 K。因此，不同点火时刻可确保对置FPEG 缸内混合气燃烧完毕时，对缸内温度变化影响有限。

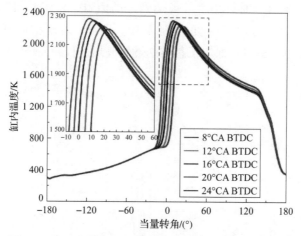

图 7 - 85   缸内温度随点火时刻的变化曲线图（见彩插）

从图 7 - 86 所示的缸内压力曲线图中可看出，在点火时刻 24°CA BTDC 时，缸内峰值压力在 5°CA ATDC 时达到 10.6 MPa，虽然峰值压力最高，但明显超出最佳峰值时刻 10~20°CA 的范围。在点火时刻 20°CA BTDC 时，缸内峰值压力在7.0°CA ATDC 时达到 10.2 MPa，相对于点火时刻 24°CA BTDC，点火时刻滞后了4°CA，峰值压力和峰值时刻分别降低了 2°CA 和 3.7%。

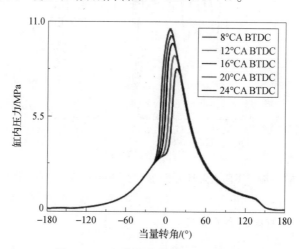

图 7 - 86   缸内压力曲线图（见彩插）

总之，随点火时刻的逐渐增大，峰值压力的时刻在一定程度上随之提前，而且峰值压力也随点火时刻的增大而逐渐增大。特别地，随点火时刻的任意变化，基本上峰值压力的时刻滞后其约 22°CA，这对于粗略估计 FPEG 最佳点火时刻极其重要，为指导缸内直喷 FPEG 点火时刻设计提供了重要依据。

3. 点火时刻对燃烧效率的影响

图 7 –87 所示的是不同点火时刻下缸内压力相对于排量的变化曲线图。从图示中可看出，不同点火时刻下的 p – V 图都基本上呈现出"尖平状"，而且随点火时刻的不断增大，"尖端"也随之更尖。且从 p – V 图的放大区域可以看到以下现象。

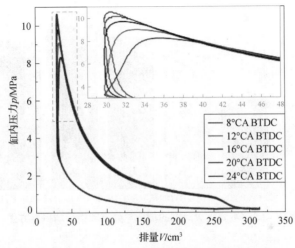

图 7 –87　不同点火时刻下缸内压力相对于排量的变化曲线图（见彩插）

（1）在压缩阶段。提前点火时刻越早，虽然峰值压力点也越大，但其 p – V 曲线的包络线也逐渐靠里缩进。这主要是因为燃烧时刻越早，此时缸内燃烧室容积也相对较大，因而造成缸内压力上升相对较低，但点火时刻晚，也不利于缸内的燃烧过程。从点火时刻为 8°CA BTDC 可看到，此时，p – V 曲线夹角呈锐角变化，这是由于活塞已经上升到接近内止点，而此时的燃烧过程还处于燃烧初期阶段，随活塞向外止点的运动，燃烧室容积也迅速增大，造成燃烧品质降低。然而，当点火时刻为 20°CA BTDC 时，可以看到，此时 p – V 曲线转角处近似呈 90° 直角，可有效利用燃烧放热。

（2）在做功阶段。随点火时刻的增加，峰值压力点越接近于最小燃烧室容积处，即压缩内止点，但随活塞往外止点运行的过程中，p – V 曲线沿着不同的下降曲线几乎开始沿着同一条曲线下降。

图7-88所示的不同点火时刻的指示热效率和指示功率直方图中可看出，点火时刻为8°CA BTDC 时，指示热效率为34.2%，而随点火时刻的提前，当点火时刻为20°CA BTDC 时，指示热效率和指示功率分别达到案例中的最高值36.1%。随点火时刻的进一步提前，指示热效率反而出现下降趋势，到点火时刻为24°CA BTDC 时，指示热效率和指示功率分别为35.7%；相对于点火时刻为20°CA BTDC，相应指示热效率下降了0.4%。因此，随点火时刻的不断增加，指示热效率呈现出先增大后下降的变化过程。进一步验证了点火时刻直接制约火焰传播的过程，进而影响燃烧热效率。

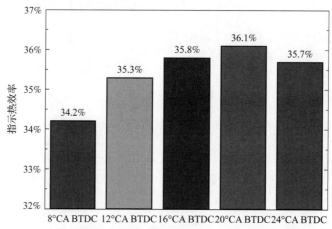

图7-88　不同点火时刻的指示热效率和指示功率直方图

7.3.4　运行轨迹对缸内直喷 FPEG 燃烧特性的影响

缸内直喷 FPEG 取消了曲轴连杆机构，即使采用轨迹控制，也不能像传统内燃机一样实现轨迹的稳定，对于缸内直喷 FPEG，运行频率和运行行程的变化是轨迹变化中最主要的情况，因此本节通过研究运行频率和运行行程的变化探索运行轨迹对缸内直喷 FPEG 燃烧特性的影响。

1. 运行频率下的燃烧过程

缸内直喷 FPEG 的工作状态一般与外界负荷无关，只工作在设定的运行频率下，一方面，这要求缸内直喷 FPEG 瞬态程度高，具有较快的起动速度，能够在短时间达到所要求的运行频率。然而，起动时不同运行频率的瞬态特性不同，瞬态特性的改变造成缸内直喷 FPEG 起动时的控制策略也有所不同，进而影响换气过程、喷雾蒸发过程，燃烧特性也随之发生变化；另一方面，不同稳定运行频率下的燃烧特性也不相同，造成缸内直喷 FPEG 的动力性、经济性和排放性也完全不同，需要综合研究分析不同运行频率对缸内直喷 FPEG 工作特性的影响。因此，本小节将换气过程、混合气形成过程和燃烧过程相互耦合的方法，采用表 7 - 21 所示的工作参数对不同运行频率下缸内直喷 FPEG 的火焰传播过程进行对比研究。

表 7 - 21　不同运行频率下的工作参数

参数	值
运行频率	15/25/35/45/50 Hz
火花塞个数	3
压缩比	8
点火时刻	12°CA BTDC

从图 7 - 89 所示可以看出，在运行频率为 25 Hz 时，缸内火焰传播速度最快，在 6°CA ATDC 时火焰已经传遍整个缸内；其次是运行频率为 15 Hz，在 16°CA ATDC 时，火焰才传遍整个缸内；而运行频率为 35 Hz、45 Hz 和 50 Hz 时，火焰传

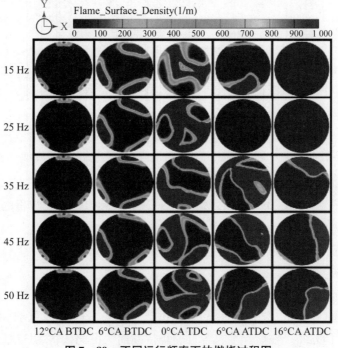

图 7 - 89　不同运行频率下的燃烧过程图

播速度明显偏慢，在 16°CA ATDC 时，缸内火焰仍没有燃烧完毕。这说明随运行频率由 15 Hz，依次提高到 25 Hz、35 Hz、45 Hz 和 50 Hz 时，缸内直喷 FPEG 缸内火焰传播速度并不是理论上随之加快的变化趋势，而是呈现出先增大后降低的变化过程；在 25 Hz 时，缸内直喷 FPEG 缸内火焰传播速度达到最快。这主要是因为，随着运行频率的增加，缸内直喷 FPEG 在燃烧过程中由于活塞运行速度加快，导致燃烧室内的燃料还没有完全燃烧而燃烧室已经开始随着活塞的下行而开始扩大，迅速增大的燃烧室容积降低了缸内温度，也影响了火焰的传播，而且这种现象随着运行频率的增加而更加明显。

这种火焰的传播速度不随运行频率的增加而增加的现象，对研究缸内直喷 FPEG 的动力性能是非常重要的。

上述现象可由图 7 – 90 所示的不同运行频率时燃烧各阶段所占的当量转角得到解释。

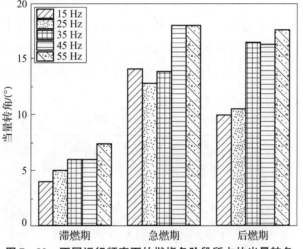

图 7 – 90　不同运行频率下的燃烧各阶段所占的当量转角

（1）在运行频率为 25 Hz 时，整个燃烧持续期为 29.6°CA。随运行频率依次变为 15 Hz、35 Hz、45 Hz 和 50 Hz 时，整个燃烧期分别达到 34.6°CA、36.4°CA、40.3°CA 和 43°CA，即火焰随运行频率的增加，燃烧持续期没有随之相应增加，而是呈现出先降低后增加的规律，在 25 Hz 时，燃烧持续期达到最短，即燃烧热效率达到最高。

（2）在运行频率为 15 Hz、25 Hz、35 Hz、45 Hz 和 50 Hz 时，急燃期在各自燃烧持续期的占比依次为 47.8%、47.6%、38.1%、44.7% 和 41.8%，基本上占比都超过了 33%。在后燃期，各自燃烧持续期的占比依次为 37.3%、35.4%、45.3%、40.3% 和 41.2%。这表明随运行频率的变化，后燃期和急燃期的变化是造成整个燃烧过程变化的主要因素，运行频率快，延长燃烧后燃期，而运行频率低，可缩短燃烧急燃期。

综上所述，运行频率的变化直接影响缸内直喷 FPEG 火焰的传播速度，但不是简单随运行频率的增加而增加，而是呈现出先增加后降低的变化规律，这种规律为研究缸内直喷 FPEG 燃烧过程提供了重要的指导。

2. 运行频率对燃烧效率影响的研究

图 7-91 所示的是缸内压力随运行频率的变化而变化的曲线图。从图中可以看出，在不同运行频率下，缸内峰值压力随运行频率的增大而呈现出先增大后降低的趋势。运行频率为 25 Hz 时，在 7.3° 取得缸内压力峰值 p_{max} 为 10.8 MPa；在运行频率为 15 Hz，在 4.4°CA ATDC 时取得 p_{max} 为 10.1 MPa，相对于运行频率 25 Hz，p_{max} 降低了 5.5%，峰值时刻 T_{max} 提前了 3°CA；而在运行频率为 35 Hz，在 9.9° 时取得 p_{max} 为 10.3 MPa，相对于运行频率 25 Hz，p_{max} 降低了 6.2%，峰值时刻 T_{max} 滞后了 3°CA；但运行频率为 45 Hz，在 12.5°CA BTDC 时取得 p_{max} 为 9.8 MPa，相对于运行频率 25 Hz，p_{max} 降低了 9.3%，峰值时刻 T_{max} 滞后了 5.2°CA，即随运行频率的增加，缸内直喷 FPEG 的峰值压力呈现先增大后降低的变化规律；运行频率处于 15 ~ 50 Hz 时，25 Hz 处可取得最大缸压峰值。

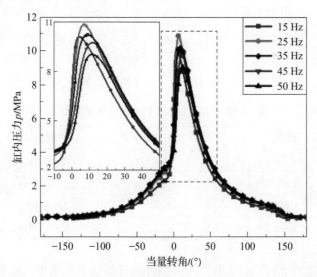

图 7-91　缸内压力随运行频率的变化而变化的曲线图（见彩插）

上述现象也可以从图 7-92 所示的不同运行频率下的指示热效率和指示功率直方图中可看出，当运行频率为 25 Hz 时，指示热效率和指示功率分别达到研究案例中的最大值 36% 和 13.8 kW，相对于 15 Hz 运行频率，指示热效率提高了 28%；随运行频率依次增加到 35 Hz、45 Hz 和 55 Hz，指示热效率和指示功率逐渐降低。

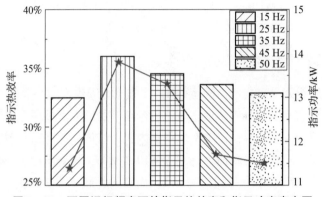

图 7 - 92 不同运行频率下的指示热效率和指示功率直方图

3. 不同运行行程对燃烧过程的影响

压缩比作为衡量内燃机性能的一个重要参数，FPEG 运行行程的变化也可用压缩比来表示，但缸内直喷 FPEG 的压缩比实时受到电磁阻尼作用、结构摩擦作用、循环燃烧波动、电机推力等因素的作用而处于不断波动变化中，压缩比波动范围可达 -2~2，严重制约了 FPEG 循环稳定运行，也对缸内直喷 FPEG 的燃烧放热规律产生重大影响。因此，根据前文分析，在详细参数如表 7 - 22 所示下对缸内直喷 FPEG 在运行行程的压缩比分别为 6、8、10 时的燃烧特性进行对比、分析和研究。

表 7 - 22 不同压缩比 FPEG 工作参数配置

参数	数值
运行频率	25 Hz
火花塞个数	3
压缩比	6/8/10
点火时刻	12°CA BTDC

从图 7 - 93 展示的不同压缩比的火焰传播过程图中可看出，随压缩比的升高，火花塞点燃其周围混合气的概率也逐渐升高，缸内火焰的传播速度也逐渐变大。

从图 7 - 94 展示的不同压缩比时燃烧各阶段所占的当量曲轴转角图中可看出，在压缩比为 6 时，燃烧持续期达到 55°CA；而随压缩比依次增加到 8 和 10

时，燃烧持续期相应为 34°CA 和 30°CA，随压缩比的增加而缩短。且从图 7 – 94 中可以看出，随压缩比由 6 提高到 10 的过程中，相应后燃期在各自燃烧持续期所占的比重分别为 56%、43% 和 40%，即压缩比的变化，主要影响缸内直喷 FPEG 的后燃期，且随压缩比的增大，对后燃期的影响逐渐减小。

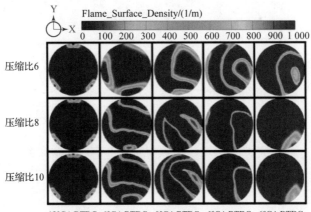

图 7 – 93　不同压缩比的火焰传播过程图

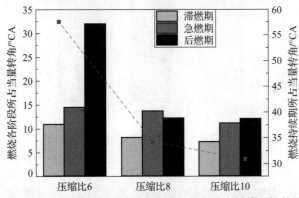

图 7 – 94　不同压缩比时燃烧各阶段所占的当量转角柱状图

4. 不同运动行程下的燃烧效率

图 7 – 95 显示的是缸内压力随压缩比的变化而变化的曲线图。从图中可看出，在压缩比依次为 6、8 和 10 时，缸内峰值压力 p_{max} 分别为 6 MPa、8.2 MPa 和 12.4 MPa，即峰值压力随压缩比的升高而不断升高，而且峰值时刻也随压缩比的提高而不断提前，提前率约为每压缩比提前 1°。

从图 7 – 96 所示的指示热效率和指示功率直方图中可看出，随压缩比的升高，指示热效率和指示功率也不断升高，升高率达到每单位压缩比提高 6%。

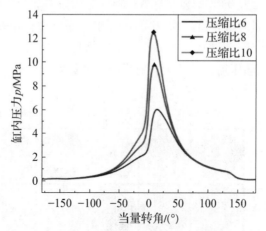

图 7 – 95　缸内压力随压缩比的变化而变化的曲线图

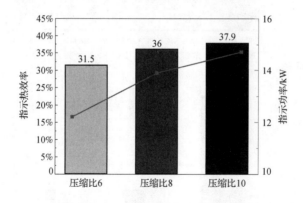

图 7 – 96　不同压缩比时的指示热效率和指示功率直方图

7.3.5　基于 BP 神经网络的缸内直喷 FPEG 高效燃烧的优化分析

从上述的分析可以看出，火花塞数目、点火时刻和运行轨迹都对缸内直喷 FPEG 的工作性能产生重要影响。因此，本小节根据得出的缸内直喷 FPEG 试验数据，利用 BP 神经网络对火花塞布置形式、点火时刻、运行轨迹等参数对缸内直喷 FPEG 燃烧效率影响进行优化，分析提高缸内直喷 FPEG 的策略。

1. BP 神经网络的概述

BP 神经网络作为一种误差回传神经网络，基拓扑结构如图 7 – 97 所示，主要分为输入层、隐含层和输出层。输入层和输出层的神经元个数由给出的输入参数数量和期望的响应变量数量决定；隐含层个数以及神经元数量取决于神经网络的用途、算法、期望精度以及训练数据样本容量等因素；层与层之间通过多个神经元相互连接，每个神经元包含不同的权值和阈值。它具有高适应性和容错性，主要用于解决输入、输出之间的非线性优化问题。

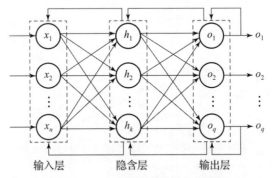

图 7 - 97　BP 神经网络拓扑结构图

2. BP 神经网络的算法流程

神经网络通过特定的算法计算出输出层神经元的输出和期望目标值的误差。若误差无法满足要求，将反方向从输出层向输入层逐层修正各神经元之间的连接权值和阈值，通过权值和阈值的不断调整来改变输出层与目标值的误差达到要求。计算流程如图 7 - 98 所示，采用均方差定义的第 i 次误差函数 E 可由下式表示：

$$E_i = \frac{1}{2} \sum_i (y_i - s_i)^2 \tag{7-32}$$

式中：s_i 为输出层第 i 个神经元的目标输出值；y_i 为输出层第 i 个神经元的网络输出值，可由下式表示：

$$\begin{cases} y_i = \sum_{i=1}^{m} \tau_i b_i + \omega_i \\ b_i = \varphi \left(\sum_{i=1}^{m} \kappa_i \cdot x_i + \gamma_i \right) \end{cases} \tag{7-33}$$

式中：τ_i 为传递权值；b_i 为隐含层输出值；ω_i 为输出层的节点阈值；κ_i 为输入层到隐含层的传递阈值；x_i 为输入层的输入参数；γ_i 为隐含层的节点阈值。

结合式 (7 - 32) 和式 (7 - 33)，利用梯度下降法，易得连接权值和阈值的极小值计算公式：

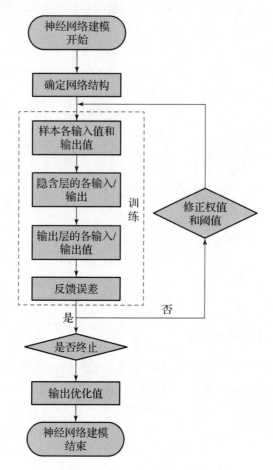

图 7-98 BP 神经网络算法流程图

$$\begin{cases} \Delta\tau_i = -\alpha\dfrac{\partial E}{\partial\tau_i} = -\alpha\dfrac{\partial E}{\partial y_i}\cdot\dfrac{\partial y_i}{\partial\tau_i} = \alpha(y_i - s_i)b_i \\[4mm] \Delta\omega_i = -\alpha\dfrac{\partial E}{\partial\omega_i} = \alpha(y_i - s_i) \\[4mm] \Delta\gamma_i = -\beta\dfrac{\partial E}{\partial\gamma_i} = \beta b_i(1 - b_i)\sum_{i=1}^{m}(y_i - s_i)\tau_i \\[4mm] \Delta\tau_i = -\beta\dfrac{\partial E}{\partial\tau_i} = -\beta\dfrac{\partial E}{\partial y_i}\cdot\dfrac{\partial y_i}{\partial\omega_i}\cdot\dfrac{\partial\omega_i}{\partial\tau_i} = \beta b_i(1 - b_i)\sum_{i=1}^{m}(y_i - s_i)\tau_i\cdot x_i \end{cases}$$

$$(7-34)$$

相邻两次训练的连接权值和阈值可由下式定义：

$$\begin{cases} \tau_i(k+1) = \tau_i(k) + \Delta\tau_i \\ \omega_i(k+1) = \omega_i(k) + \Delta\omega_i \\ \gamma_i(k+1) = \gamma_i(k) + \Delta\gamma_i \\ \tau_i(k+1) = \tau_i(k) + \Delta\tau_i \end{cases} \qquad (7-35)$$

3. BP 神经网络的验证及优化

图 7 – 99 所示的是 BP 神经网络对数据进行训练及线性回归误差分析后的效果图。从图中可看出，预测值、验证值和测试值的拟合程度很高，总 R 值已经达到 0.905 36，表明经训练后的 BP 神经网络模型具有很好的泛化能力，可用于预测缸内直喷 FPEG 在性能参数变化时的热效率指标。

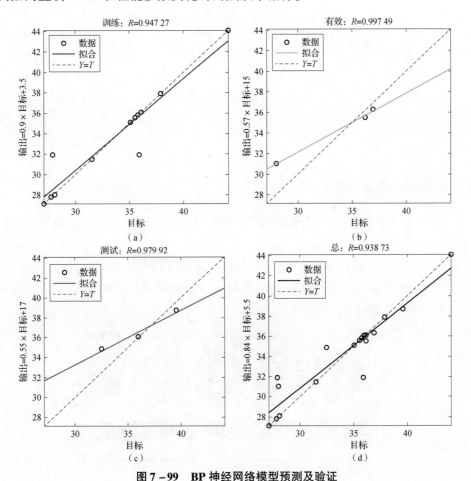

图 7 – 99 BP 神经网络模型预测及验证

基于工程实际意义和技术可行性，采用如表 7 – 23 所示的性能参数约束范围对缸内直喷 FPEG 的燃烧过程进行研究，经过验证的 BP 神经网络模型分析了 50 组缸内直喷 FPEG 指示热效率的数据。其中参数优化配置如表 7 – 24 所示。

表 7 – 23　FPEG 高效燃烧工作优化范围

参数	上限	下限
运行频率	50 Hz	10 Hz
火花塞个数	3	1
压缩比	10	4
点火时刻	25°CA BTDC	10°CA BTDC

表 7 – 24　FPEG 高效燃烧工作参数优化配置

参数	数值
运行频率	25 Hz
火花塞个数	3
压缩比	10
点火时刻	20°CA BTDC

4. 高效燃烧参数分析

从图 7 – 100 所示的不同截面高效燃烧火焰传播图中可看出，火花塞顺利跳火之后皆可顺利引燃周围混合气实现火焰传播，在 6°CA BTDC 时，缸内大部分区域正处于燃烧状态；而在 6°CA ATDC 时，缸内大部分区域已经燃烧完毕；在 20°CA ATDC 时，缸内燃料已经完全燃烧。整个燃烧过程中的燃烧持续期仅有 20°CA，燃烧过程短，火焰传播速度快。

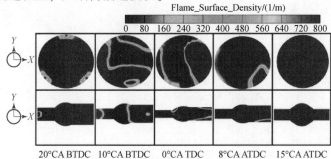

图 7 – 100　不同截面高效燃烧火焰传播图

图 7 - 101 所示的是缸内压力 p 相对于排量 V 的变化曲线图，结合图 7 - 102 所示的缸内压力与温度曲线图可以看出，压缩过程中的燃烧放热过程迅速且放热完全；而且膨胀做功曲线下降速度也较快，有利于降低传热传质的损失，提高热效率。此时的缸内压力达到 12.4 MPa，温度为 2 290 K，经理论计算，热效率已经达到 38.6% 。

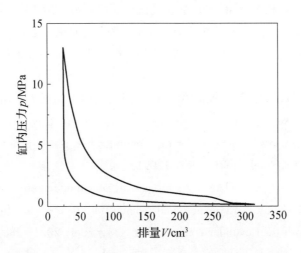

图 7 - 101　高效燃烧下的 p - V 变化曲线图 （见彩插）

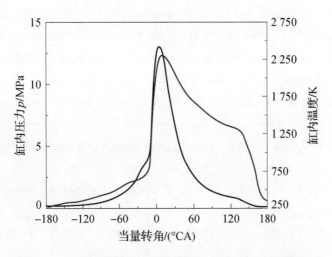

图 7 - 102　高效燃烧下的缸内压力与温度曲线 （见彩插）

参 考 文 献

［1］吴兆汉. 内燃机设计［M］. 北京：北京理工大学出版社，1990.

［2］周龙保. 内燃机学［M］. 北京：机械工业出版社，2011.

［3］孙柏刚，杜巍. 车辆发动机原理［M］. 北京：北京理工大学出版社，2015.

［4］魏春源，张卫正，葛蕴珊. 高等内燃机学［M］. 北京：北京理工大学出版社，2007.

［5］蒋德明. 内燃机燃烧与排放学［M］. 西安：西安交通大学出版社，2001.

［6］YAN X, FENG H, ZUO Z, et al. Research on the influence of dual spark ignition strategy at combustion process for dual cylinder free piston generator under direct injection［J］. Fuel, 2021, 299：120911.

［7］YAN X, FENG H, ZHANG Z, et al. Investigation research of gasoline direct injection on spray performance and combustion process for free piston linear generator with dual cylinder configuration［J］. Fuel, 2021, 288：119657.

［8］YAN X, FENG H, ZUO Z, et al. Research on the combustion and emission characteristics of homogeneous dual cylinder free piston generator by ignition strategy［J］. Journal of Cleaner Production, 2021, 328：129564.

［9］YAN X, FENG H, ZUO Z, et al. A study on the working characteristics of free piston linear generator with dual cylinder configuration by different secondary injection strategies［J］. Energy, 2021, 233：121026.

［10］WU L, FENG H, JIA B, et al. A novel method to investigate the power generation characteristics of linear generator in full frequency operation range applied to opposed－piston free－piston engine generator _ Simulation and test results［J］. Energy, 2022, 254：124235.

［11］WU L, FENG H, ZHANG Z, et al. Experimental analysis on the operation process of opposed－piston free piston engine generator［J］. Fuel, 2022, 325：124722.

［12］吴礼民. 对置式自由活塞发电机建模理论与关键技术问题研究［D］. 北京：北京理工大学，2022.

［13］闫晓东. 点燃式缸内直喷对置自由活塞发电机燃烧系统工作特性研究［D］. 北京：北京理工大学，2022.

彩　　插

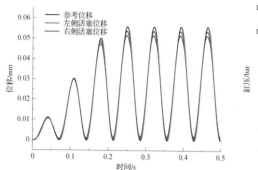

图 2 - 5　主、从模式的位移控制策略下系统的
　　　　起动位移—时间曲线

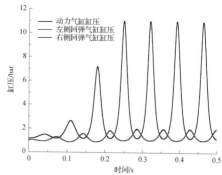

图 2 - 6　主从模式的位移控制策略系统的
　　　　起动缸压—时间曲线

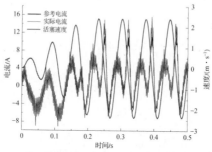

图 2 - 7　位移控制策略下电机起动电流—时间曲线

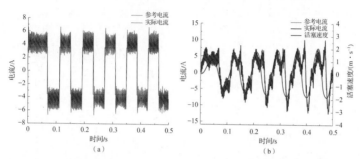

图 2 - 8　电流控制策略下的主、从电机的起动电流—时间变化曲线
（a）主电机电流—时间曲线；（b）从电机电流—时间曲线

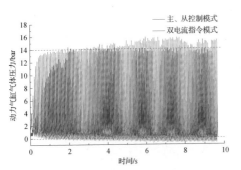

图 2 – 12 不同控制策略下的动力气缸内
气体压力的循环波动

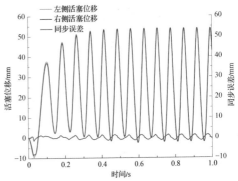

图 2 – 15 起动过程活塞位移—时间
曲线和同步误差

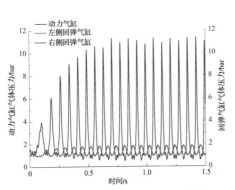

图 2 – 16 起动过程动力气缸和
回弹气缸气体压力—时间曲线

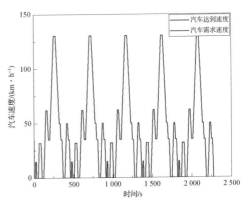

图 2 – 30 汽车需求速度与达到
速度的关系曲线

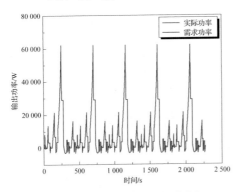

图 2 – 31 汽车需求功率与动力源
实际功率的关系曲线

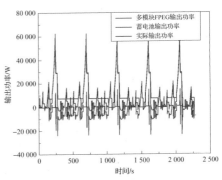

图 2 – 32 汽车实际功率、多模块
FPEG 输出功率与蓄电池
输出功率的关系曲线

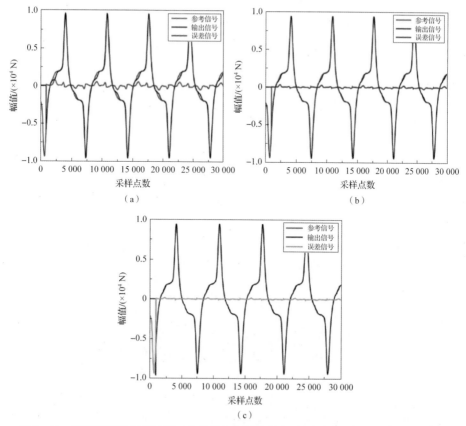

图 3 –21 三种不同控制算法下，主动隔振系统的输入/输出以及误差信号的结果对比

（a）LMS 算法；（b）FX – LMS 算法；（c）N – FXLMS 算法

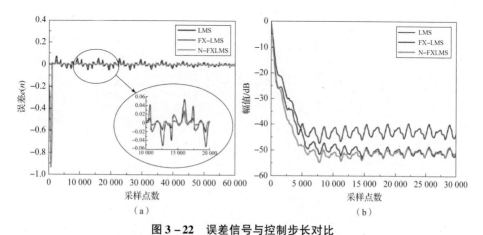

图 3 –22 误差信号与控制步长对比

（a）不同控制算法误差对比；（b）不同控制算法步长对比

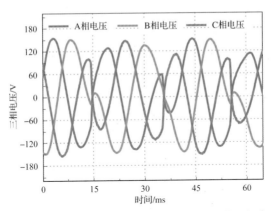

图 4 – 50　FPEG 系统稳定发电过程中测得的负载三相电压值

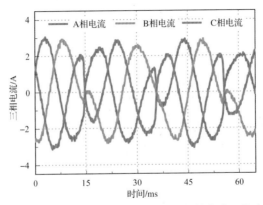

图 4 – 51　FPEG 系统稳定发电过程中测得的负载三相电流值

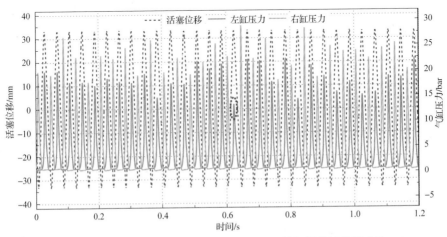

**图 4 – 52　能量输入不平衡双缸型 FPEG 系统缸间的峰值压力和
点火位置差异实验结果**

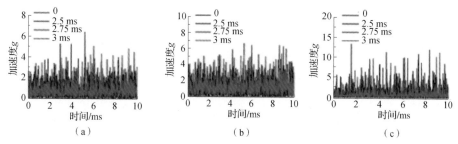

图 5 – 17　动力缸测点 1 的三个方向时域图（依次为 X、Y、Z 方向）

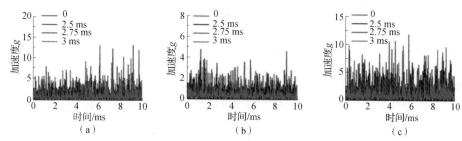

图 5 – 18　动力缸测点 2 的三个方向时域图（依次为 X、Y、Z 方向）

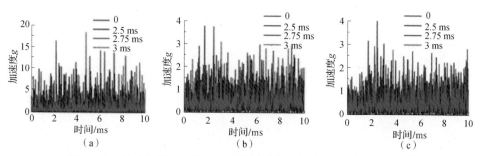

图 5 – 19　动力缸测点 3 的三个方向时域图（依次为 X、Y、Z 方向）

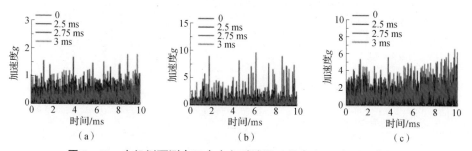

图 5 – 20　电机侧面测点三个方向时域图（依次为 X、Y、Z 方向）

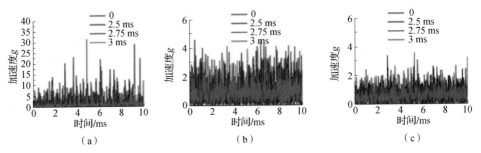

图 5 – 21　回弹缸侧面测点三个方向时域图（依次为 X、Y、Z 方向）

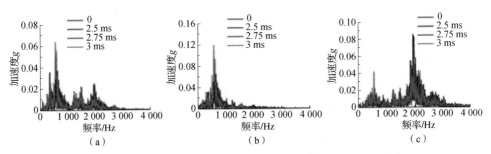

图 5 – 22　动力缸测点 1 三个方向频域图（依次为 X、Y、Z 方向）

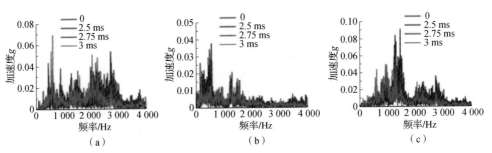

图 5 – 23　动力缸测点 2 的三个方向频域图（依次为 X、Y、Z 方向）

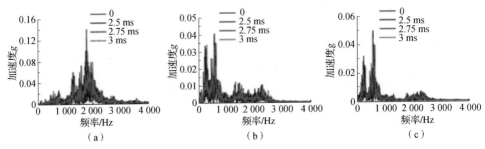

图 5 – 24　动力缸测点 3 三个方向频域图（依次为 X、Y、Z 方向）

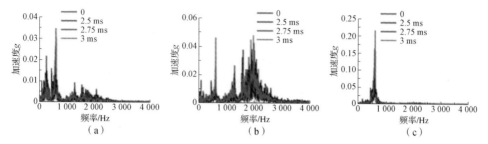

图 5 – 25 电机侧面测点三个方向频域图（依次为 X、Y、Z 方向）

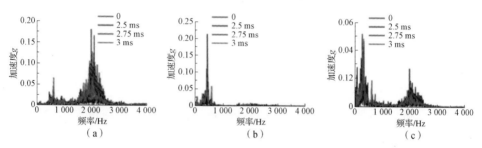

图 5 – 26 回弹缸侧面测点三个方向频域图（依次为 X、Y、Z 方向）

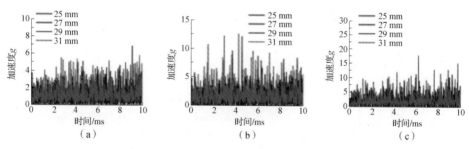

图 5 – 27 动力缸测点 1 三个方向时域图（依次为 X、Y、Z 方向）

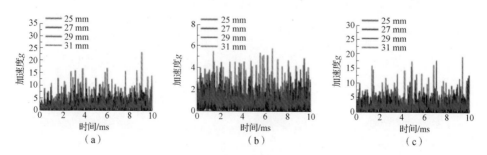

图 5 – 28 动力缸测点 2 三个方向时域图（依次为 X、Y、Z 方向）

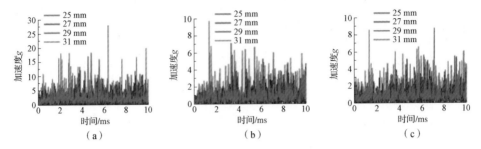

图 5－29　动力缸测点 3 三个方向时域图（依次为 X、Y、Z 方向）

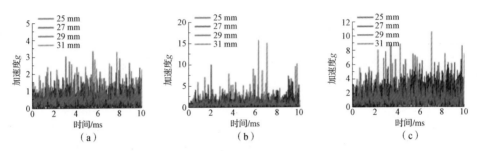

图 5－30　电机侧面测点三个方向时域图（依次为 X、Y、Z 方向）

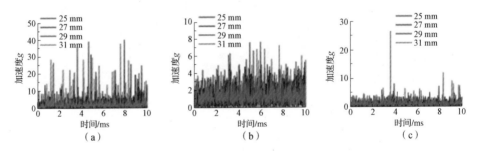

图 5－31　回弹缸侧面测点三个方向时域图（依次为 X、Y、Z 方向）

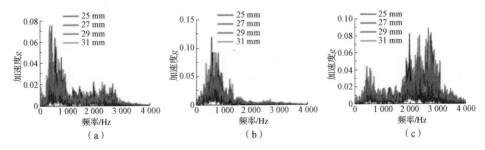

图 5－32　动力缸测点 1 三个方向频域图（依次为 X、Y、Z 方向）

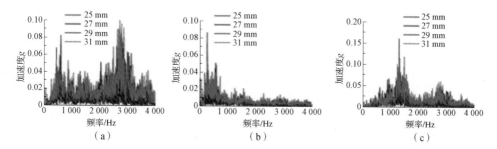

图 5 – 33　动力缸测点 2 三个方向频域图（依次为 *X*、*Y*、*Z* 方向）

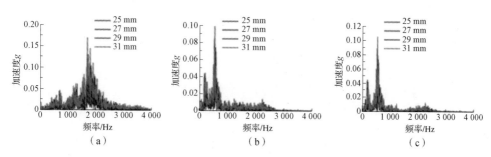

图 5 – 34　动力缸测点 3 三个方向频域图（依次为 *X*、*Y*、*Z* 方向）

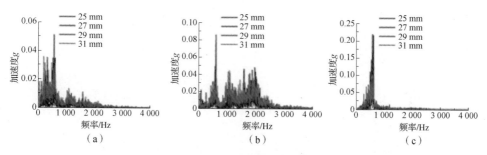

图 5 – 35　电机侧面测点三个方向频域图（依次为 *X*、*Y*、*Z* 方向）

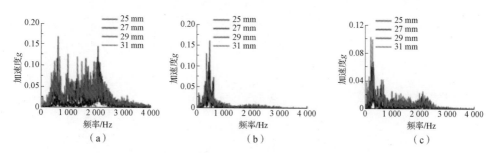

图 5 – 36　回弹缸侧面测点三个方向频域图（依次为 *X*、*Y*、*Z* 方向）

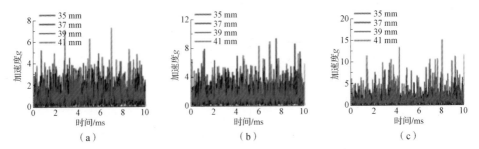

图 5 - 37　动力缸测点 1 三个方向时域图（依次为 X、Y、Z 方向）

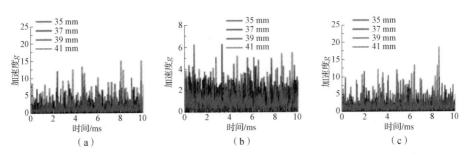

图 5 - 38　动力缸测点 2 三个方向时域图（依次为 X、Y、Z 方向）

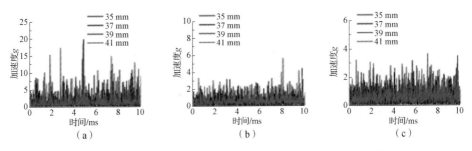

图 5 - 39　动力缸测点 3 三个方向时域图（依次为 X、Y、Z 方向）

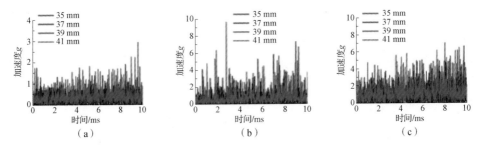

图 5 - 40　电机侧面测点三个方向时域图（依次为 X、Y、Z 方向）

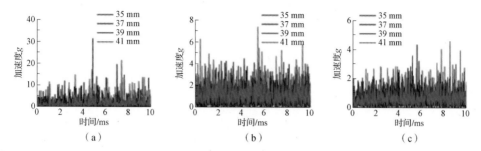

图 5 – 41　回弹缸侧面测点三个方向时域图（依次为 *X*、*Y*、*Z* 方向）

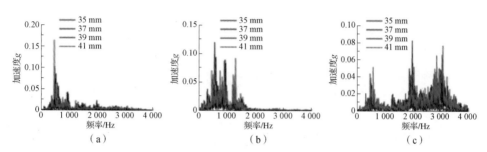

图 5 – 42　动力缸测点 1 三个方向频域图（依次为 *X*、*Y*、*Z* 方向）

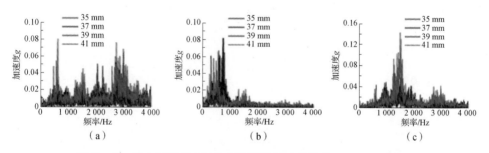

图 5 – 43　动力缸测点 2 三个方向频域图（依次为 *X*、*Y*、*Z* 方向）

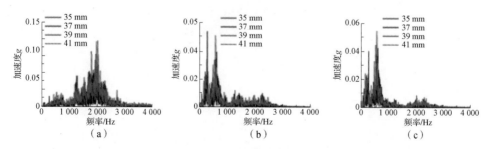

图 5 – 44　动力缸测点 3 三个方向频域图（依次为 *X*、*Y*、*Z* 方向）

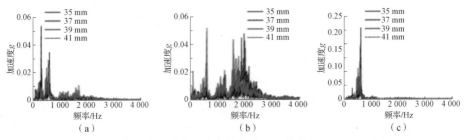

图 5 – 45　电机侧面测点三个方向频域图（依次为 X、Y、Z 方向）

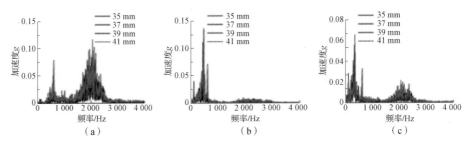

图 5 – 46　回弹缸侧面测点三个方向频域图（依次为 X、Y、Z 方向）

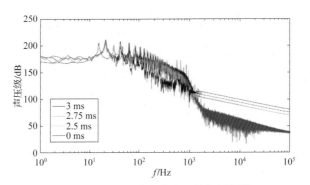

图 5 – 61　不同喷油脉宽下的缸压频谱

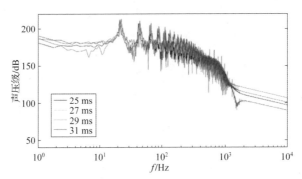

图 5 – 62　点火位置改变下的缸压频谱

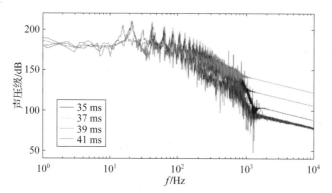

图 5 - 63　喷油位置改变下的缸压频谱

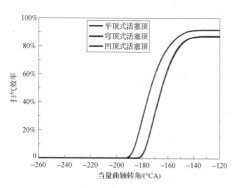

图 7 - 22　倾角结构下扫气效率变化图

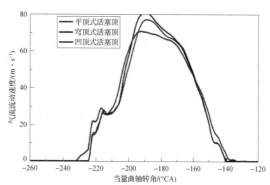

图 7 - 23　倾角结构下气流流速变化图

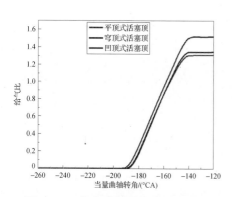

图 7 - 24　倾角结构下给气比变化图

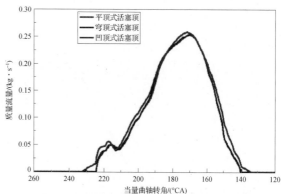

图 7 - 25　倾角结构下气流流量变化图

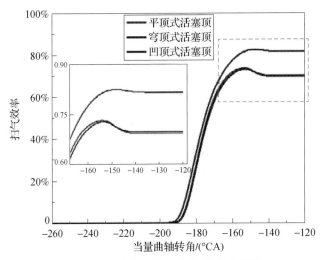

图 7 – 27　仰角结构下扫气效率变化图

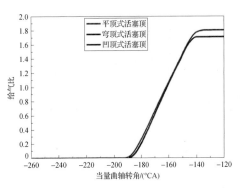

图 7 – 28　仰角结构下给气比变化图

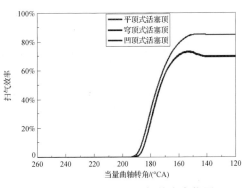

图 7 – 30　直角结构扫气效率变化图

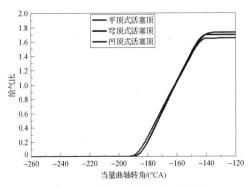

图 7 – 31　直角结构给气比变化图

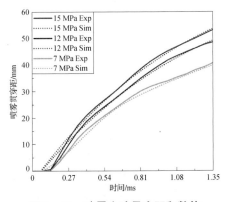

图 7 – 55　喷雾实验贯穿距和数值
模拟贯穿距图

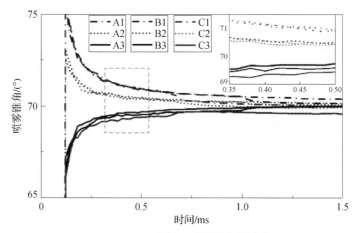

图 7 –59 不同案例下喷雾锥角的变化图

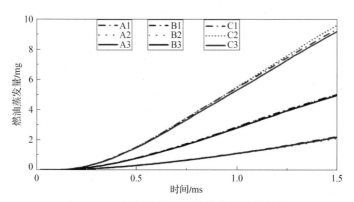

图 7 –60 不同案例下燃油蒸发过程曲线图

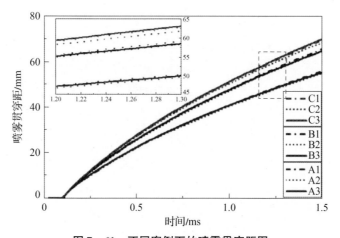

图 7 –61 不同案例下的喷雾贯穿距图

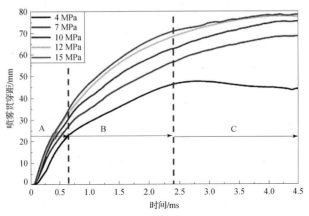

图 7 – 63　不同压力下喷雾贯穿距曲线图

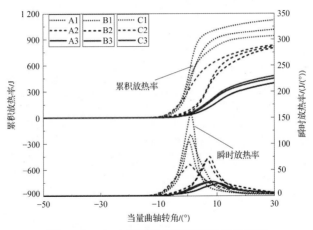

图 7 – 69　缸内累积放热和瞬时放热曲线图

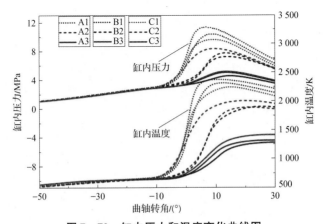

图 7 – 70　缸内压力和温度变化曲线图

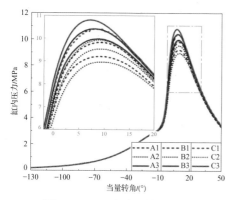

图 7-75　二次喷射策略下的
缸内压力曲线

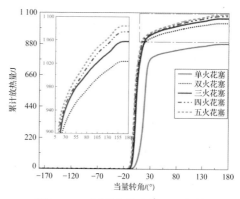

图 7-78　不同火花塞数目累积的
放热量曲线

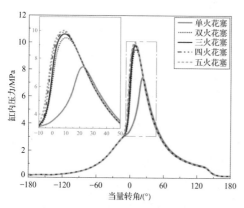

图 7-79　不同火花塞数目下的
缸内压力曲线图

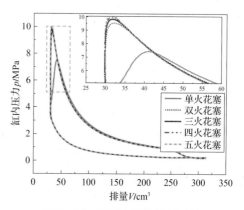

图 7-80　不同火花塞数目下的
$p-V$ 的变化曲线

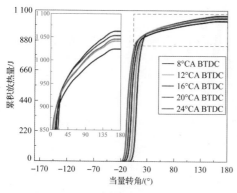

图 7-83　不同点火时刻下的累积
放热量曲线图

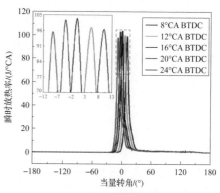

图 7-84　不同点火时刻下的瞬时
放热率曲线图

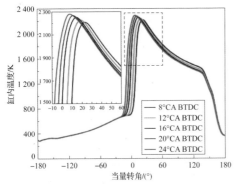

图 7 – 85　缸内温度随点火时刻的变化曲线图

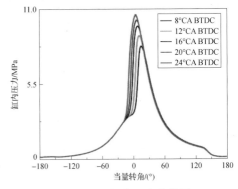

图 7 – 86　缸内压力曲线图

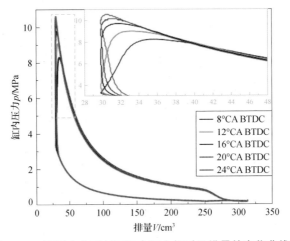

图 7 – 87　不同点火时刻下缸内压力相对于排量的变化曲线图

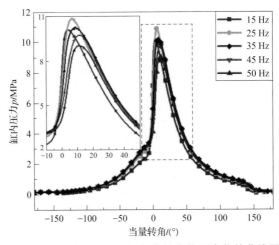

图 7 – 91　缸内压力随运行频率的变化而变化的曲线图

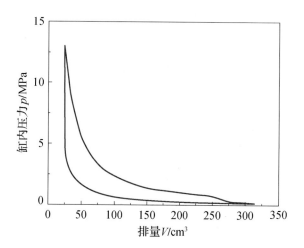

图 7 - 101　高效燃烧下的 $p - V$ 变化曲线图

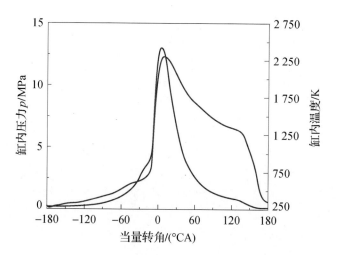

图 7 - 102　高效燃烧下的缸内压力与温度曲线